秒懂 Excel函数应用技巧

博蓄诚品 编著

全国百佳图书出版单位
化学工业出版社
·北 京·

内容简介

本书选取经典、高频、实用的函数进行深入讲解，用通俗的语言解析函数的语法格式和应用方法，帮助读者从根源了解Excel函数的使用原理。

全书共11章，主要介绍了如何快速掌握函数的学习方法、如何使用区域名称、如何解决公式中出现的问题，并对工作中最常用的十大函数进行了单独分析，进而对各种不同类型函数的用法逐一进行了讲解，最后介绍了如何将函数与其他数据分析工具相结合，对数据进行高级处理和分析。

本书采用全彩印刷，版式轻松，语言通俗易懂，配套二维码视频讲解，学习起来更高效便捷。同时，本书附赠了丰富的学习资源，为读者提供高质量的学习服务。

本书非常适合Excel初学者、想快速提高办公效率的职场人士以及从事数据分析相关工作的人员阅读，也可作为职业院校及培训机构相关专业的教材及参考书。

图书在版编目（CIP）数据

秒懂Excel函数应用技巧/博蓄诚品编著. —北京：化学工业出版社，2023.3

ISBN 978-7-122-42705-2

Ⅰ.①秒… Ⅱ.①博… Ⅲ.①表处理软件 Ⅳ.①TP391.13

中国国家版本馆CIP数据核字（2023）第012008号

责任编辑：娄利娜　　文字编辑：吴开亮

责任校对：宋　玮　　装帧设计：尹琳琳

出版发行：化学工业出版社（北京市东城区青年湖南街13号邮政编码100011）

印　　装：河北京平诚乾印刷有限公司

880mm×1230mm　1/32　印张$8^1/_4$　字数238千字　2023年6月北京第1版第1次印刷

购书咨询：010-64518888　　售后服务：010-64518899

网　址：http://www.cip.com.cn

凡购买本书，如有缺损质量问题，本社销售中心负责调换。

定　价：59.80元

前言

PREFACE

Excel函数的种类那么多，每一个函数都要学吗？每一个函数都得会用吗？答案是“未必”。即使函数的种类再多，也都遵循着一定的运算规律，这个规律就是函数的语法格式。而语法格式更是不需要死记硬背的，Excel里已经给出了清晰的解释，读者只需要知道怎样去运用它即可。所以掌握学习方法才是最重要的，只要掌握了学习方法，即使遇到从未见过的函数，也能通过既定的方式了解该函数的作用以及使用方法，进而用它来解决实际问题。

1.本书内容安排

本书结构安排合理，单个函数与组合公式难易结合，知识讲解循序渐进。语法格式释义+案例实操+公式解析=全方位掌握各类办公常用函数。

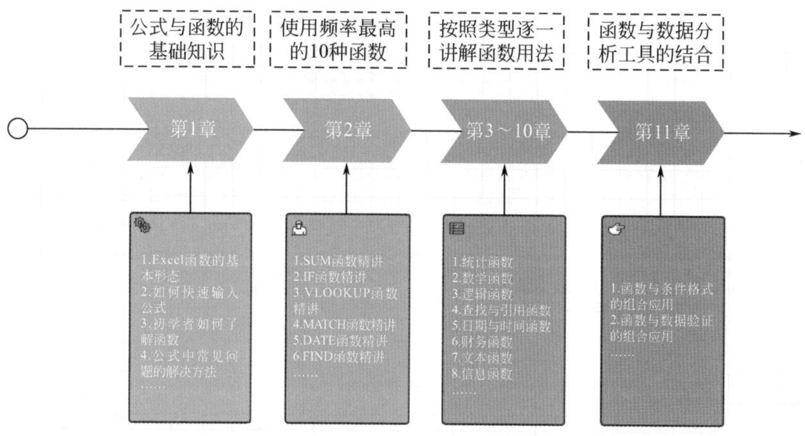

2. 选择本书的理由

（1）看得懂，学得会

本书用通俗易懂的语言，详细解释了每一个函数的语法格式，以抽丝剥茧的方式释义公式，并用颜色和导线引导阅读，让读者真正看得懂、学得会。

（2）内容充实，涵盖面广

书中所有案例及数据均甄选于行业实际应用场景，范围覆盖财务会计、市场营销、统计分析、行政管理、人力资源管理等领域，实用易学。

（3）掌握方法，事半功倍

学习不能墨守成规，本书教授了各类函数的使用“套路”，只要掌握了学习方法，还愁不会使用函数吗?

3. 学习本书的方法

对于初学者来说，第1、2章需要重点学习。不同行业使用到的函数类型也会有所差别，除了使用频率很高的一些函数，如求和函数SUM、查找函数VLOOKUP、逻辑函数IF等，用户可以根据自身需要，先学习工作中使用频率较高的函数，学精后再举一反三地学习其他类型函数。

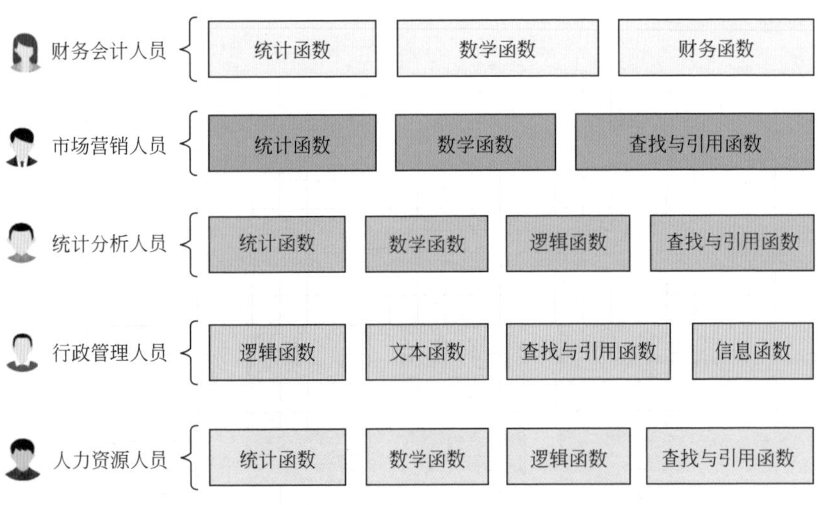

4. 本书的读者对象

- ✓ 财务人员；
- ✓ 市场营销人员；
- ✓ 人事及行政管理人员；
- ✓ 想提高工作效率的职场人士；
- ✓ 从事数据统计与分析相关工作的人员；
- ✓ 高等院校相关专业师生；
- ✓ 对函数感兴趣，想学习函数的人员。

本书在编写过程中力求严谨细致，但由于时间与精力有限，疏漏之处在所难免，望广大读者批评指正。

编者

目录
CONTENTS

第1章 与Excel公式相约

第2章 典型的10种函数必修课

第3章 大数据时代的统计分析

第4章 一丝不苟的数学运算

第5章 明辨是非的逻辑函数

第6章 火眼金睛检索数据

第7章 专注时效的日期与时间函数

第 8 章 精打细算的财务函数

第 9 章 玩转数值格式的文本函数

第11章 Excel 数据分析的秘密

扫码观看
本章视频

第1章 与Excel公式相约

如果说数据分析是Excel的核心，那么公式和函数则是数据分析不可缺少的组成部分。使用公式不仅可以轻松地完成大数据的运算，还可以通过不同类型的函数从指定的角度完成数据的处理和分析。我们将从这里开始和Excel公式的第一次“约会”，你准备好了吗？

1.1 为何要学 Excel 公式

在Excel中，使用公式不仅能够提高数据统计的效率，简化数据处理的流程，还能够加快数据分析的速度。

1.1.1 提高数据统计效率

不管是简单计算还是复杂计算，用公式都能轻松地统计出结果。只要公式没输入错误，统计结果绝对精确。例如对一份商品销售表进行多种统计，如果不懂公式的应用，处理起来相当棘手，如图1-1所示。但是会用公式，则能够很快统计出结果，如图1-2所示。

	A	B	C	D
1	商品类别	商品名称	商品价格	销售数量
2	咖啡	拿铁	28	28
3	咖啡	摩卡	30	31
4	咖啡	卡布奇诺	28	22
5	咖啡	风味拿铁	30	26
6	咖啡	焦糖玛奇朵	30	18
7	咖啡	冰淇淋咖啡	30	11
8	咖啡	南木特调	32	6
9	甜品	提拉米苏	28	8
10	甜品	芝士蛋糕	28	11
11	甜品	抹茶慕斯	26	9
12	甜品	焦糖苹果	26	3
13	甜品	奥利奥芝士	28	4
14	甜品	芒果芝士	28	12
15	甜品	榴莲芝士	28	3
16	果茶	冰糖雪梨	58	12
17	果茶	蜂蜜柚子茶	58	21
18	果茶	玫瑰花茶	58	10
19	奶茶	原味	24	13
20	奶茶	风味奶茶	26	8
21	奶茶	特调奶茶	26	6
22				

	F	G
1	销售数量合计	
2	最高销售量	
3	销量最高的商品名称	
4	咖啡类商品平均销量	

图1-1

	A	B	C	D
1	商品类别	商品名称	商品价格	销售数量
2	咖啡	拿铁	28	28
3	咖啡	摩卡	30	31
4	咖啡	卡布奇诺	28	22
5	咖啡	风味拿铁	30	26
6	咖啡	焦糖玛奇朵	30	18
7	咖啡	冰淇淋咖啡	30	11
8	咖啡	南木特调	32	6
9	甜品	提拉米苏	28	8
10	甜品	芝士蛋糕	28	11

	F	G
1	销售数量合计	262
2	最高销售量	31
3	销量最高的商品名称	摩卡
4	咖啡类商品平均销量	20.29

图1-2

1.1.2 简化数据分析流程

其实Excel中的数据分析都是建立在计算的基础上的，数据分析的结果也是计算的结果。例如，在进行常规数据分析时，如果要统计消费清单中各类消费项目的总支出金额，可能会用到筛选、分类汇总之类的数据分析工具，如图1-3所示。

	A	B	C	D
1	消费日期	消费项目	消费类型	消费金额
2	2022/3/8	电话费	工作	¥100.00
3	2022/3/2	会客	工作	¥120.00
4			工作 汇总	¥220.00
5	2022/3/12	打车费	交通	¥22.00
6			交通 汇总	¥22.00
7	2022/3/3	买菜	生活	¥63.00
8	2022/3/7	买零食	生活	¥30.00
9	2022/3/4	买衣服	生活	¥200.00
10	2022/3/9	水电费	生活	¥150.00
11			生活 汇总	¥443.00
12	2022/3/11	买画笔	学习	¥46.00
13	2022/3/1	买书	学习	¥58.00
14			学习 汇总	¥104.00
15			总计	¥789.00

用分类汇总分类统计消费金额

图1-3

如果用公式处理，则简化了数据分析的流程。原本需要多步操作才能得到的结果，现在只需要一个公式就能搞定，如图1-4所示。

G5　=SUMIF($C$2:$C$10,F5,$D$2:$D$10)

	A	B	C	D	E	F	G
1	消费日期	消费项目	消费类型	消费金额		消费类型	支出总金额
2	2022/3/1	买书	学习	¥58.00		学习	¥104.00
3	2022/3/2	会客	工作	¥120.00		工作	¥220.00
4	2022/3/3	买菜	生活	¥63.00		生活	¥443.00
5	2022/3/4	买衣服	生活	¥200.00		交通	¥22.00
6	2022/3/7	买零食	生活	¥30.00			
7	2022/3/8	电话费	工作	¥100.00			
8	2022/3/9	水电费	生活	¥150.00			
9	2022/3/11	买画笔	学习	¥46.00			
10	2022/3/12	打车费	交通	¥22.00			
11							

一个公式完成统计工作

图1-4

1.1.3 加快数据处理速度

数据处理的方法非常多，根据数据类型的不同，选用不同的数据处理方法，例如文本合并、分列、查询、替换、提取等。这些工作都可以用公式完成，如图1-5～图1-7所示。

C2 =SUBSTITUTE(B2,"YH","MZ")

	A	B	C	D
1	产品名称	产品编号	新产品编号	
2	产品1	YH-0214491	MZ-0214491	
3	产品2	YHD-0214492	MZD-0214492	
4	产品3	YH-021493	MZ-021493	
5	产品4	YH-0214	MZ-0214	
6	产品5	YH-02149	MZ-02149	
7	产品6	YHD-0211496	MZD-0211496	
8	产品7	YH-02149558	MZ-02149558	
9	产品8	YH-021499	MZ-021499	
10	产品9	YH-02150000	MZ-02150000	

将产品编号的 YH 统一替换为 MZ

图1-5

C2 =RIGHT(B2,LEN(B2)-FIND("班",B2))

	A	B	C	D
1	学号	信息	姓名	
2	21001	口腔医学21级2班王阳阳	王阳阳	
3	21002	法医学21级2班端木何君	端木何君	
4	21003	法医学21级2班姜海	姜海	
5	21004	临床医学21级2班吴晓敏	吴晓敏	
6	21005	中医学21级2班李思霖	李思霖	
7	21006	中药学21级2班郑刚	郑刚	
8	21007	食品卫生与营养学21级2班蒋小波	蒋小波	
9	21008	基础医学21级2班刘瑜	刘瑜	
10	21009	预防医学21级2班李勇	李勇	

从复杂信息中提取姓名

图1-6

D2 =CONCATENATE(A2,B2,C2)

	A	B	C	D	E
1	品牌	产品名称	产品规格	合并产品信息	
2	娃哈哈	矿泉水	380ml*24	娃哈哈矿泉水380ml*24	
3	娃哈哈	乳酸菌饮料	340ml*12	娃哈哈乳酸菌饮料340ml*12	
4	娃哈哈	AD钙奶	220g*20	娃哈哈AD钙奶220g*20	
5	旺仔	儿童成长牛奶	125ml*36	旺仔儿童成长牛奶125ml*36	
6	旺仔	复原乳牛奶	245ml*12	旺仔复原乳牛奶245ml*12	
7	旺仔	零食礼包	1.39kg	旺仔零食礼包1.39kg	
8	旺仔	碎碎冰	78ml*20	旺仔碎碎冰78ml*20	

合并信息

图1-7

1.2 Excel公式快速入门

下面首先了解Excel公式的一些基础知识，为后面的学习打下良好的基础。

1.2.1 了解Excel公式的基本形态

Excel公式以等号（=）开始，等号后是一个或多个参与运算的数据，每个数据之间用运算符连接。执行简单的运算时，公式包含的元素也相对单一，如图1-8所示。

F2 =C2*D2*(1-E2)

	A	B	C	D	E	F
1	销售日期	商品名称	销售数量	单价	折扣	销售金额
2	2022/8/1	运动手表	5	2200.00	10%	9900.00
3	2022/8/1	智能电视	1	7800.00	5%	
4	2022/8/1	智能音箱	8	550.00	15%	
5	2022/8/1	电话手表	4	600.00	6%	

=C2*D2*(1-E2)

公式中包含单元格引用和数字常量，运算符包括乘号“*”和减号“-”

图1-8

通常，公式越复杂，所包含的元素越多。构成公式的元素可以是数值、文本、单元格引用、名称、逻辑值、函数等。例如用公式分析考生两次的考试成绩，如图1-9所示。

D2 =IF(C2>B2,"进步","退步")&ABS(B2-C2)&"分"

	A	B	C	D	E
1	考生姓名	第1次成绩	第2次成绩	成绩分析	
2	考生1	80	87	进步7分	
3	考生2	79	65	退步14分	
4	考生3	66	98	进步32分	
5	考生4	98	98	退步0分	
6	考生5	65	72	进步7分	

图1-9

图1-9中公式由三大部分数据组成，用连接运算符“&”进行连接。当参与计算的数据是函数时，函数后面需要设置参数，所有参数必须在括号中输入，每个参数之间用逗号分隔。

公式中每部分又包含不同的元素：

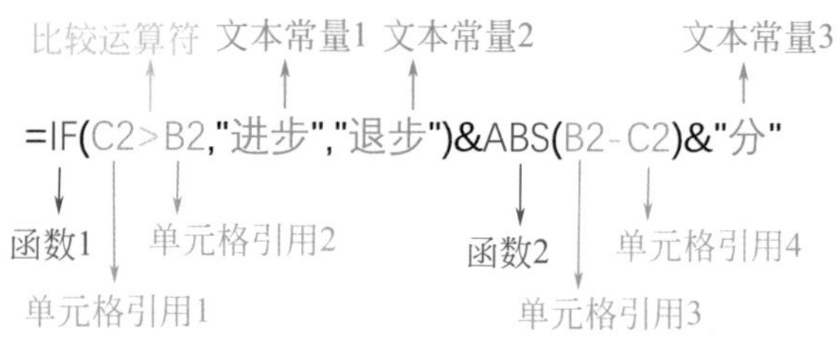

公式中的常量分为文本常量、数字常量以及日期常量；单元格引用包括单个单元格的引用和单元格区域引用。

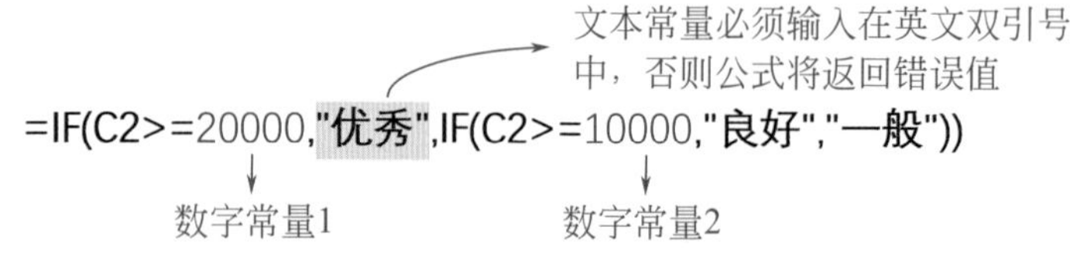

=VLOOKUP(H2,A3:E16,ROW(A2),FALSE)

单元格区域引用，用冒号连接起始单元格和终止单元格

逻辑值，不需要输入在双引号中

Excel公式可以自动计算，输入正确的公式后按【Enter】键，即可自动返回计算结果，如图1-10所示。

提示：

运算符是公式中最重要的组成部分之一。运算符可分为4大类，分别是算术运算符、逻辑运算符、连接运算符及引用运算符。

	A	B	C	D	E
1	姓名	门店	上半年	下半年	合计
2	莫小贝	青峰路	¥ 6,700.00	¥ 4,700.00	¥ 11,400.00
3	张宁宁	青峰路	¥ 9,500.00	¥ 3,300.00	¥ 12,800.00
4	刘宗霞	青峰路	¥ 3,300.00	¥ 5,100.00	¥ 8,400.00
5	陈欣欣	德政路	¥ 4,800.00	¥ 2,900.00	¥ 7,700.00
6	赵海清	青峰路	¥ 7,900.00	¥ 5,500.00	¥ 13,400.00
7	张宇	德政路	¥ 6,800.00	¥ 7,000.00	¥ 13,800.00
8	刘丽英	德政路	¥ 5,900.00	¥ 3,100.00	¥ 9,000.00
9	陈夏	德政路	¥ 5,600.00	¥ 8,700.00	¥ 14,300.00
10	张青	青峰路	¥ 9,900.00	¥ 3,500.00	¥ 13,400.00

图1-10

1.2.2 提高公式输入速度的关键

输入公式不能单纯靠手动输入，这样不仅效率低，而且很难保证准确率。提高公式输入速度的关键是知道如何引用单元格，如图1-11所示。

=E2*F2
=G2-H2

	A	B	C	D	E	F	G	H	I
1	日期	商品名称	规格	单位	销售数量	单价	金额	积分抵扣	实付款
2	2022/4/10	百奇巧克力棒	60g	盒	9	6.2	55.8	0	55.8
3	2022/4/11	百奇（牛奶味）	60g	盒	19	5.3	100.7	0	100.7
4	2022/4/12	百醇夹心饼干（巧克力味）	48g	盒	12	5.5	66	1.2	64.8
5	2022/4/13	百醇（牛奶味）	48g	盒	10	5.5	55	2.6	52.4
6	2022/4/14	百醇（抹茶慕斯味）	48g	盒	5	6.2	31	0	31
7	2022/4/15	百醇（芝士味）	48g	盒	12	5.9	70.8	0	70.8
8	2022/4/16	奥利奥双心脆（香草口味）	87G	盒	5	8.9	44.5	2.5	42
9	2022/4/17	奥利奥双心脆（草莓口味）	87G	盒	2	8.9	17.8	3	14.8
10	2022/4/18	mini奥利奥小饼干	55g	盒	11	5.6	61.6	0	61.6
11	2022/4/19	mini奥利奥饼干（巧克力味）	55g	盒	6	6.3	37.8	0	37.8
12	2022/4/20	奥利奥巧克力棒（巧克力味）	64g	盒	1	6.8	6.8	0	6.8
13	2022/4/21	mini奥利奥小饼干（草莓味）	55g	盒	8	3.2	25.6	0	25.6
14	2022/4/22	趣多多巧克力饼干	95g	盒	11	4.5	49.5	10.3	39.2
15	2022/4/23	太平香海苔梳打饼干	100克	包	20	4.8	96	5	91
16	合计								694.3

=SUM(I2:I15)

图1-11

在公式中引用单个单元格时，只要在等号后单击目标单元格，即可将该单元格地址输入到公式中，如图1-12所示。

B	C	D	E	F	G
商品名称	规格	单位	销售数量	单价	金额
百奇巧克力棒	60g	盒	9	6.2	=E2
百奇（牛奶味）	60g	盒	[illegible]	5.3	
百醇夹心饼干（巧克力味）	48g	盒	[illegible]	[illegible]	
百醇（牛奶味）	48g	盒	[illegible]	[illegible]	
百醇（抹茶慕斯味）	48g	盒	5	6.2	

单击
自动输入

图1-12

在等号后选择单元格区域，公式中可自动输入该区域地址，如图1-13所示。若需要从其他工作表中引用单元格，需要先单击该工作表的工作表标签，然后选择要引用的单元格或单元格区域，如图1-14所示。

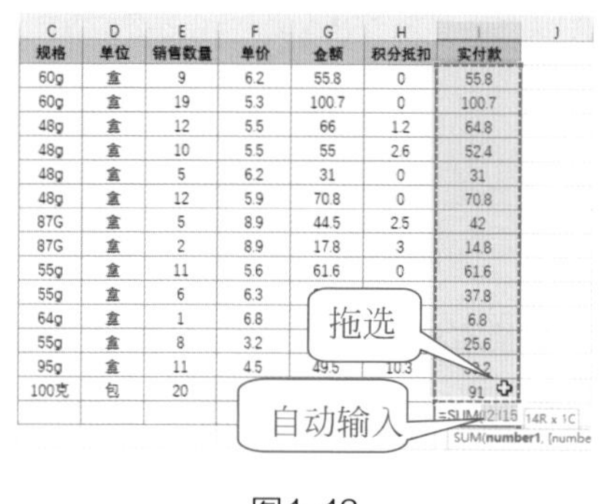

图1-13

图1-14

注意：

在输入公式的过程中，鼠标一定不要到处乱点哦！

1.2.3 在公式中插入函数的方法

谈Excel公式不得不提函数。函数其实是预定义的公式，根据参数特定的顺序或结构进行计算。函数不能单独使用，必须代入到公式中使用，这便需要掌握公式中快速插入函数的方法。下面介绍三种在公式中插入函数的方法。

（1）手动输入

在公式中手动输入函数名称时屏幕中会出现以相应字母开头的所有函数，双击函数名称，即可快速输入该函数名称，如图1-15所示。

手动输入参数时，有些固定参数会显示提示信息，用户可根据提示进行选择，如图1-16所示。

图1-15

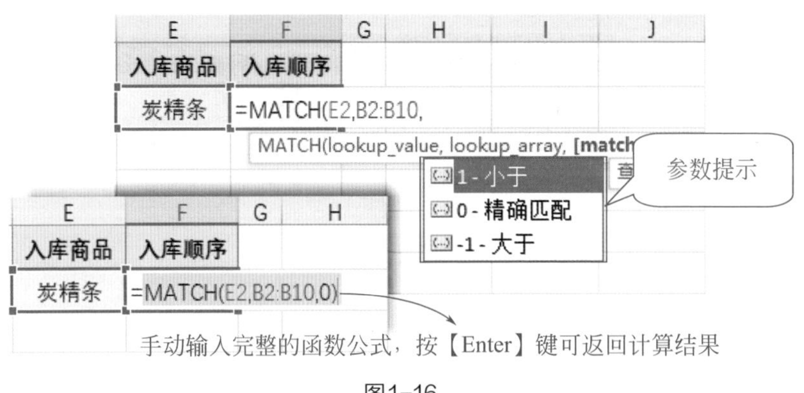

图1-16

提示：

手动输入函数建立在熟悉函数名称并对函数参数有一定了解的基础上，适合有一定函数应用基础的用户使用。

（2）根据函数类型插入

在“公式”选项卡中单击需要使用的函数类型，在其下拉列表中选择具体的函数，如图1-17所示。系统随即会弹出“函数参数”对话框，在该对话框中可设置各参数值，如图1-18所示。

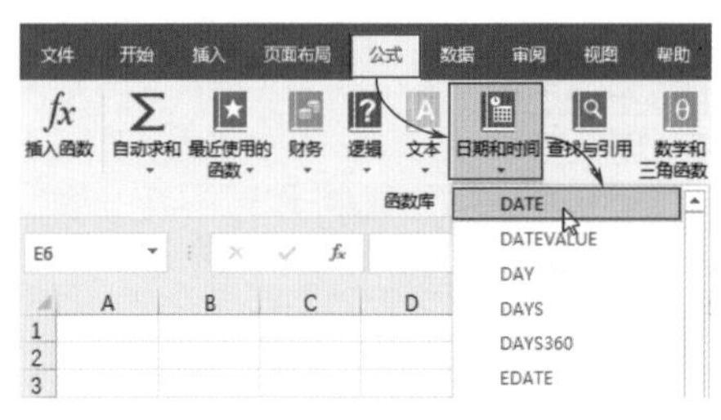

图1-17

图1-18

（3）从“插入函数”对话框中插入

在“公式”选项卡中单击“插入函数”按钮，或在编辑栏中单击“fx”按钮，如图1-19所示。

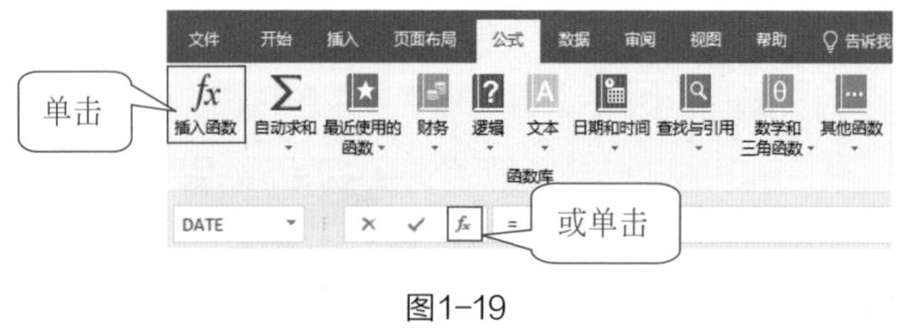

图1-19

系统随即弹出“插入函数”对话框，从中选择函数的类型，然后选择要使用的函数，单击“确定”按钮，如图1-20所示。接下来也会弹出“函数参数”对话框，在该对话框中设置好各项参数即可。

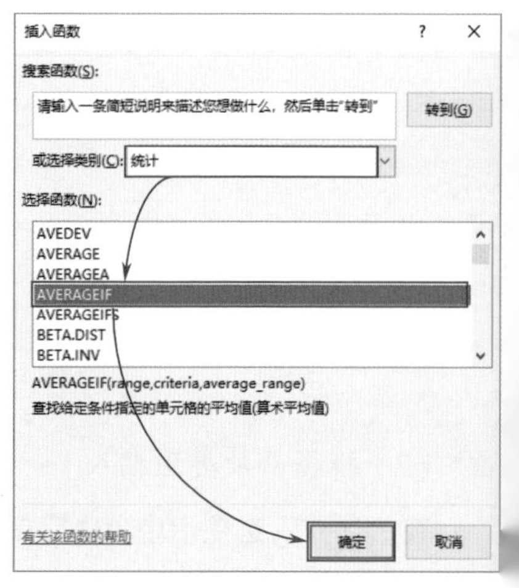

图1-20

提示：

使用“函数参数”对话框设置参数，不仅能够查看每个参数的含义，还可以预览函数的计算结果，适合初学者使用。

1.2.4 按具体情况选择填充方式

当表格中的数据具有相同的计算规律时，通常只需要输入一个公式，然后填充公式，即可计算出所有结果。填充公式的方法不止一种，用户可根据表格的结构或数据的排列方式选择合适的填充方法。

（1）拖动填充柄填充公式

选中包含公式的单元格，将光标放在单元格右下角，光标变成“**+**”形状（称为填充柄）时按住鼠标左键，向目标位置拖动，松开鼠标后即可完成填充，如图1-21与图1-22所示。

图1-21

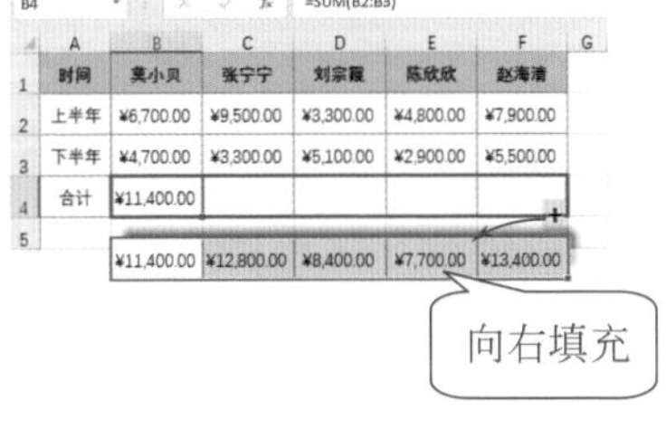

图1-22

此方法适合在不同方向的连续区域内填充公式时使用，是最常用的填充方法。

（2）双击填充柄填充公式

选择公式所在单元格，然后双击填充柄，即可将公式填充至下方单元格区域，如图1-23所示。

H2 =C2-SUM(D2:G2)

姓名	所属部门	基本工资	养老保险	医疗保险	失业保险	住房公积金	实发工资
陈萍萍	财务部	¥7,800.00	¥624.00	¥159.00	¥15.60	¥546.00	¥6,455.40
方傅琮	销售部	¥5,000.00	¥400.00	¥103.00	¥10.00	¥350.00	
赵祥林	人事部	¥6,500.00	¥520.00	¥133.00	¥13.00	¥455.00	
秦狐	办公室	¥7,500.00	¥600.00	¥153.00	¥15.00	¥525.00	
落霞	人事部	¥6,300.00	¥504.00	¥129.00	¥12.60	¥441.00	
盖小姐	设计部	¥8,500.00	¥680.00	¥173.00	¥17.00	¥595.00	
刘布衣	销售部	¥7,000.00	¥560.00	¥143.00	¥14.00	¥490.00	
伍雨花	财务部	¥8,800.00	¥704.00	¥179.00	¥17.60	¥616.00	
高雪	人事部	¥7,500.00	¥600.00	¥153.00	¥15.00	¥525.00	

双击

¥6,455.40
¥4,137.00
¥5,379.00
¥6,207.00
¥5,213.40
¥7,035.00
¥5,793.00
¥7,283.40
¥6,207.00

公式只能向下方填充

图1-23

此方法适合公式相邻列中包含数据且数据的计算规律相同时使用。

（3）使用快捷键填充

选中要填充公式的单元格区域，在编辑栏中输入公式，按【Ctrl+Enter】组合键,即可向所选单元格区域内填充公式，如图1-24所示。

图1-24

此方法适合在不连续的单元格区域中填充公式时使用。操作时应注意，公式需要在编辑状态下按【Ctrl+Enter】组合键才能实现填充。

（4）复制公式

填充其实是有规律地复制。在Excel中复制公式时也会遵循填充的规律。最简单的复制方法是使用快捷键，按【Ctrl+C】组合键复制包含公式的单元格，按【Ctrl+V】组合键粘贴公式，如图1-25所示。

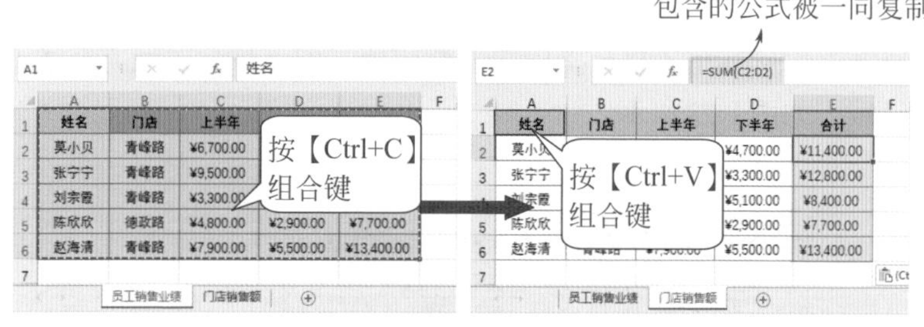

图1-25

此方法适合移动包含公式的数据表，或得到一个相同的数据表备份时使用。可在不同工作表或不同工作簿之间复制包含公式的数据表。

复制包含公式的数据表时，若想去除公式只保留公式的计算结果，可以右击选择粘贴方式。在右键菜单中还可选择去除表格格式保留公式的粘贴选项，如图1-26所示。

图1-26

1.2.5　单元格引用方式不能忽视

公式中的单元格引用形式包括3种，即相对引用、绝对引用以及混合引用。引用方式的不同，在复制或填充公式后会对公式的结果造成很大的影响。

（1）相对引用

相对引用是最常见的引用形式，输入公式时直接单击单元格或拖选单元格区域所形成的引用，即为相对引用。相对引用的单元格会在填充时随着公式位置的变化发生相应改变，如图1-27所示。

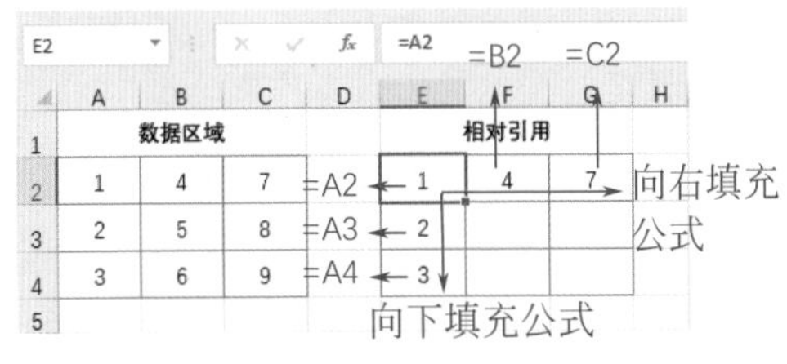

图1-27

（2）绝对引用

绝对引用能够锁定公式中的单元格，单元格引用不会随着公式位置的变化发生改变。其特征是行号和列标前有“$”符号，如图1-28所示。

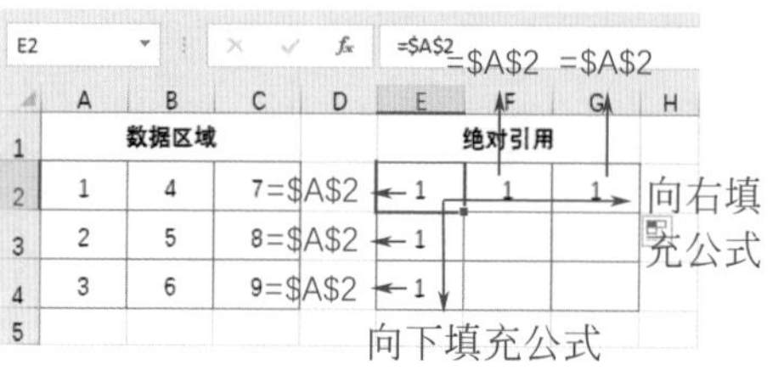

图1-28

（3）混合引用

混合引用是相对引用与绝对引用的综合体，可以单独锁定行或单独锁定列。只有被锁定的部分之前会显示“$”符号，如图1-29与图1-30所示。

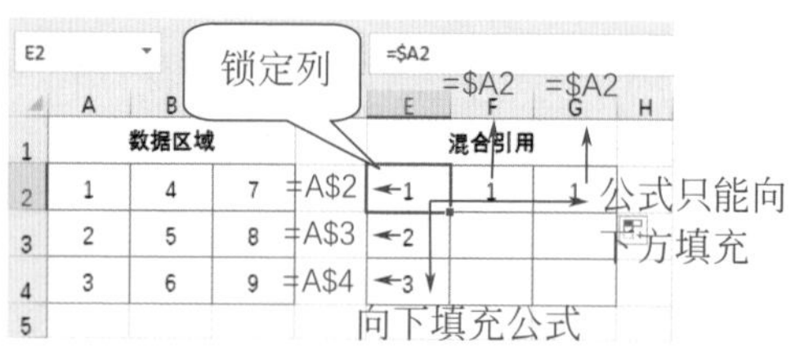

图1-29

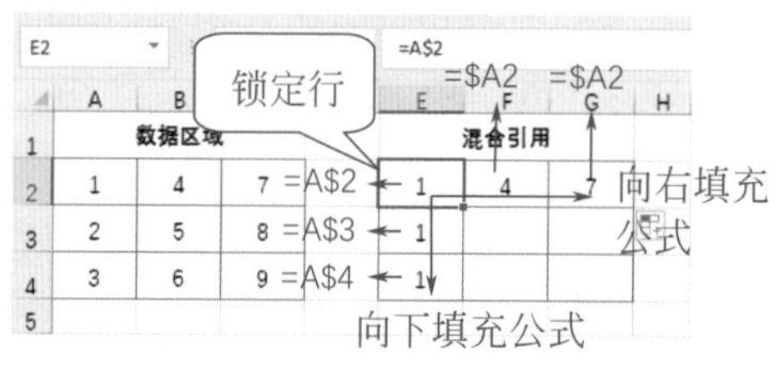

图1-30

提示:

绝对引用和混合引用中的绝对值符号无须手动输入，通过键盘上的【F4】键可快速在不同引用形式之间进行切换。选择相对引用的单元格名称，按一次【F4】键变成绝对引用，按两次【F4】键变成相对列绝对行的混合引用，按三次【F4】键变成绝对列相对行的混合引用，按4次【F4】键重新变回相对引用。

1.2.6 省心的自动计算

Excel为一些常用的简单计算提供了绿色通道，不需要手动输入公式。只要单击特定的按钮，即可自动完成相应计算。

可自动完成的计算包括求和、平均值、计数、最大值以及最小值。自动计算命令按钮保存在“公式”选项卡中。单击“自动求和”下拉按钮，在展开的列表中可选择一种计算方式，如图1-31所示。

求和相对于其他计算更为常用，因此它“享有特权”。Excel为快速求和特设了一组快捷键，即【Alt+=】。选中需要输入求和公式的单元格（或单元格区域），按【Alt+=】组合键即可返回求和结果，如图1-32所示。

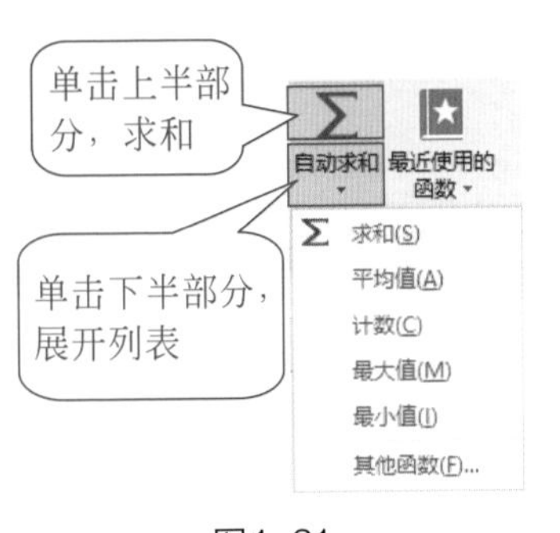

图1-31

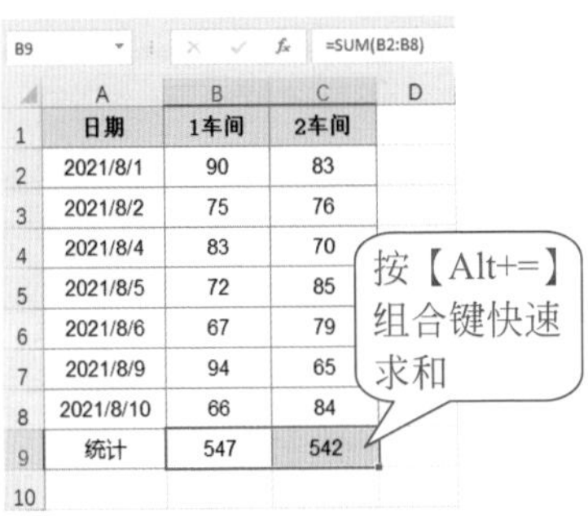

	A	B	C	D
1	日期	1车间	2车间	
2	2021/8/1	90	83	
3	2021/8/2	75	76	
4	2021/8/4	83	70	
5	2021/8/5	72	85	
6	2021/8/6	67	79	
7	2021/8/9	94	65	
8	2021/8/10	66	84	
9	统计	547	542	
10				

图1-32

另外，用户还可在窗口底部的状态栏中浏览所选区域中数据的平均值、计数以及求和结果，如图1-33所示。右击状态栏，在弹出的快捷菜单中还可更改可显示的内容，如图1-34所示。

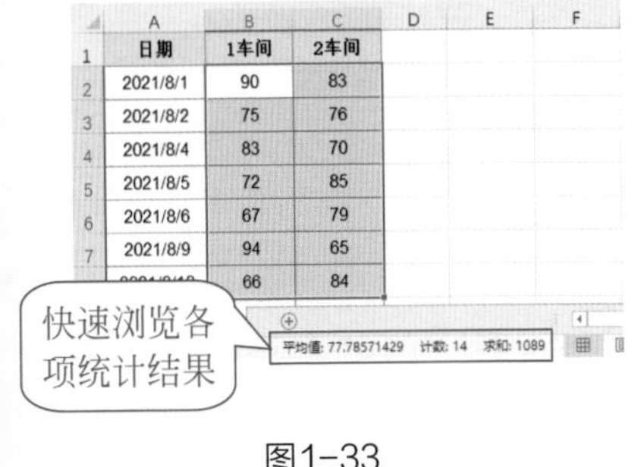

	A	B	C	D	E	F
1	日期	1车间	2车间			
2	2021/8/1	90	83			
3	2021/8/2	75	76			
4	2021/8/4	83	70			
5	2021/8/5	72	85			
6	2021/8/6	67	79			
7	2021/8/9	94	65			
		66	84			

图1-33

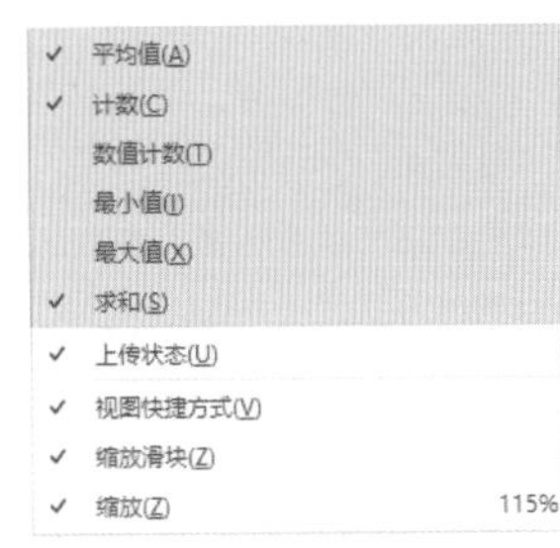

图1-34

1.2.7 公式的高阶玩法——数组公式

数组公式可以说是普通公式的plus版。一般能玩转数组公式的人，对常规Excel公式的应用能力绝对不会差。数组公式的用法绝不是简单的两句话便能解释清楚的，下面先对数组公式进行初步的了解。

（1）数组公式的定义

如果要用一个词形容数组公式，那便是“事半功倍”。一个数组公式可以执行多项计算并返回一个或多个结果。例如，用数组公式组合“小王子”读书信息，如图1-35所示。

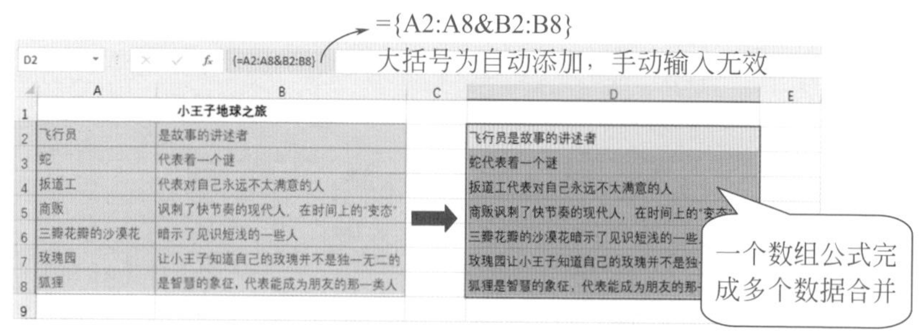

图1-35

（2）数组公式的使用注意事项

① 输入数组公式之前需要提前选中存放结果值的单元格区域。

② 数组公式不能直接按【Enter】键返回结果，需要按【Ctrl+Shift+Enter】组合键才能返回一组结果，如图1-36所示。

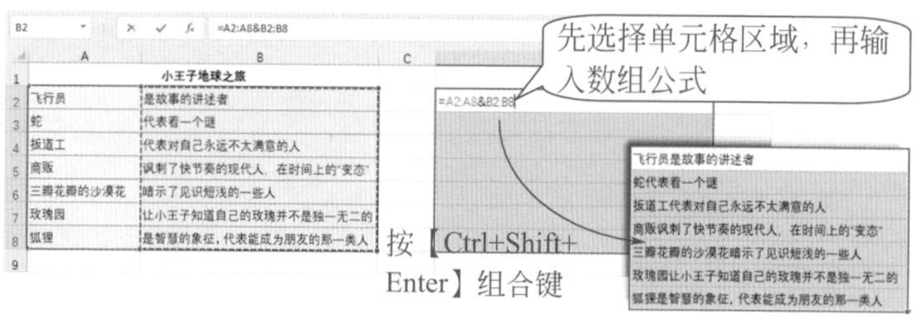

图1-36

③ 不能对数组公式中某一个公式进行单独编辑。修改一个公式，则一组公式全部被修改。

④ 修改数组公式后仍要按【Ctrl+Shift+Enter】组合键进行确认。

（3）数组的形式

常见的数组形式包括区域数组和常量数组。

① 区域数组。区域数组即公式中对单元格区域的引用，例如数组公式“={A2:A8&B2:B8}”中的“A2:A8”和“B2:B8”即为区域数组。

区域数组

={A2:A8&B2:B8}

② 常量数组。常量数组由常量组成，常量数组的特征如下。

- 所有常量输入在一对大括号“{ }”中。
- 每个常量之间用半角逗号“,”或半角分号“;”分隔。逗号表示数组在水平方向，分号表示数组在垂直方向。

{0,3,20,6,115} → 水平数组

{108;9;6;97;264;332} → 垂直数组

不论是区域数组还是常量数组，都遵循同样的运算规律。单个值和数组进行计算时，单个值和数组中的每个值逐一进行计算，如图1-37所示。

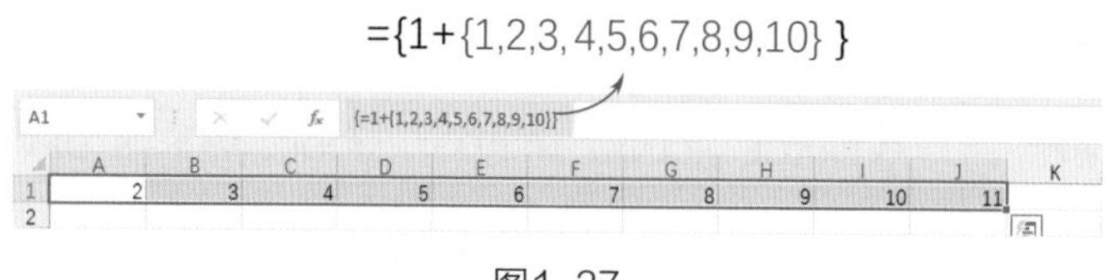

图1-37

两个数组进行计算时，对应位置的数据进行逐一计算，如图1-38所示。

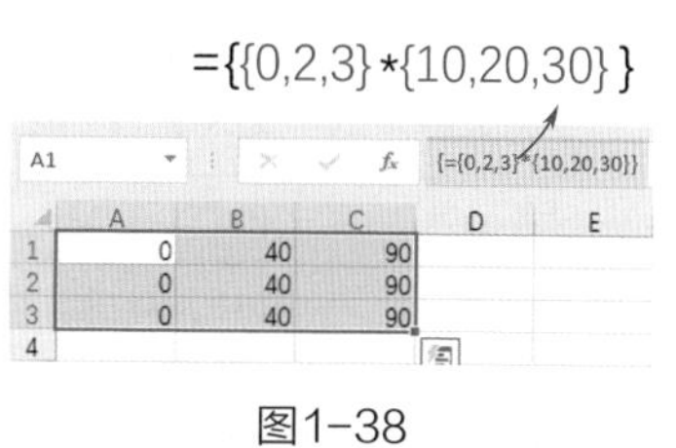

图1-38

注意：

两个计算的数组长度要相等，否则计算结果中将出现“#N/A”错误值。

提示：

Excel公式中的常量表示固定不变的值，例如数字、文本、日期等。与常量相对应的是“变量”，例如单元格引用，因为单元格中包含的内容是可变的，可以是任意值。

1.3 初学者学函数的正确方法

学习函数不能生搬硬套，需要掌握正确的学习方法，并且要消除对函数的畏惧心理。初学者可以从工作中最需要的函数学起，因为有需求，学习才有动力。能用所学知识解决工作中的问题，学习才有意义。

1.3.1 认识函数类型

Excel中的函数类型包括文本函数、逻辑函数、数学与三角函数、财务函数、统计函数、日期与时间函数、工程函数、信息函数、多维数据集函数、兼容性函数、Web函数等。下面通过表1-1了解函数的类型及所包含的常用函数。

表1-1

类型	常用函数
数学与三角函数	SUM、ROUND、ROUNDUP、ROUNDDOWN、PRODUCT、INT、SIGN、ABS等
统计函数	AVERAGE、RANK、MEDIAN、MODE、VAR、STDEV等
日期与时间函数	DATE、TIME、TODAY、NOW、EOMONTH、EDATE等
逻辑函数	IF、AND、OR、NOT、TRUE、FALSE等
查找与引用函数	VLOOKUP、HLOOKUP、INDIRECT、ADDRESS、COLUMN、ROW、RTD等
文本函数	TEXT、LEFT、RIGHT、MID、LEN、UPPER、LOWER等
财务函数	PMT、IPMT、PPMT、FV、PV、RATE、DB等
信息函数	ISERROR、ISBLANK、ISTEXT、ISNUMBER、NA、CELL、INFO等
数据库函数	DSUM、DAVERAGE、DMAX、DMIN、DSTDEV等

续表

类型	常用函数
多维数据集函数	CUBEKPIMEMBER、CUBEMEMBER、CUBESET等
兼容性函数	FINV、FLOOR、FTEST、MODE等
工程函数	BIN2DEC、COMPLEX、IMREAL、IMAGINARY、BESSELJ、CONVERT等
Web函数	ENCODEURL、FILTERXML、WEBSERVICE等

不同版本的Excel，所包含的函数类型稍有不同。一般Excel版本越高，所包含的函数类型越全。功能区中的“公式”选项卡内可查看当前版本所包含的函数类型，如图1-39所示。

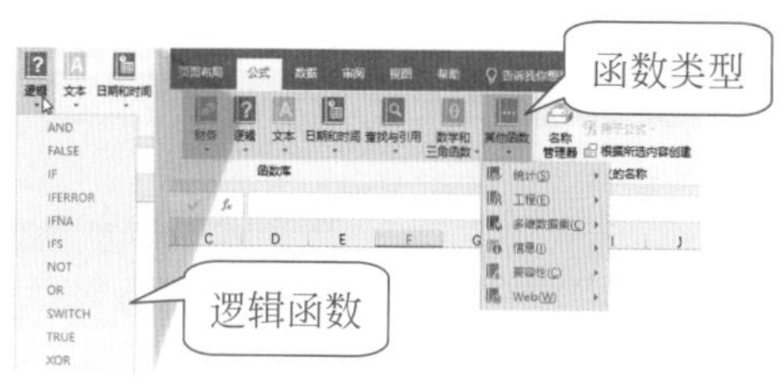

图1-39

1.3.2 快速了解不熟悉的函数

对于不了解的函数，初学者应该如何着手学习呢？其实Excel为每个函数均提供了详细的使用说明，初学者完全可以利用这些使用说明进行学习。

（1）快速浏览函数使用说明

在“公式”选项卡中打开某个类型的函数列表后，将光标停留在任意一个函数上，屏幕中便会出现该函数的相关说明，如图1-40所示。用户可通过这种方式浏览各种函数的基本作用，以便在实际工作

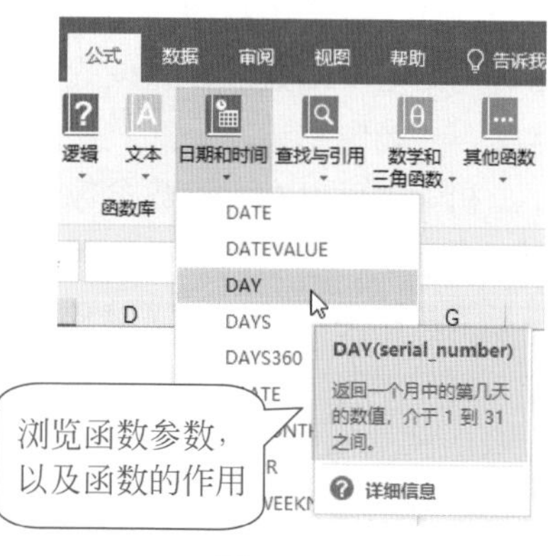

图1-40

中能够快速调用正确的函数。

（2）通过“插入函数”对话框了解函数作用

在“插入函数”对话框中选择某个函数后，也会显示该函数的参数以及作用说明，如图1-41所示。

如果不清楚某个函数的类型，可以通过“插入函数”对话框搜索该函数，从而了解该函数的作用和参数排列，如图1-42所示。

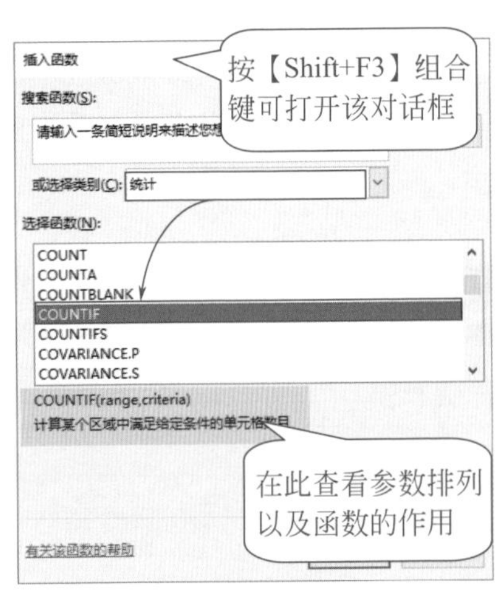

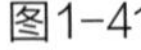
图1-41

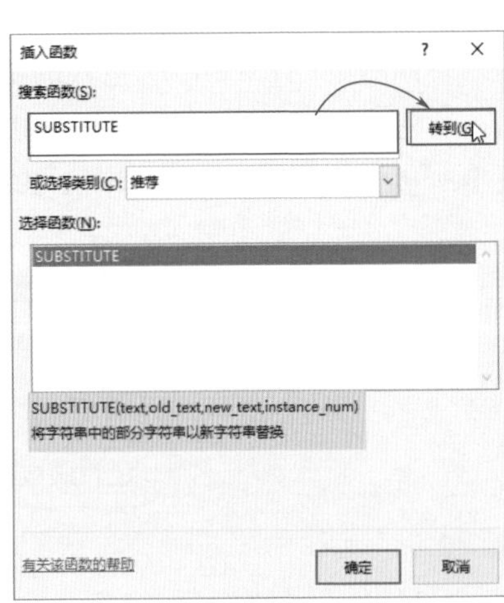

图1-42

1.3.3 搞懂每个参数的含义

即使了解了函数的作用和参数的排列顺序，还是很难掌握函数的用法，因为每个函数的参数设置方法都不同。只有搞懂每个参数所代表的含义，才能顺利编写公式。

初学者可以在“函数参数”对话框中设置参数，将光标置于不同参数文本框中，对话框中会出现该参数的具体文字说明，用户可通过文字提示了解相关参数的含义以及设置原则，如图1-43所示。

设置参数后，会显示相应参数的明细数据以及计算结果，如图1-44所示。若参数设置有误，“函数参数”对话框中也会有所体现，如图1-45所示。用户可根据错误提示对参数进行调试，以保证计算结果的准确性。

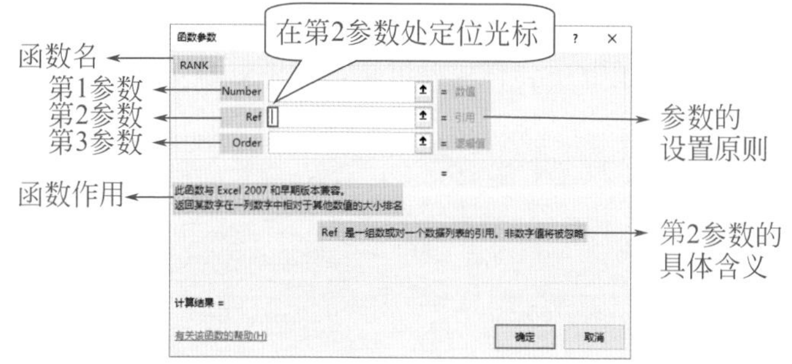

图1-43

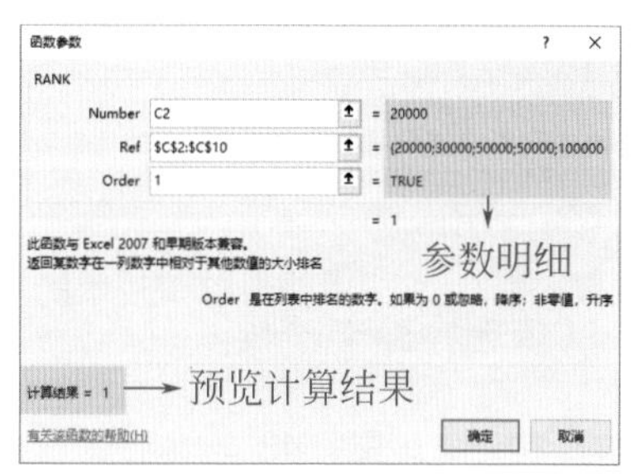

图1-44

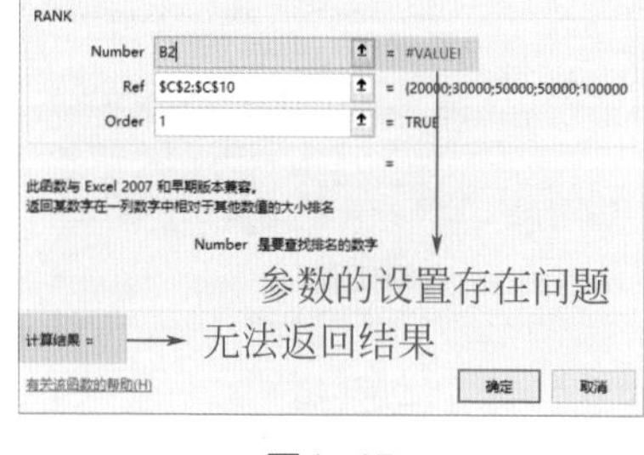

图1-45

1.3.4 适时查看帮助信息

学习中遇到不懂的问题可以随时寻求帮助。按【F1】键，Excel窗口的右侧会显示“帮助”窗口，在该窗口中可直接搜索相关函数，可以通过现有词条了解公式与函数的基础知识，如图1-46所示。

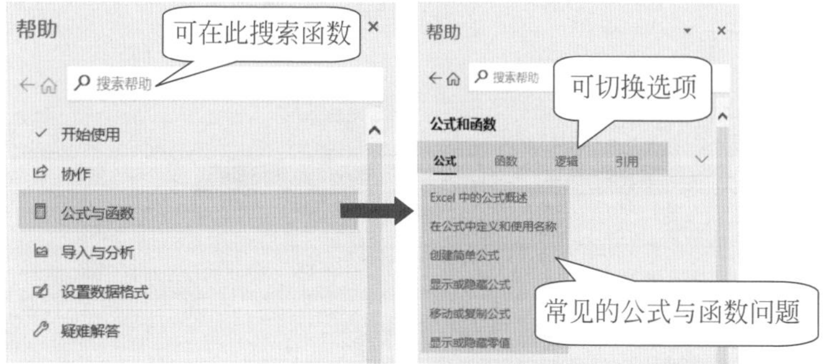

图1-46

搜索函数后可在“帮助”窗口中查看该函数作用、参数详解、应用示例等，另外常用函数还会有视频讲解，如图1-47与图1-48所示。

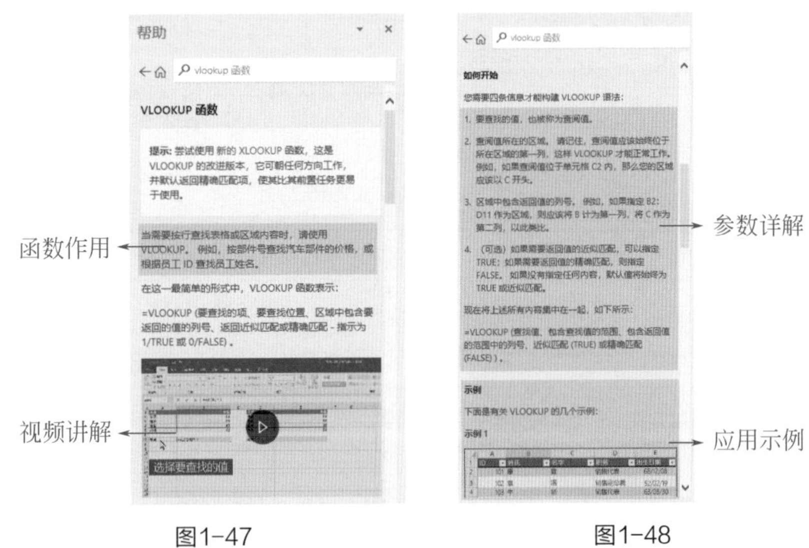

图1-47　　图1-48

1.3.5 解锁嵌套函数的规则

一个函数解决一个特定的问题，如果要解决更复杂的问题，可以将函数嵌套使用。所谓的嵌套函数是指将一个函数作为另一个函数的参数使用，从而实现复杂的计算。

例如，根据实际积分计算可兑换礼品的案例中用到了公式“=INDEX(C2:C7,MATCH(E2,B2:B7,1))”，这是一个典型的嵌套函数，如图1-49所示。

F2　=INDEX(C2:C7,MATCH(E2,B2:B7,1))

	A	B	C	D	E	F	G
1	等级	积分	兑换礼品		实际积分	可兑换礼品	
2	1	2000	手机支架		5200	保温杯	
3	2	3000	遮阳伞				
4	3	5000	保温杯				
5	4	7000	加湿器				
6	5	9000	电吹风机				
7	6	10000	空气炸锅				
8							

图1-49

=INDEX(C2:C7,MATCH(E2,B2:B7,1))

第1参数　　第2参数

MATCH函数作为INDEX函数的第2参数使用

INDEX函数只能返回指定行列交叉处的值，而实际情况是，根据指定积分（在B列）判断可兑换礼品（在C列），条件和结果在不同的列。那么只用一个INDEX函数是无法完成任务的。所以这里在INDEX函数中嵌套了MATCH函数，判断出给定的实际积分在“积分”列中的位置。该位置与“可兑换礼品”中要返回的商品位置是对应的，以此查询出可兑换礼品。

提示:

除了不同的函数可以嵌套使用，同一函数也可以进行循环嵌套。比较常见的循环嵌套多为IF函数的嵌套，用来执行多重判断。例如：

=IF(C6>=20000,"优秀",IF(C6>=10000,"良好","一般"))

1.4　名称让公式更容易理解

在公式中使用名称可以简化公式，也能让公式更容易理解。单元格、单元格区域、公式等可以定义名称。

1.4.1　为区域定义名称

定义名称其实很简单，按【Ctrl+F3】组合键打开“名称管理器”对话框，随后单击“新建”按钮，在随后弹出的对话框中设置名称以及所引用的区域，即可为该区域定义名称，如图1-50所示。

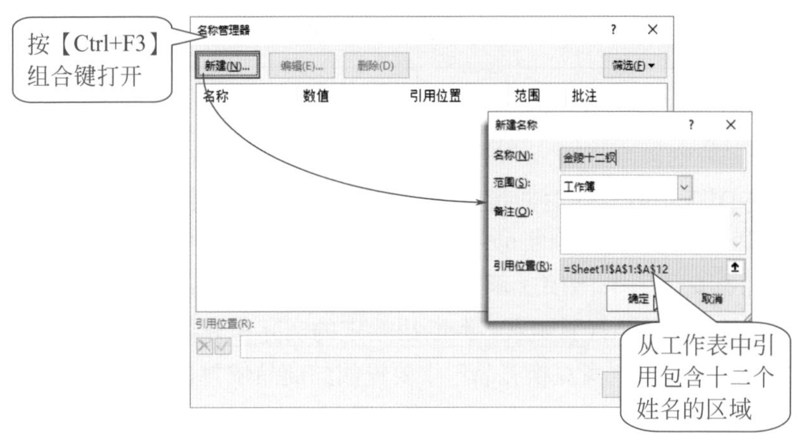

图1-50

定义的名称可直接代入到公式中使用，例如用数组公式一次性输入金陵十二钗的十二个姓名，如图1-51所示。

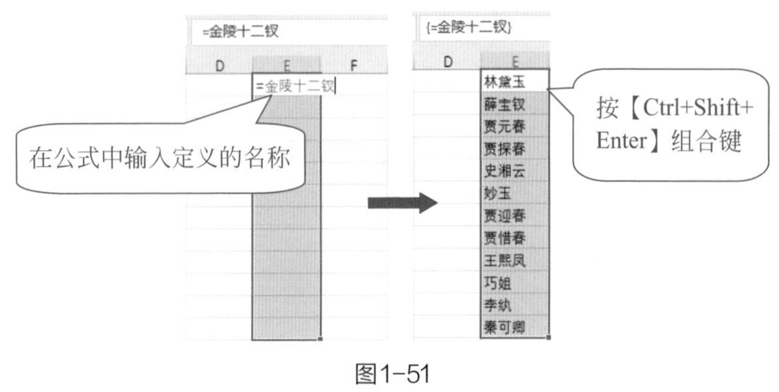

图1-51

1.4.2　常用公式的名称定义

除了为区域定义名称，也可为常用公式定义名称，其操作方法与为区域定义名称相同。除了通过“名称管理器”对话框打开“新建名称”对话框，也可直接在“公式”选项卡中单击“定义名称”按钮，打开该对话框。

在“名称”文本框中输入名称，在“引用位置”文本框中输入公式，最后单击“确定”按钮，即可完成为公式定义名称的操作，如

图1-52所示。

定义名称时还可以设置名称的应用范围，默认的范围是当前工作簿。单击“范围”右侧的下拉按钮，通过选择不同工作表的名称，即可将名称的应用范围锁定在指定的工作表，如图1-53所示。

图1-52

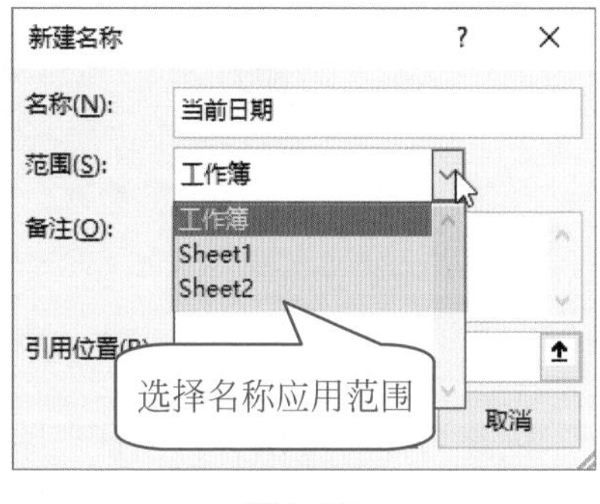

图1-53

定义的名称可用在任何类型的公式中，例如计算20天前的日期可用公式“=当前日期-20”，计算当前距离元旦的天数可用公式“=DATEDIF(当前日期,"2023/1/1","D")”。

1.4.3 名称的应用与管理

在“公式”选项卡中，“定义名称”组内包含了和定义名称相关的按钮，如图1-54所示。

图1-54

当需要在公式中使用名称时，除了手动输入，也可在“定义名称”组内单击“用于公式”下拉按钮，通过下拉列表中的选项，向公式中插入名称，如图1-55所示。

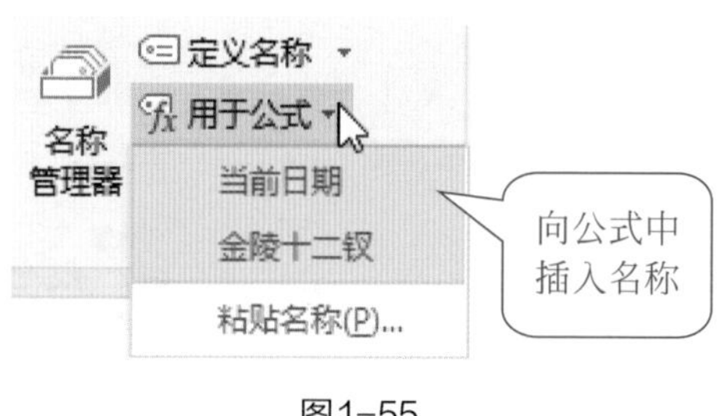

图1-55

创建名称后可在“名称管理器”中对名称进行查看、编辑、删除等操作，如图1-56所示。

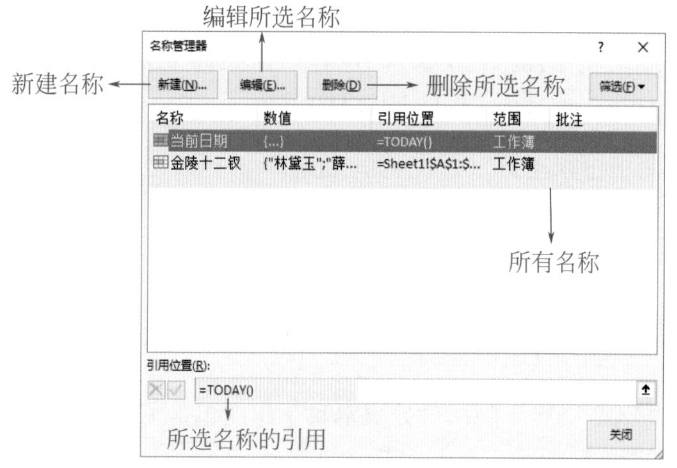

图1-56

1.5 解决初学者常见问题

初学者在使用函数时经常会遇到各种各样的问题。下面总结了几个常见问题及其解决办法。

1.5.1 为什么公式不自动计算

正常情况下不管公式对错都会自动计算，但是以下两种情况会造成公式不自动计算。

（1）在文本格式的单元格中输入公式

在文本格式的单元格中输入任何内容，Excel都会判断为文本，所以文本单元格中的公式不再是公式而是普通字符串，因此不会自动计算，如图1-57所示。

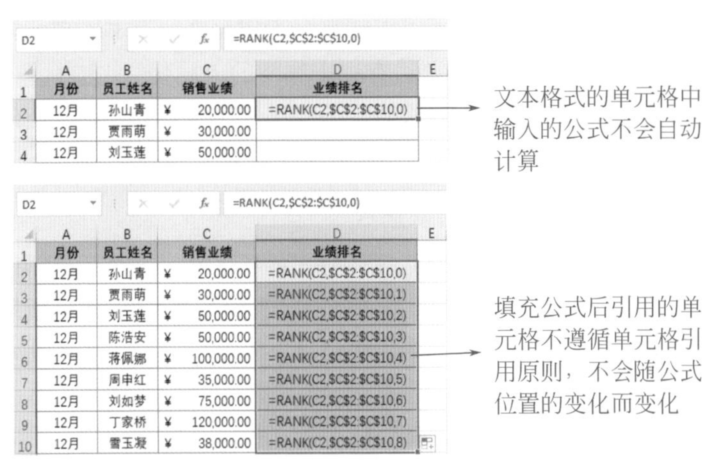

D2 =RANK(C2,$C$2:$C$10,0)

	A	B	C	D
1	月份	员工姓名	销售业绩	业绩排名
2	12月	孙山青	¥ 20,000.00	=RANK(C2,$C$2:$C$10,0)
3	12月	贾雨萌	¥ 30,000.00	
4	12月	刘玉莲	¥ 50,000.00	

D2 =RANK(C2,$C$2:$C$10,0)

	A	B	C	D
1	月份	员工姓名	销售业绩	业绩排名
2	12月	孙山青	¥ 20,000.00	=RANK(C2,$C$2:$C$10,0)
3	12月	贾雨萌	¥ 30,000.00	=RANK(C2,$C$2:$C$10,1)
4	12月	刘玉莲	¥ 50,000.00	=RANK(C2,$C$2:$C$10,2)
5	12月	陈浩安	¥ 50,000.00	=RANK(C2,$C$2:$C$10,3)
6	12月	蒋佩娜	¥ 100,000.00	=RANK(C2,$C$2:$C$10,4)
7	12月	周申红	¥ 35,000.00	=RANK(C2,$C$2:$C$10,5)
8	12月	刘如梦	¥ 75,000.00	=RANK(C2,$C$2:$C$10,6)
9	12月	丁家桥	¥ 120,000.00	=RANK(C2,$C$2:$C$10,7)
10	12月	雷玉凝	¥ 38,000.00	=RANK(C2,$C$2:$C$10,8)

图1-57

解决办法：更改单元格格式。

在“开始”选项卡中的“数字”组内，将包含公式的单元格格式更改为“常规”，如图1-58所示。

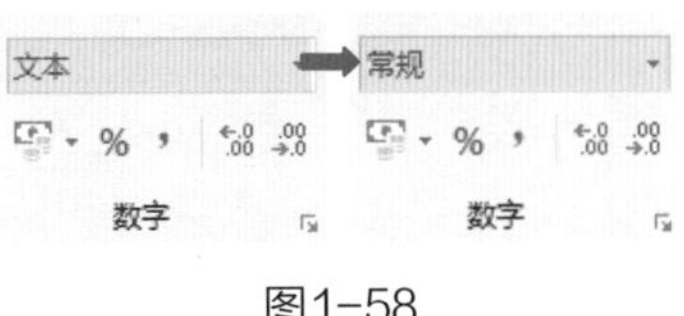

图1-58

提示：

更改格式后，公式并不会立刻自动计算，用户还需要双击第一个包含公式的单元格，启动编辑状态，然后按【Enter】键进行确认，公式即可自动计算，随后将该公式向下方填充即可。

除了更改单元格格式之外，还可采用更快捷的“查找和替换”功

能，快速让公式自动计算，如图1-59所示。

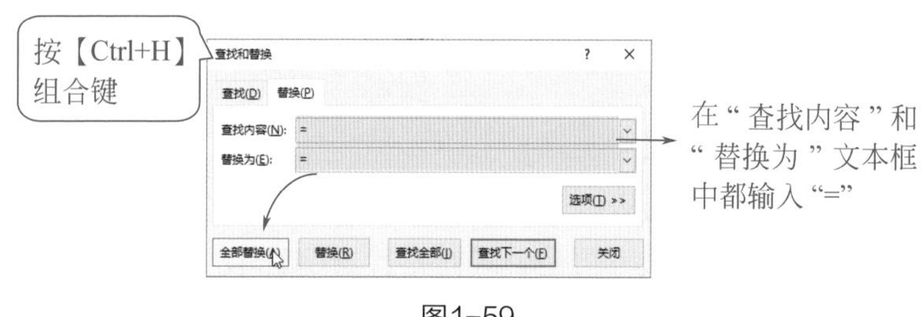

图1-59

这种方法适用范围更广，可以让整个工作表中所有文本单元格中的公式全部自动计算。但是该方法有一个致命的“硬伤”，它并不能改变单元格的格式，当重新输入公式时，公式仍然无法自动计算，所以用户应根据实际情况谨慎使用。

（2）启动了“显示公式”模式

在“显示公式”模式下列宽会自动变宽，且公式不是以结果值显示而是以公式显示。但是在该模式下填充公式时，引用的单元格依然会遵循引用原则，随着公式位置的变化而自动发生变化，如图1-60所示。

	A	B	C	D
1	月份	员工姓名	销售业绩	业绩排名
2	12月	孙山青	20000	=RANK(C2,$C$2:$C$10,0)
3	12月	贾雨萌	30000	
4	12月	刘玉莲	50000	

启动了“显示公式”模式

	A	B	C	D
1	月份	员工姓名	销售业绩	业绩排名
2	12月	孙山青	20000	=RANK(C2,$C$2:$C$10,0)
3	12月	贾雨萌	30000	=RANK(C3,$C$2:$C$10,0)
4	12月	刘玉莲	50000	=RANK(C4,$C$2:$C$10,0)
5	12月	陈浩安	50000	=RANK(C5,$C$2:$C$10,0)
6	12月	蒋佩娜	100000	=RANK(C6,$C$2:$C$10,0)
7	12月	周申红	35000	=RANK(C7,$C$2:$C$10,0)
8	12月	刘如梦	75000	=RANK(C8,$C$2:$C$10,0)
9	12月	丁家桥	120000	=RANK(C9,$C$2:$C$10,0)
10	12月	雷玉凝	38000	=RANK(C10,$C$2:$C$10,0)

填充公式后引用的单元格遵循单元格引用原则，随公式位置的变化而变化

图1-60

解决办法：关闭“显示公式”模式。

在“公式”选项卡中的“公式审核”组内单击“显示公式”按钮，可控制公式是以结果值显示还是以公式显示，如图1-61所示。

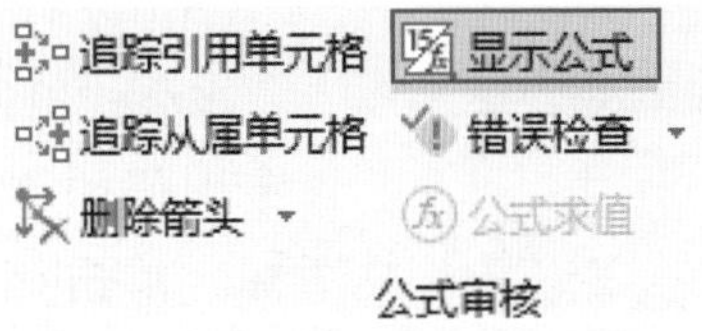

图1-61

1.5.2 为什么公式返回了错误值

即使是函数高级玩家，也不能保证公式不返回错误值。任何微小的错误，都有可能造成公式结果不正确或返回错误值。

公式中有些错误会产生错误值，而有些错误却不会产生错误值。那么错误值究竟是如何产生的？ Excel中又包含哪些错误值类型？

（1）常见的7种错误值类型

当公式中出现不符合运算规则时，Excel就会通过不同的错误类型进行提示，从而产生了错误值。

常见的7种错误类型数据主要包括#DIV/0!、#REF!、#NAME?、#NULL!、#NUM!、#N/A、#VALUE!。

（2）错误值产生的原因

每种类型的错误值并不是由单纯的一种原因造成的，下面将通过表1-2了解产生这些错误值的常见原因。

表1-2

错误值	产生原因
#DIV/0!	除数为0或空白单元格。例如=E2/0
#REF!	公式引用了无效单元格。例如单元格被删除或单元格内容被替换等
#NAME?	公式中使用了不能识别的文本。例如函数名拼写错误、文本常量未加双引号等
#NULL!	单元格区域范围出现错误。例如将A1:A5写成了A1，A5
#NUM!	公式中出现了超出Excel限定计算范围的值。例如=3^10307
#N/A	函数或公式中没有可用值。例如查询表中不包含要查询的内容等
#VALUE!	使用了错误的参数或运算对象。例如参数的类型设置错误等

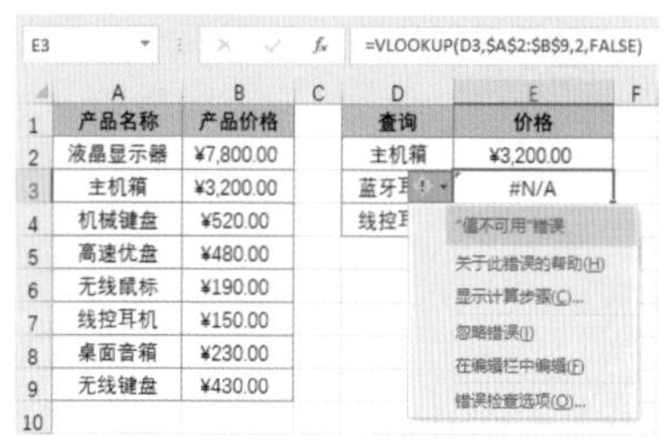

E3 =VLOOKUP(D3,$A$2:$B$9,2,FALSE)

产品名称	产品价格		查询	价格
液晶显示器	¥7,800.00		主机箱	¥3,200.00
主机箱	¥3,200.00		蓝牙耳	#N/A
机械键盘	¥520.00		线控耳	
高速优盘	¥480.00			
无线鼠标	¥190.00			
线控耳机	¥150.00			
桌面音箱	¥230.00			
无线键盘	¥430.00			

图1-62

（3）分析错误原因

当公式返回错误值后，选中包含错误值的单元格，会显示"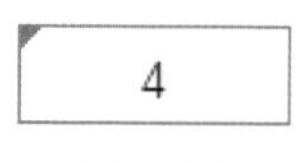"图标。单击该图标，可通过下拉列表中的选项了解该错误形成的原因，或对该公式重新编辑，如图1-62所示。

1.5.3 单元格中为什么出现绿色小三角

在工作表中经常会看到有些单元格左上角显示着绿色的小三角标志（图1-63），这个绿色小三角有什么特殊的含义呢？

4

图1-63

其实绿色小三角是一种错误标识，代表单元格中的内容存在问题。当在文本格式的单元格中输入数字、输入的公式与相邻单元格中的公式不同、单元格中包含错误值等情况时，都会显示该错误标识。

选中包含错误标识的单元格，单击左侧的"!"图标，在展开的列表中可查看错误标识产生的原因，如图1-64所示。

姓名	账号
王冕	5120235712154552013
高卫国	5243623156421265686
徐莉	2121222366565552332
赵乐	7788995533200112232
李远征	6655442255892200000
程哥	8878221230300022523
陈庆元	2332653222531256121

在文本单元格中输入了数字

C2 =RANK(B2,$B$2:$B$10)

员工姓名	销售业绩	业绩排名
孙山青	¥20,000.00	9
贾雨萌	¥30,000.00	8
刘玉莲	¥50,000.00	4
陈浩安	¥50,000.00	4
蒋佩娜	¥100,000.00	2
周申红	¥35,000.00	7
刘如梦	¥75,000.00	3

公式与相邻单元格中的公式不同

员工姓名	销售业绩	业绩排名
孙山青	¥20,000.00	9
贾雨萌	¥30,000.00	8
刘玉莲	¥50,000.00	#REF!
陈浩安	¥50,000.00	#N/A
蒋佩娜	¥100,000.00	#N/A
周申红	¥35,000.00	7
刘如梦	¥75,000.00	3
丁家桥	¥120,000.00	1
雷玉凝	¥38,000.00	6

单元格中包含错误值

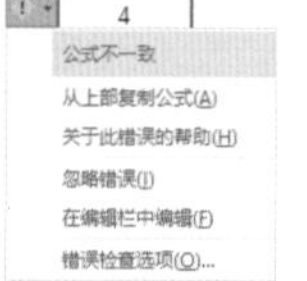

图1-64

用户也可通过"Excel选项"对话框自行设置错误检查的项目或者选择关闭错误检查功能，如图1-65所示。若关闭了错误检查，将不再显示绿色的小三角标识。

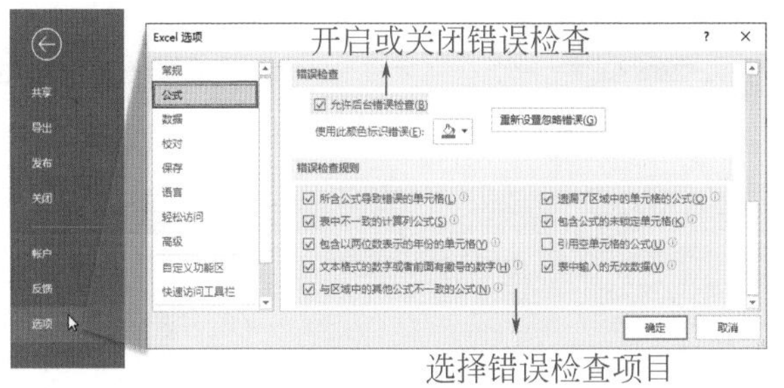

图1-65

1.5.4 公式求和结果为什么是0

如图1-66所示，公式明明没有错误，为什么返回的求和结果却是0呢？

B11 =SUM(B2:B10)

	A	B	C	D
1	员工姓名	销售业绩		
2	孙山青	20000		
3	贾雨萌	30000		
4	刘玉莲	50000		
5	陈浩安	50000		
6	蒋佩娜	100000		
7	周申红	35000		
8	刘如梦	75000		
9	丁家桥	120000		
10	雪玉凝	38000		
11	合计	0		
12				

求和结果为0

图1-66

通过观察不难发现，被求和的区域中单元格左上角都有错误标识，进一步求证后可以确定，这些数值为文本型数值。要想让公式返回正常的求和结果，需要转换数字格式，将文本型数字转换成数值型数字。

选中要求和的数值所在单元格区域，单击区域左上角的“ ”图标，在下拉列表中选择“转为数字”选项，如图1-67所示。完成转换后错误标识随即消失，求和公式也返回了正常的计算结果，如图1-68所示。

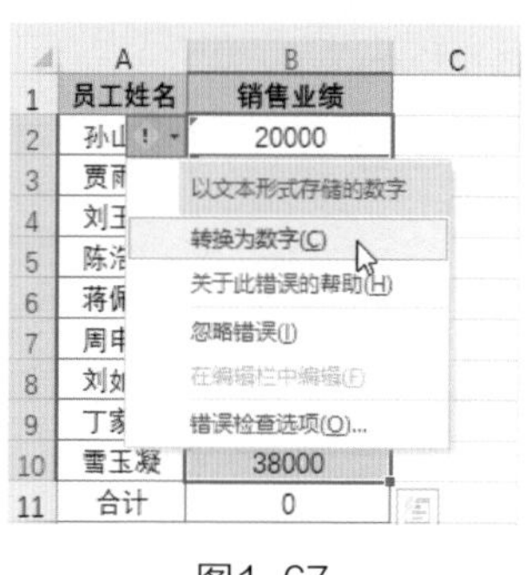

图1-67

	A	B
1	员工姓名	销售业绩
2	孙山青	20000
3	贾雨萌	30000
4	刘玉莲	50000
5	陈浩安	50000
6	蒋佩娜	100000
7	周申红	35000
8	刘如梦	75000
9	丁家桥	120000
10	雷玉凝	38000
11	合计	518000

图1-68

1.5.5 如何排查公式错误

Excel提供了一系列的公式审核、查错工具，当公式遇到问题时可以利用这些工具进行错误排查。公式审核工具保存在“公式”选项卡中的“公式审核”组内，如图1-69所示。

用箭头指示数据的来源和去向，用于检查关联性

追踪引用单元格　显示公式 → 让公式以结果值或以公式本身显示
追踪从属单元格　错误检查 → 排查错误公式，追踪错误来源
删除箭头　公式求值 → 查看公式分步求解过程
公式审核

图1-69

若数据表中使用了大量公式，可以用“错误检查”功能排查是否存在有问题的公式。单击“错误检查”按钮，打开“错误检查”对话框，在该对话框中可查看错误出现的位置以及错误原因。检查出的错误不同，“错误检查”对话框中提供的操作按钮也有所差别，如图1-70与图1-71所示。

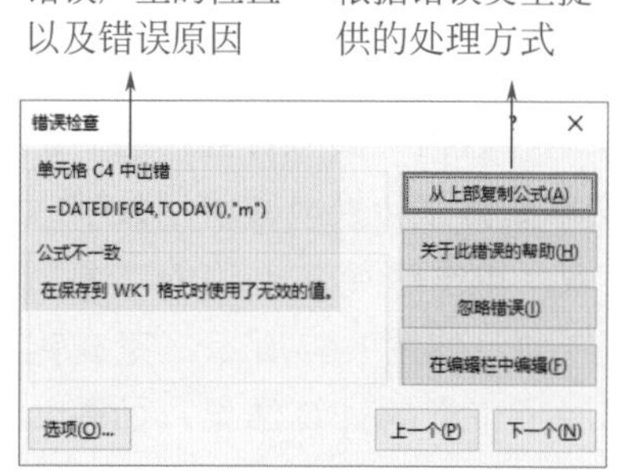

图1-70

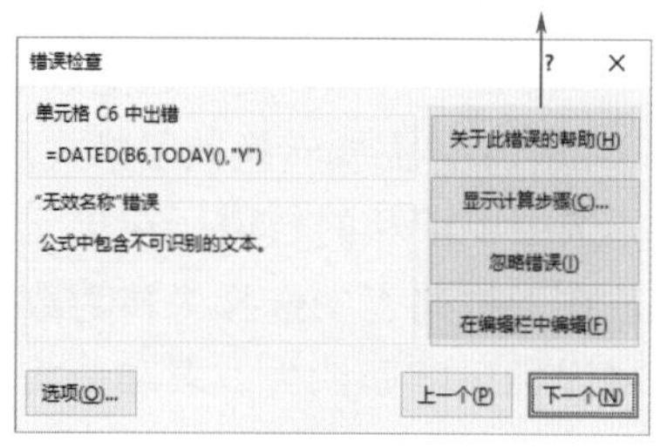

图1-71

使用“公式求值”功能可以分解公式的计算过程。查看分步求解过程，不仅可以明确公式错误的原因，还可以帮助理解复杂公式，是自学公式的一个好工具，如图1-72所示。

图1-72

1.5.6 无法退出公式编辑状态怎么办

如果正在编辑的公式是有问题的，很可能无法退出编辑状态。例如函数的参数写多了，在按【Enter】键后会弹出警告对话框，如图1-73所示。

图1-73

关闭对话框后公式仍停留在编辑状态，而不是返回错误值。在没有查明错误原因且未对公式做出修改的情况下退出编辑状态，只能将正在编辑的公式删除，才能退出编辑模式。

若想保留公式以便查找错误原因，可以将公式最前面的等号删除，这样单元格中的内容就变成了普通字符串，按【Enter】键即可退出编辑状态，如图1-74所示。

对于数组公式而言，是不能对一组数组公式中的某个公式进行单独编辑的，如图1-75所示。若不小心更改了其中一个公式，又不想按【Ctrl+Shift+Enter】组合键让整组公式全部更改，可以按【Esc】键退出编辑模式。

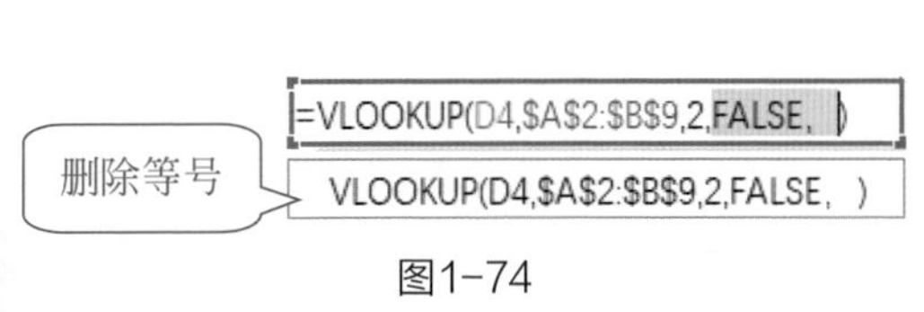

图1-74

图1-75

初试锋芒

通过学习Excel公式与函数的基础知识，应该能很好地掌握Excel函数的插入方法、公式的基本应用等内容。例如，在工作表中完成第一个计算结果后该如何快速地填充公式呢？一起来做一做图1-76所示的测试题，检验一下学习成果吧！

（1）根据商品的“销售数量”和“单价”计算应付金额。

（2）根据“销售数量”“单价”以及“今日促销折扣”计算实付金额。

（3）用SUM函数分别汇总“应付金额”和“实付金额”。

日期	商品名称	规格	单位	销售数量	单价	应付金额	实付金额		今日促销折扣
2022/4/10	百奇巧克力棒	60g	盒	9	6.2				50%
2022/4/11	百奇（牛奶味）	60g	盒	19	5.3				
2022/4/12	百醇夹心饼干（巧克力味）	48g	盒	12	5.5				
2022/4/13	百醇（牛奶味）	48g	盒	10	5.5				
2022/4/14	百醇（抹茶慕斯味）	48g	盒	5	6.2				
2022/4/15	百醇（芝士味）	48g	盒	12	5.9				
2022/4/16	奥利奥双心脆（香草口味）	87G	盒	5	8.9				
2022/4/17	奥利奥双心脆（草莓口味）	87G	盒	2	8.9				
2022/4/18	mini奥利奥小饼干	55g	盒	11	5.6				
2022/4/19	mini奥利奥饼干（巧克力味）	55g	盒	6	6.3				
2022/4/20	奥利奥巧克力棒（巧克力味）	64g	盒	1	6.8				
2022/4/21	mini奥利奥小饼干（草莓味）	55g	盒	8	3.2				
2022/4/22	趣多多巧克力饼干	95g	盒	11	4.5				
2022/4/23	太平香海苔梳打饼干	100克	包	20	4.8				
合计									

图1-76

操作难度

★☆☆☆☆

操作提示

（1）对“今日促销折扣”的引用方式要用绝对引用。

（2）汇总金额时使用自动求和更快捷。

操作结果

是否顺利完成操作？　是□　否□，用时________分钟

操作用时遇到的问题：

____

____

____

扫码观看
本章视频

第2章 典型的10种函数必修课

Excel函数的种类那么多，应该先从哪些开始学起呢？当然要从最常用最典型的函数开始学。本章将对较常用的10种函数用法进行详细介绍，如SUM、IF、LOOKUP、VLOOKUP、MATCH、CHOOSE、INDEX等函数。

2.1 SUM 函数为求和而生

SUM函数在工作中的使用频率非常高。SUM函数的作用是计算单元格区域中所有数字的和。换句话说，SUM函数是用来处理加法运算的。

2.1.1 SUM函数的基础用法

在不使用函数的情况下若要计算所有咖啡的销售数量，需要将所有销售数量相加，如图2-1所示。

	A	B
1	商品名称	销售数量
2	拿铁	28
3	摩卡	31
4	南木特调	6
5	卡布奇诺	22
6	风味拿铁	26
7	焦糖玛奇朵	18
8	冰淇淋咖啡	11
9	销量合计	142

=B2+B3+B4+B5+B6+B7+B8

图2-1

用这种公式计算少量数据还可以。但是，如果数据量很大，这样一个一个单元格的引用、一个一个加号的输入无疑是自寻烦恼。这时候SUM函数便派上用场了。

将B2:B8单元格区域设置为SUM函数的参数，SUM函数便会对这个区域中的所有数字求和。

=SUM(B2:B8)

对B2:B8区域中的数字求和

即使要求和的区域扩大，也只需要修改引用的区域范围。例如对B2:B1000单元格区域中的值求和，只要将公式修改成“=SUM(B2:B1000)”即可。

参数引用的区域也可以是整行或整列，如果要对A列中的值求和可以设置参数为A:A。

设置参数时，将光标放在A列的列标上，单击鼠标即可向公式中引用整列，如图2-2所示。

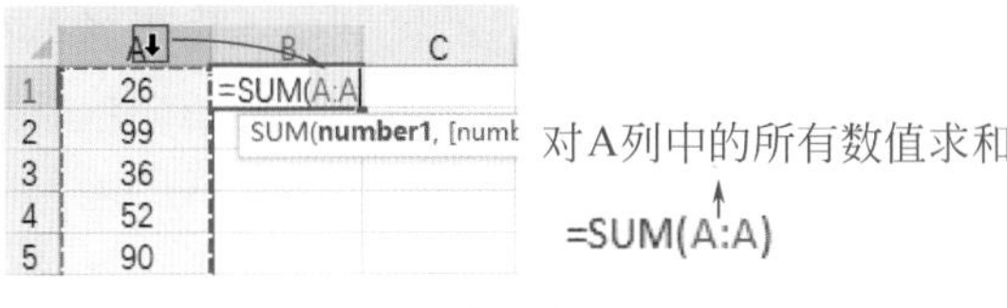

图2-2

2.1.2 参数的设置原则

SUM函数的参数类型可以是单元格、单元格区域、数字常量等，如果设置多个参数，每个参数之间用逗号分隔。

=SUM(要求和的第1个值,要求和的第2个值,…)　最多可设置255个参数

=SUM(A1:A7,C1:C9,E3:E5,G3,100)

计算A1:A7、C1:C9、E3:E5单元格区域与G3单元格以及数字100的之和

SUM函数只会对区域中的数字求和，文本、逻辑值、错误值、空白单元格等都会被忽略，以文本格式存储的数字也会被忽略，如图2-3所示。

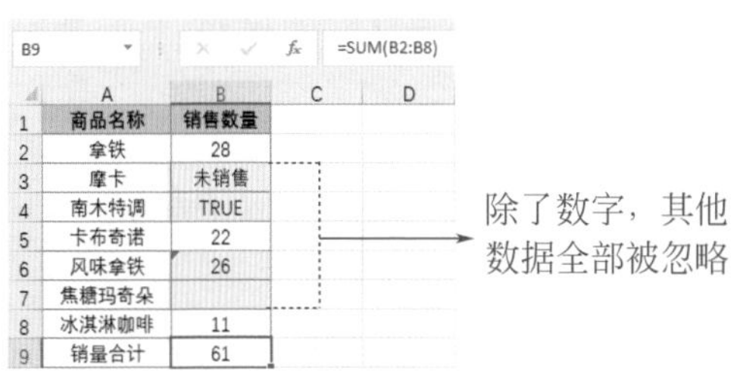

	A	B
1	商品名称	销售数量
2	拿铁	28
3	摩卡	未销售
4	南木特调	TRUE
5	卡布奇诺	22
6	风味拿铁	26
7	焦糖玛奇朵	
8	冰淇淋咖啡	11
9	销量合计	61

图2-3

除了单元格、单元格区域和数字常量外，SUM函数的参数还可以包含数值的区域名称。在引用名称时应将名称和跨表引用的工作表名称区分开。

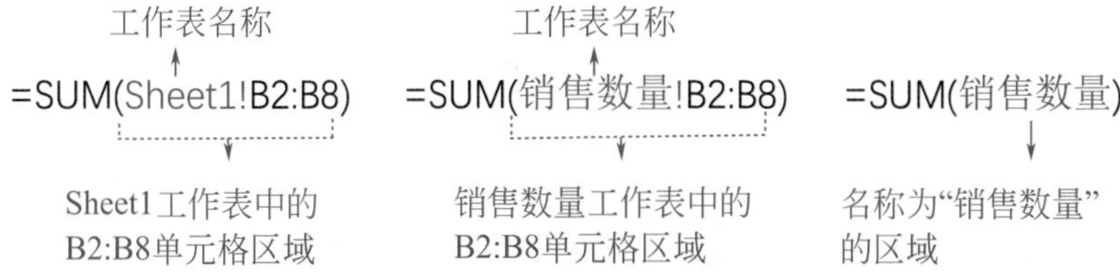

工作表名称和定义的名称最明显的区别是工作表名称右侧跟着一个感叹号，这个感叹号无须手动输入。在跨表引用单元格区域时单击工作表标签，会自动将该工作表名称和感叹号输入到公式中。

2.2 IF函数帮助选择正确结果

IF函数是一个逻辑函数，是Excel中最常用的函数之一，它的特长是做逻辑判断。逻辑判断的结果是逻辑值，在学习IF函数的用法之前，需要先了解一些逻辑值的知识。

2.2.1 先听懂函数的语言

在Excel中进行判断或比较时只会返回两种结果："是"或"否"。但是Excel有自己的表达方式，它不会直接说"是"或"否"，而是以逻辑值的形式进行表达。

Excel中的逻辑值有两个，即TRUE和FALSE。TRUE表示逻辑"真"，可以理解为人类语言的"是"；FALSE表示逻辑"假"，可以理解为人类语言的"否"。

那么Excel在什么时候会用逻辑值来表达自己的想法呢？那便是在做比较运算时。当用公式比较两个数值的大小是否相等时，将以逻辑值的形式返回比较结果。

=1>2 → 表达式不成立，为逻辑假，公式返回FALSE

=1<2 → 表达式成立，为逻辑真，公式返回TRUE

在Excel实际应用中可以用比较运算表达式进行各种逻辑判断，例如判断得分是否大于等于60，如图2-4所示。

C2 =B2>=60

	A	B	C	D
1	姓名	得分	是否及格	
2	樊星	63	TRUE	
3	刘梅	51	FALSE	
4	薛洋	72	TRUE	
5	蒋浩	83	TRUE	

B2单元格中的值大于等于60吗?

=B2>=60

图2-4

提示:

常用的比较运算符类型共有6种，包括=（等于）、<>（不等于）、>（大于）、<（小于）、>=（大于等于）、<=（小于等于），用于比较两个数据的大小。

2.2.2 有判断的地方要想到IF

IF函数可以根据条件判断结果是否成立，选择性地输出不同的结果。当需要对某些值进行判断并以指定的内容返回判断结果时，可以使用IF函数。

IF函数包含3个参数，参数的设置方法如下。

是一个返回结果为TRUE或FALSE的比较运算式

当第1参数的返回结果为FALSE时，IF函数返回第3参数指定的值

=IF(❶条件，❷条件成立时的返回值，❸条件不成立时的返回值)

当第1参数的返回结果为TRUE时，IF函数返回第2参数指定的值

例如，用IF函数判断李太白是不是李白，条件是成立的，所以返回第2参数值。判断的逻辑如图2-5所示。

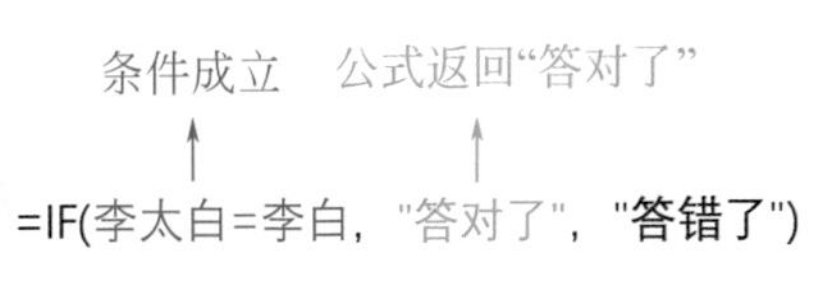

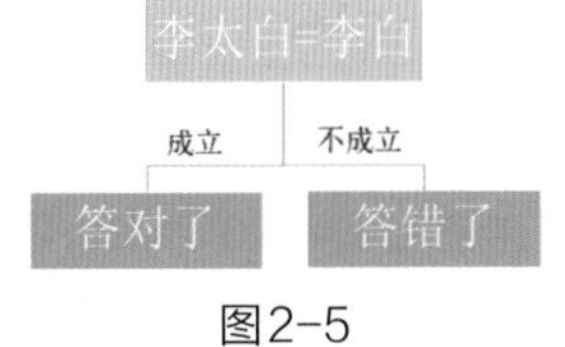

图2-5

下面将用IF函数判断考生得分是否及格，假设分数达到60分为“及格”，低于60分为“不及格”。若直接用比较运算式，公式只会返回逻辑值。用IF函数则可将逻辑值转换成直观的文本。

在C2单元格中输入公式“=IF(B2>=60,"及格","不及格"),”随后将公式向下方填充，即可判断出所有得分是否及格，如图2-6所示。

C2 =B2>=60

	A	B	C	D
1	姓名	得分	是否及格	
2	樊星	63	TRUE	
3	刘梅	51	FALSE	
4	薛洋	72	TRUE	
5	蒋浩	83	TRUE	

C2 =IF(B2>=60,"及格","不及格")

	A	B	C	D	E	F
1	姓名	得分	是否及格			
2	樊星	63	及格			
3	刘梅	51	不及格			
4	薛洋	72	及格			
5	蒋浩	83	及格			

图2-6

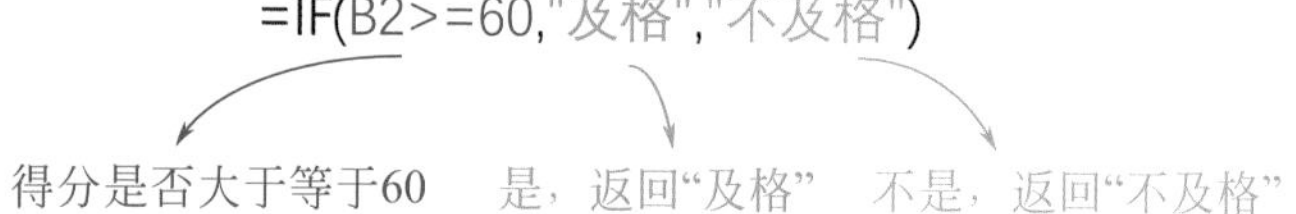

2.2.3 循环嵌套进行多次判断

一个IF函数只能执行一次判断，当需要执行多次判断时可以使用多个IF函数。例如进行2次判断时，第2个IF函数可作为第1个IF函数的参数使用。

假设需要将成绩划分为3个等级，低于60分为“差”，大于等于60分且小于80分为“良”，大于等于80分为“优”。

如果只用一个IF函数，则只能返回两种判断结果，如图2-7所示。

C2 =IF(B2<60,"差","良或优")

	A	B	C	D	E	F
1	姓名	得分	是否及格			
2	樊星	63	良或优			
3	刘梅	51	差			
4	薛洋	72	良或优			
5	蒋浩	83	良或优			

否，返回“良或优”

=IF(B2<60,"差","良或优")

得分是否小于60　是，返回“差”

图2-7

现在需要让公式“=IF(B2<60,"差","良或优")”中的“良或优”再进行一次判断，如图2-8所示。

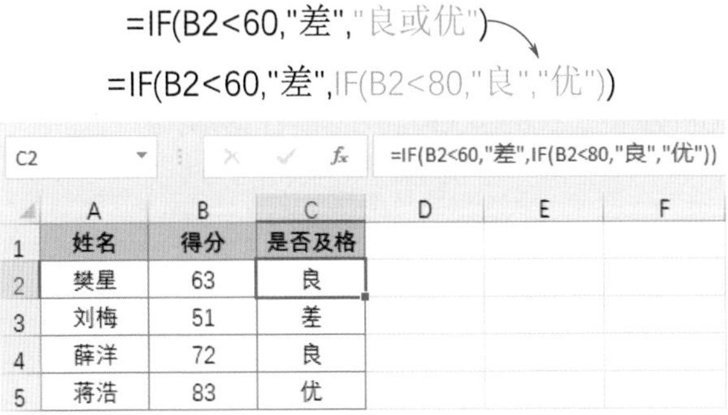

=IF(B2<60,"差","良或优")

=IF(B2<60,"差",IF(B2<80,"良","优"))

C2 =IF(B2<60,"差",IF(B2<80,"良","优"))

	A	B	C	D	E	F
1	姓名	得分	是否及格			
2	樊星	63	良			
3	刘梅	51	差			
4	薛洋	72	良			
5	蒋浩	83	优			

图2-8

得分小于80，返回"良"，否则返回"优"

=IF(B2<60,"差",IF(B2<80,"良","优"))

得分小于60，返回"差"　去除小于60的分数后，剩余分数进行第2次判断

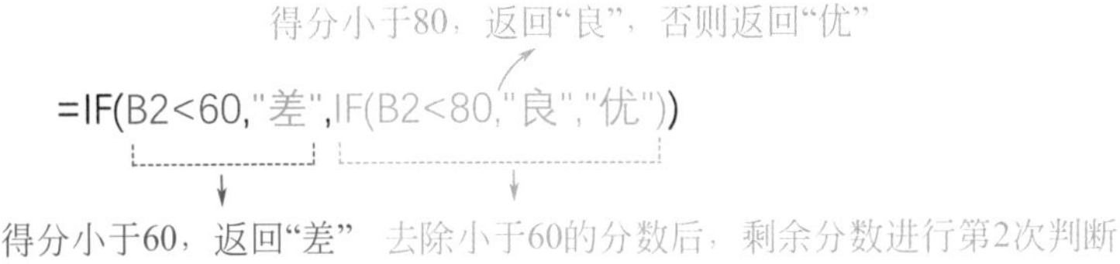

提示：

如果要进行更多次判断，可以继续嵌套IF函数。但是，当嵌套层数过多时需注意逻辑顺序，否则很容易出错。

2.3 数据查询的明星函数

数据查询是数据处理过程中的高频操作。查询数据可以根据关键词查询，也可以根据给定的位置或索引值查询等。下面将对常用的几个查询函数的应用进行详细介绍。

2.3.1 单向查询用LOOKUP函数

当需要在一行或一列中查找数据并返回另一行或列中相同位置的值时，可使用LOOKUP函数。LOOKUP函数有两种参数形式，分别是向量形式和数组形式。数组形式的功能有限，很少被应用。下面先对LOOKUP函数的向量形式用法进行讲解。

LOOKUP函数的向量形式包含3个参数，参数的设置方法如下。

=LOOKUP(❶要查找的值,❷查找值所在区域,❸返回值所在区域)

只能是单行或单列　　只能是单行或单列

注意事项:

使用LOOKUP函数之前必须保证要查找值所在的区域为升序排列，否则LOOKUP函数将无法返回正确的查询结果。

下面将根据产品型号查询产品单价。首先对产品型号进行升序排序，如图2-9所示。随后在G2单元格中输入公式“=LOOKUP(H1,B2:B6,D2:D6)”，按下【Enter】键即可返回查询结果，如图2-10所示。

升序排序

	A	B	C	D	E	F	G	H
1	序号	产品型号	产品名称	产品单价	库存状态		产品型号	A-1880
2	5	691135	十字改锥	¥12.00	有库存		产品单价	
3	4	00-12B	尖嘴钳	¥16.00	有库存			
4	3	15-399	一字改锥	¥11.00	有库存			
5	1	37-155	尖嘴钳	¥22.00	有库存			
6	2	A-1880	试电笔	¥9.00	有库存			

图2-9

=LOOKUP(H1,B2:B6,D2:D6)

查询“A-1880”　在B2:B6区域查询　返回D2:D6区域中与查询到的产品型号对应位置的产品单价

H2　=LOOKUP(H1,B2:B6,D2:D6)

	A	B	C	D	E	F	G	H
1	序号	产品型号	产品名称	产品单价	库存状态		产品型号	A-1880
2	5	691135	十字改锥	¥12.00	有库存		产品单价	¥9.00
3	4	00-12B	尖嘴钳	¥16.00	有库存			
4	3	15-399	一字改锥	¥11.00	有库存			
5	1	37-155	尖嘴钳	¥22.00	有库存			
6	2	A-1880	试电笔	¥9.00	有库存			

图2-10

2.3.2 关键词查询用VLOOKUP函数

当需要按行查找表格或区域内容时，可使用VLOOKUP函数。VLOOKUP函数有4个参数，参数的设置方法如下。

包括精确查找和模糊查找两种方式：精确查找用FALSE，模糊查找用TRUE。若忽略该参数，默认为模糊查找

=VLOOKUP(❶要查找的值,❷查找范围,❸列序号,❹查找方式)

包含查找值和返回值的数据表区域

要返回的值在第2参数所指定的数据表的第几列

假设使用VLOOKUP函数从员工信息表中根据指定的员工姓名查询其出生日期，如图2-11所示。

	A	B	C	D	E	F	G	H	I
1	员工编号	员工姓名	性别	所属部门	出生日期		员工姓名	出生日期	
2	DS001	蓋潇潇	女	销售部	1976/5/1		甄美丽		
		刘洋铭	女	企划部	1989/3/18				
		甄美丽	女	采购部	1989/2/5				
		郑宇	男	采购部	1990/3/13				
		郭强	男	运营部	1970/4/10				
		梦之月	女	生产部	1980/8/1				
		郭秀妮	男	质检部	1981/10/29				
9	DS008	李媛	男	采购部	1980/9/7				
10	DS009	张籽沐	女	采购部	1991/12/14				
11	DS010	葛常杰	男	生产部	1994/5/28				

包含查找值的列必须在查询表的第1列

包含查找值（员工姓名）和返回值（出生日期）的区域为B2:E11区域。返回值在区域的第4列

图2-11

根据VLOOKUP函数的参数要求，可以编写如下公式完成查询，如图2-12所示。

要返回的出生日期在查询表的第4列　　使用精确查找

=VLOOKUP(G2,B2:E11,4,FALSE)

查询"甄美丽"　　在B2:E14区域查找

H2　　=VLOOKUP(G2,B2:E11,4,FALSE)

	A	B	C	D	E	F	G	H	I
1	员工编号	员工姓名	性别	所属部门	出生日期		员工姓名	出生日期	
2	DS001	蓋潇潇	女	销售部	1976/5/1		甄美丽	1989/2/5	
3	DS002	刘洋铭	女	企划部	1989/3/18				
4	DS003	甄美丽	女	采购部	1989/2/5				
5	DS004	郑宇	男	采购部	1990/3/13				

图2-12

模糊查找和精确查找的用法区别在于第4参数的设置。当查找值为数值型数据且查询表中不包含要查找的值时，可使用模糊查找匹配与查找值最接近的值。

例如，根据实际积分从“积分与礼品对照表”中查询可兑换的礼品，如图2-13所示。

	A	B	C	D	E	F	G
1	订单号	实际积分	可兑换礼品		积分与礼品对照表		
2	2203005	22300			积分	礼品	
3		3500			0	积分不足	
4		6000			5000	洗衣液	
5	2203028	12000			10000	太阳伞	
6	2203033	16000			20000	保温杯	
7	2203034	58000			30000	电饭煲	
8	2203040	23000			40000	破壁机	
9	2203042	9000			50000	蚕丝被	

图2-13

如果使用精确查找，查询表中不存在要查询的积分时便会返回错误值，如图2-14所示。

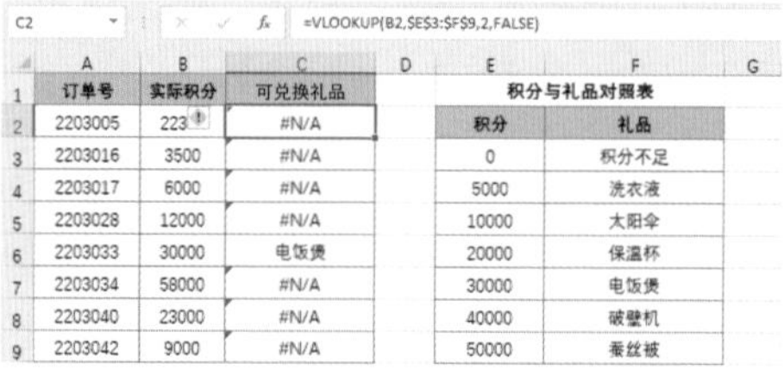

C2 =VLOOKUP(B2,$E$3:$F$9,2,FALSE)

	A	B	C	D	E	F	G
1	订单号	实际积分	可兑换礼品		积分与礼品对照表		
2	2203005	223	#N/A		积分	礼品	
3	2203016	3500	#N/A		0	积分不足	
4	2203017	6000	#N/A		5000	洗衣液	
5	2203028	12000	#N/A		10000	太阳伞	
6	2203033	30000	电饭煲		20000	保温杯	
7	2203034	58000	#N/A		30000	电饭煲	
8	2203040	23000	#N/A		40000	破壁机	
9	2203042	9000	#N/A		50000	蚕丝被	

图2-14

所以本例需要使用模糊查找，将VLOOKUP函数的第4参数设置为TRUE。另外，由于要向下方填充公式，为了保证在填充过程对查询表的引用区域始终不变，需要对“E3:F9”单元格区域使用绝对引用，如图2-15所示。

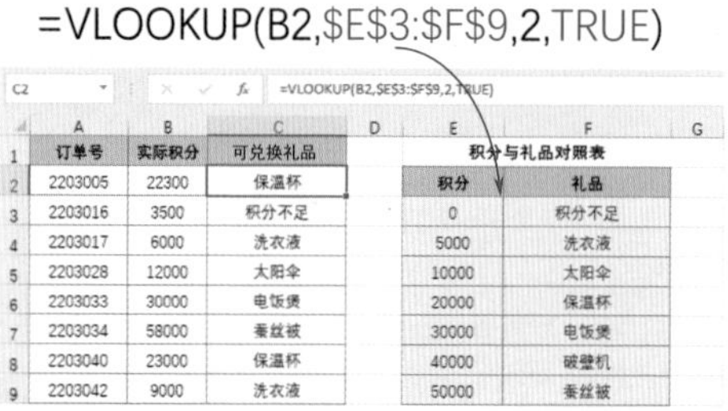

=VLOOKUP(B2,$E$3:$F$9,2,TRUE)

C2 =VLOOKUP(B2,$E$3:$F$9,2,TRUE)

	A	B	C	D	E	F	G
1	订单号	实际积分	可兑换礼品		积分与礼品对照表		
2	2203005	22300	保温杯		积分	礼品	
3	2203016	3500	积分不足		0	积分不足	
4	2203017	6000	洗衣液		5000	洗衣液	
5	2203028	12000	太阳伞		10000	太阳伞	
6	2203033	30000	电饭煲		20000	保温杯	
7	2203034	58000	蚕丝被		30000	电饭煲	
8	2203040	23000	保温杯		40000	破壁机	
9	2203042	9000	洗衣液		50000	蚕丝被	

图2-15

注意事项：

模糊查找时只能向下匹配最接近的值。例如实际积分“9000”只能在查询表中匹配到“5000”积分，而不是匹配跟自己更接近的“10000”积分。

2.3.3 位置查询用MATCH函数

MATCH函数可以在指定行或列中返回搜索项的位置。该函数有3个参数，参数的设置方法如下。

只能在连续的一行或一列中查找

=MATCH(❶要查找的值, ❷包含查找值的区域, ❸查找方式)

有3种查找方式：精确查找用0；向下匹配查找用1，第2参数区域中的值必须按升序排列；向上匹配查找用-1，第2参数区域中的值必须按降序排列

注意事项：

匹配查找一般在查找数值型数据时使用。

想知道某个数据在指定一行或一列中的出现位置时可以使用MATCH函数，如图2-16所示。

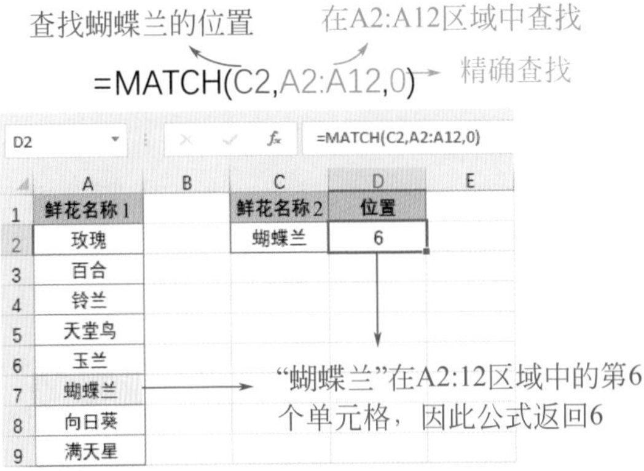

查找蝴蝶兰的位置　在A2:A12区域中查找

=MATCH(C2,A2:A12,0)→ 精确查找

D2　=MATCH(C2,A2:A12,0)

	A	B	C	D	E
1	鲜花名称1		鲜花名称2	位置	
2	玫瑰		蝴蝶兰	6	
3	百合				
4	铃兰				
5	天堂鸟				
6	玉兰				
7	蝴蝶兰				
8	向日葵				
9	满天星				

"蝴蝶兰"在A2:12区域中的第6个单元格，因此公式返回6

图2-16

通过MATCH函数是否返回错误值可判断一组数据中的值是否出现在另一组数据中，或通过返回值中是否存在重复的数字判断两组数据中是否存在重复值，如图2-17所示。

如果为MATCH函数嵌套其他函数，可以让公式的返回结果以更直观的方式显示。用IFERROR函数与MATCH函数嵌套可将错误值转换成指定的内容，如图2-18所示。

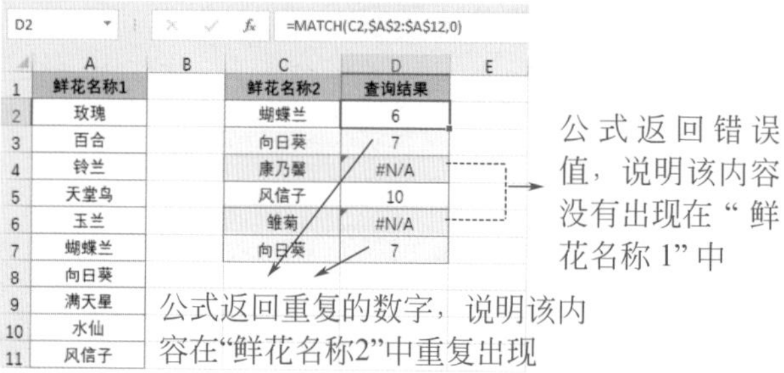

D2 =MATCH(C2,$A$2:$A$12,0)

	A	B	C	D	E
1	鲜花名称1		鲜花名称2	查询结果	
2	玫瑰		蝴蝶兰	6	
3	百合		向日葵	7	
4	铃兰		康乃馨	#N/A	
5	天堂鸟		风信子	10	
6	玉兰		雏菊	#N/A	
7	蝴蝶兰		向日葵	7	
8	向日葵				
9	满天星				
10	水仙				
11	风信子				

公式返回错误值，说明该内容没有出现在“鲜花名称1”中

公式返回重复的数字，说明该内容在“鲜花名称2”中重复出现

图2-17

IFERROR函数用来判断表达式是否返回错误值。当第1参数返回错误值时，IFERROR函数返回第2参数指定的值，否则返回第1参数的结果

=IFERROR(MATCH(C2,$A$2:$A$12,0),"未检查到结果")

D2 =IFERROR(MATCH(C2,$A$2:$A$12,0),"未检查到结果")

	A	B	C	D	E	F	G
1	鲜花名称1		鲜花名称2	查询结果			
2	玫瑰		蝴蝶兰	6			
3	百合		向日葵	7			
4	铃兰		康乃馨	未检查到结果			
5	天堂鸟		风信子	10			
6	玉兰		雏菊	未检查到结果			
7	蝴蝶兰		向日葵	7			
8	向日葵						
9	满天星						
10	水仙						
11	风信子						
12	勿忘我						

错误值被替换成指定文本，非错误值仍返回最初的计算结果

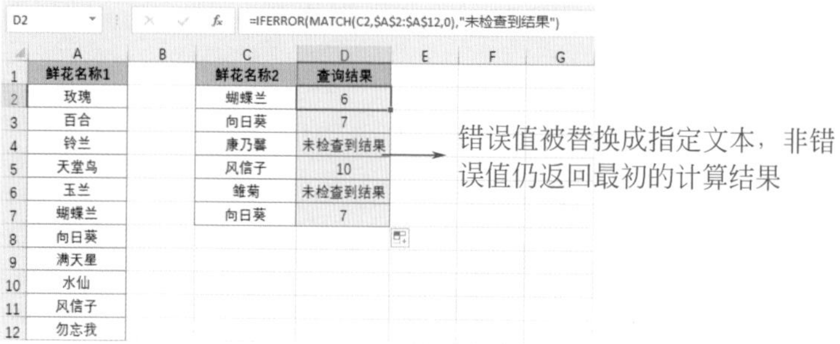

图2-18

排查重复值时，只是对“鲜花名称2”区域中的内容进行查询，所以MATCH函数的查询区域可以更换为C2:C7单元格区域，先用MATCH函数的查询结果与ROW函数的返回值进行对比，返回逻辑值对比结果，如图2-19所示。然后用IF函数将逻辑值转换成文本，如图2-20所示。

返回指定单元格所在行号，在填充过程中返回连续的序列

=MATCH(C3,$C$2:$C$7,0)=ROW(A2)

=IF(MATCH(C3,$C$2:$C$7,0)=ROW(A2),"","重复")

第1参数的比较结果相等时返回空值　　否则返回“重复”

D2 =MATCH(C2,$C$2:$C$7,0)=ROW(A1)

	A	B	C	D	E
1	鲜花名称1		鲜花名称2	查询结果	
2	玫瑰		蝴蝶兰	TRUE	
3	百合		向日葵	TRUE	
4	铃兰		康乃馨	TRUE	
5	天堂鸟		风信子	TRUE	
6	玉兰		雏菊	TRUE	
7	蝴蝶兰		向日葵	FALSE	
8	向日葵				
9	满天星				
10	水仙				
11	风信子				
12	勿忘我				

图2-19

D2 =IF(MATCH(C2,$C$2:$C$7,0)=ROW(A1),"","重复")

	A	B	C	D	E	F
1	鲜花名称1		鲜花名称2	查询结果		
2	玫瑰		蝴蝶兰			
3	百合		向日葵			
4	铃兰		康乃馨			
5	天堂鸟		风信子			
6	玉兰		雏菊			
7	蝴蝶兰		向日葵	重复		
8	向日葵					
9	满天星					
10	水仙					
11	风信子					
12	勿忘我					

图2-20

注意事项：

当要查找的值在区域中重复出现时，MATCH函数只会返回第一次出现时的位置。

2.3.4 列表索引用CHOOSE函数

CHOOSE函数根据给定的索引值从参数列表中返回其中一个值。CHOOSE函数的参数由索引值和参数列表两部分组成，参数的设置方法如下。

索引值　　参数列表，最多可设置254个值

=CHOOSE(❶要返回参数列表中的第几个值,❷参数列表中的第一个值,❸参数列表中的第二个值,…)

CHOOSE函数的应用其实很简单，除了第1参数外，其他参数都属于参数列表。例如：

=CHOOSE(2,"立春","雨水","惊蛰","春分","清明","谷雨")

返回参数列表中的第二个值，CHOOSE函数返回结果为“雨水”

索引值必须是数字或包含数字的引用，且数字的范围不能超出参数列表中包含的参数数量，否则公式将返回错误值。

=CHOOSE("壹","立春","雨水","惊蛰","春分","清明","谷雨")

索引值不是数字或超出列表范围，CHOOSE函数返回错误值

=CHOOSE(8,"立春","雨水","惊蛰","春分","清明","谷雨")

下面将使用CHOOSE函数根据顺序码在查询表中查找相应电器的类型，如图2-21所示。

=CHOOSE(B2,$F$3,$F$4,$F$5,$F$6,$F$7,$F$8)

"制冷电器","空调器","清洁电器","厨房电器","电暖器具","声像电器"

C2 =CHOOSE(B2,$F$3,$F$4,$F$5,$F$6,$F$7,$F$8)

	A	B	C	D	E	F
1	电器名称	电器代码	电器类型		查询表	
2	微波炉	4	厨房电器		电器代码	电器类型
3	冷饮机	1	制冷电器		1	制冷电器
4		2	空调器		2	空调器
5		6	声像电器		3	清洁电器
6		4	厨房电器		4	厨房电器
7	电熨斗	3	清洁电器		5	电暖器具
8	吸尘器	3	清洁电器		6	声像电器
9	电扇	2	空调器			
10	洗衣机	3	清洁电器			

索引值

参数列

图2-21

2.3.5 行列定位坐标用INDEX函数

INDEX函数可以在给定的单元格区域内返回指定行列交叉处的值。INDEX函数有两种用法，分别为数组形式和引用形式。

数组形式：=INDEX(❶单元格区域,❷给定的行号,❸给定的列号)

引用形式：=INDEX(❶一个或多个单元格区域,❷给定的行号,❸给定的列号,❹在第1参数中选择一个区域)

数组形式只能指定一个搜索区域，基本的应用方法如图2-22所示。若忽略行号或列号，则返回对整行或整列的引用。由于一个单元格中无法显示整行或整列的值，所以公式会返回“#VALUE!”错误值，这并不代表公式的提取结果错误，如图2-23所示。

=INDEX(A1:D7,5,3)

D9 | =INDEX(A1:D7,5,3)

	A	B	C	D	E
1	74	47	67	33	
2	65	23	11	5	
3	96	3	41	72	
4	24	27	11	25	
5	11	56	98	51	
6	2	46	16	16	
7	57	46	40	65	
8					
9	第5行、第3列交叉处的值			98	

图2-22

=INDEX(A1:D7,,3)

D9 | =INDEX(A1:D7,,3)

	A	B	C	D	E
1	74	47	67	33	
2	65	23	11	5	
3	96	3	41	72	
4	24	27	11	25	
5	11	56	98	51	
6	2	46	16	16	
7	57	46	40	65	
8					
9	引用A1:D7区域的第3列			#VALUE!	

图2-23

注意事项：

忽略参数时，分隔参数的逗号仍需正常输入。

引用形式可指定多个区域并从其中一个区域中返回引用的值，多个区域需要输入在括号中，如图2-24所示。

=INDEX((A2:C7,E2:F8),4,2,2)

E10 | =INDEX((A2:C7,E2:F8),4,2,2)

	A	B	C	D	E	F	G
1		区域1			区域2		
2	74	47	67		106	124	
3	65	23	11		159	114	
4	96	3	41		123	103	
5	24	27	11		120	151	
6	11	56	98		179	186	
7	2	46	16		147	117	
8					126	157	
9							
10	返回区域2中第4行与第2列交叉处的值				151		

图2-24

2.4 精确完成日期计算

Excel中包含了大量日期与时间函数，专门用于处理各类日期和时间问题。下面将对较为常用的DATE和DAYS函数的用法进行详细介绍。

2.4.1 DATE函数告知具体日期

DATE函数可将代表年、月、日的值组合成一个日期。该函数有3个参数（即代表年、月、日的值），参数的设置方法如下。

=DATE(❶年,❷月,❸日)

例如：　　=DATE(2022,5,20)　返回日期“2022/5/20”

DATE函数的参数可以是数字或包含数字的单元格引用。当月或日超出标准范围时，会将超出的部分向前一个日期单位转换。例如：

=DATE(2022,13,20)　　返回日期“2023/1/20”

13个月=1年零1个月，保留1个月，把1年给2022

=DATE(2022,5,40)　　返回日期“2022/6/9”

5月最多有31天，从40中分出31天给5月，5月变成6月，40天还剩9天

注意事项：

Excel默认使用1900日期系统，年份值需要介于1900 ~ 9999年。若超出这个范围，将返回错误值。

下面将根据年份和月份计算月初日期和月末日期。当DATE函数的第3参数为0或忽略时，会返回给定月份的上一个月的最后一天的日期。例如公式“=DATE(2022,2,0)”所返回的日期即为“2022/1/31”。所以在公式的最后加“1”表示上个月的最后一天再加1天，公式返回当前月的第一天，如图2-25所示。而在“月”参数后面加“1”则表示加1个月，公式返回当前月的最后一天，如图2-26所示。

C2　=DATE(A2,B2,0)+1

	A	B	C	D	E
1	年份	月份	月初日期	月末日期	
2	2022	1	2022/1/1		
3	2022	2	2022/2/1		
4	2022	3	2022/3/1		
5	2022	4	2022/4/1		
6	2022	5	2022/5/1		
7	2022	6	2022/6/1		

图2-25

D2　=DATE(A2,B2+1,0)

	A	B	C	D	E
1	年份	月份	月初日期	月末日期	
2	2022	1	2022/1/1	2022/1/31	
3	2022	2	2022/2/1	2022/2/28	
4	2022	3	2022/3/1	2022/3/31	
5	2022	4	2022/4/1	2022/4/30	
6	2022	5	2022/5/1	2022/5/31	
7	2022	6	2022/6/1	2022/6/30	
8	2022	7	2022/7/1	2022/7/31	

图2-26

2.4.2 日期间隔天数DAYS函数准知道

DAYS函数可以计算两个日期的间隔天数。它有两个参数（即需要计算间隔天数的两个日期），参数的设置方法如下。

=DAYS(❶截止日期,❷起始日期)

DAYS函数的参数可以是日期常量，也可以是包含日期值的单元格引用。当参数是日期常量时，必须输入在双引号中，否则Excel会将日期中的“/”符号看作是除号，分别对两个参数进行除法运算。

例如：=DAYS(2022/5/2,2022/5/1)　公式返回“202”

错误的书写方式，日期常量没加双引号

=DAYS("2022/5/2","2022/5/1")　公式返回“1”

正确的书写方式

下面将根据项目的开始日期与结束日期计算项目总天数，在本例中DAYS函数可直接引用日期所在单元格，如图2-27所示。

若DAYS函数第1参数的日期早于第2参数，公式将返回负值，如图2-28所示。要想避免公式返回错误值，可在等号后输入一个负号(–)，将结果转换为正数，如图2-29所示。

=DAYS(C2,B2)

D2　=DAYS(C2,B2)

项目名称	开始日期	结束日期	项目总天数
A项目	2021/3/1	2021/3/15	14
B项目	2021/5/10	2021/6/22	43
C项目	2020/6/8	2021/7/19	406

图2-27

D2　=DAYS(B2,C2)

项目名称	开始日期	结束日期	项目总天数
A项目	2021/3/1	2021/3/15	-14
B项目	2021/5/10	2021/6/22	-43
C项目	2020/6/8	2021/7/19	-406

图2-28

D2　=-DAYS(B2,C2)

项目名称	开始日期	结束日期	项目总天数
A项目	2021/3/1	2021/3/15	14
B项目	2021/5/10	2021/6/22	43
C项目	2020/6/8	2021/7/19	406

图2-29

2.5 先确定字符位置再执行后续操作

对一串文本中的指定字符执行操作之前，往往需要先定位文本在字符串中的位置，这时可以使用FIND函数或FINDB函数先确定字符位置再执行后续操作。

2.5.1 FIND函数确定字符起始位置

FIND函数可以返回一个字符串出现在另一个字符串中的起始位置。FIND函数有3个参数，参数的设置方法如下。

要查找的字符可以在该字符串中重复出现

=FIND(❶要查找的字符,❷包含查找值的字符串,❸从什么位置开始查找)

当目标字符出现多次时，用于指定从什么位置开始查找。若忽略该参数，表示从第一个字符开始查找

例如从A1单元格的字符串中查找“立冬”的位置，如图2-30所示。“立冬”这个词在整个字符串中只出现了一次，所以省略第3参数。公式返回的结果是要查找的字符串的第一个字在整个字符串中的位置。

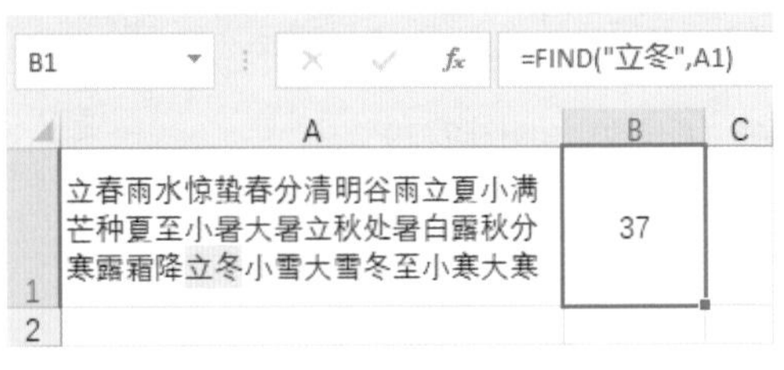

图2-30

如由“立”确定“立冬”的位置，需要设置第3参数。“立冬”的前面一个“立”位置是“25”，所以要返回第26个字之后的第一个“立”的位置，如图2-31所示。

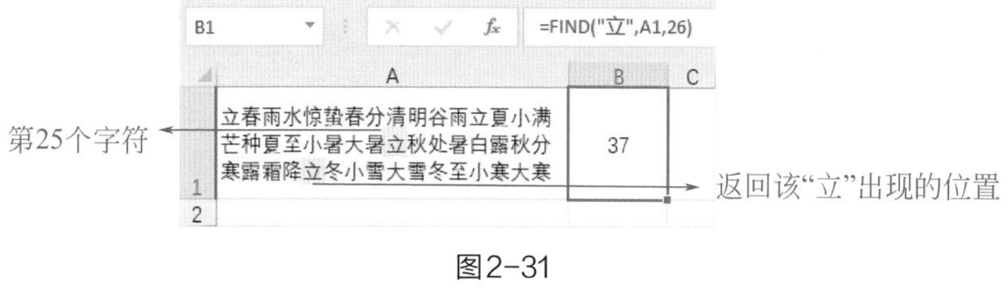

图2-31

2.5.2 嵌套函数提取字符

FIND函数独立使用时并不能完全体现出其强大的价值，与其他函数嵌套使用时能实现更多文本处理要求，例如提取、替换或删除指定字符等。下面使用FIND函数和LEFT函数嵌套，从综合信息中提取姓名。

在这个案例中，员工信息中的姓名字符数不等。但是有两个共同的特征：①所有姓名都是从第一个字符开始的；②都有姓名之后都有一个冒号"："，如图2-32所示。

	A	B	C	D
1	序号	员工信息	姓名	
2	1	李子林：研发部		
3	2	张恺：保卫科		
4	3	刘佳佳：门卫		
5	4	程正龙：市场部		
6	5	宋波：营销部		
7	6	端木克瑞：研发部		
8				

图2-32

利用上述两个特征可编写公式"=LEFT(B2,FIND("：",B2)-1)"，从员工信息中提取姓名，如图2-33所示。

LEFT函数是一个字符提取函数，它可以从文本字符串的第一个字符开始提取指定数量的字符

=LEFT(B2,FIND("：",B2)-1)

查找"："符号在字符串中的位置，返回该位置的前一个字符的位置

C2 =LEFT(B2,FIND("：",B2)-1)

	A	B	C	D
1	序号	员工信息	姓名	
2	1	李子林：研发部	李子林	
3	2	张恺：保卫科	张恺	
4	3	刘佳佳：门卫	刘佳佳	
5	4	程正龙：市场部	程正龙	
6	5	宋波：营销部	宋波	
7	6	端木克瑞：研发部	端木克瑞	
8				

图2-33

LEFT函数的用法可翻阅第9章的相关内容。

初试锋芒

本章介绍了Excel中使用频率最高的10个函数。初学者用户可以通过这些函数解决工作中的棘手问题。一起来做一做下面的测试题，检验一下学习成果吧！

用户需要根据“销售业绩”和“奖金计算标准”表中提供的数据计算“应得奖金”，如图2-34所示。

（1）进行本次计算使用什么函数最合适呢?

（2）在C列中输入公式并填充公式。

	A	B	C	D	E	F	G
1	姓名	销售业绩	应得奖金		奖金计算标准		
2	肖恩	2230			业绩分段	奖金标准	
3	佩奇	350			0	0	
4	乔治	600			500	50	
5	翠花	1200			1000	200	
6	熊二	36000			5000	400	
7	宝利	5800			10000	600	
8	安娜	23000			20000	800	
9	爱莎	900			30000	1000	
10	凯丽	28000					
11	辛巴	14000					
12	嘉尔	5100					
13							

Sheet1

图2-34

操作难度

★★☆☆☆

操作提示

（1）用VLOOKUP函数试试。

（2）使用模糊匹配。

操作结果

是否顺利完成操作?　是□　否□，用时________分钟

操作用时遇到的问题：

____

____

____

扫码观看
本章视频

第3章 大数据时代的统计分析

统计函数用于对数据区域进行统计分析。Excel中包含的统计函数除了可以处理专业范畴的统计（例如样本的方差、数据区间的频率分布等），还可以对生活和工作中的常见数据进行统计（例如统计平均成绩、为销量排名等）。本章将对常用统计函数的用法进行详细介绍。

3.1 完成平均值计算

平均值是数据分析的一个重要参考项，在统计考生成绩、商品销量、车间生产量等数据时，经常需要对这些数据进行平均值计算。Excel中包含了很多求平均值函数，下面将在实际案例中讲解这些函数的用法。

3.1.1 计算各科平均成绩——AVERAGE函数

AVERAGE函数可以计算指定区域中数字的平均值，参数的类型可以是数字、单元格或单元格区域引用，区域中的文本或空格会被忽略。AVERAGE函数最多可设置255个参数，参数的设置方法如下。

=AVERAGE(❶用于计算平均值的第一个数,❷用于计算平均值的第二个数,…)

下面将使用AVERAGE函数计算各科的平均成绩，如图3-1所示。

	A	B	C	D	E	F
1	序号	班级	姓名	语文	数学	英语
2	1	九（1）	郑雪晗	81	70	68
3	2	九（1）	杨木新	94	91	78
4	3	九（1）	徐艺洋	42	54	62
5	4	九（1）	周杰	68	90	92
6	6	九（1）	孙强强	77	78	76
7	7	九（1）	杜明礼	100	71	80
8	8	九（1）	刘如意	76	85	82
9	9	九（1）	张波	78	91	72
10	10	九（1）	赵晓杰	64	82	60
11	各科平均成绩					

对D2:D10区域中的值求平均值

=AVERAGE(D2:D10)

D11　=AVERAGE(D2:D10)

	A	B	C	D	E	F
1	序号	班级	姓名	语文	数学	英语
2	1	九（1）	郑雪晗	81	70	68
3	2	九（1）	杨木新	94	91	78
4	3	九（1）	徐艺洋	42	54	62
5	4	九（1）	周杰	68	90	92
6	6	九（1）	孙强强	77	78	76
7	7	九（1）	杜明礼	100	71	80
8	8	九（1）	刘如意	76	85	82
9	9	九（1）	张波	78	91	72
10	10	九（1）	赵晓杰	64	82	60
11	各科平均成绩			75.6	79.1	74.4

图3-1

3.1.2 计算包含缺考同学在内的平均成绩——AVERAGEA函数

AVERAGEA函数的用法和AVERAGE函数完全相同。它们的区别在于，AVERAGE函数忽略文本型数据，而AVERAGEA函数会将文本作为数字0处理。

例如，统计包含缺考同学在内的各科平均成绩时应使用AVERAGEA函数，若使用AVERAGE函数，统计结果将不准确，如图3-2与图3-3所示。

=AVERAGE(D2:D10)

D11 =AVERAGE(D2:D10)

	A	B	C	D	E	F
1	序号	班级	姓名	语文	数学	英语
2	1	九（1）	郑雪晗	81	70	68
3	2	九（1）	杨木新	94	91	78
4	3	九（1）	徐艺洋	42	54	62
5	4	九（1）	周杰	缺考	缺考	缺考
6	6	九（1）	孙强强	77	78	76
7	7	九（1）	杜明礼	100	71	80
8	8	九（1）	刘如意	76	85	82
9	9	九（1）	张波	78	91	72
10	10	九（1）	赵晓杰	64	82	60
11	各科平均成绩			76.5	77.8	72.3

文本被忽略，缺考人员未参与平均值统计

图3-2

=AVERAGEA(D2:D10)

D11 =AVERAGEA(D2:D10)

	A	B	C	D	E	F
1	序号	班级	姓名	语文	数学	英语
2	1	九（1）	郑雪晗	81	70	68
3	2	九（1）	杨木新	94	91	78
4	3	九（1）	徐艺洋	42	54	62
5	4	九（1）	周杰	缺考	缺考	缺考
6	6	九（1）	孙强强	77	78	76
7	7	九（1）	杜明礼	100	71	80
8	8	九（1）	刘如意	76	85	82
9	9	九（1）	张波	78	91	72
10	10	九（1）	赵晓杰	64	82	60
11	各科平均成绩			68.0	69.1	64.2

文本作为0参与计算，缺考人员也被计算在内

图3-3

注意事项：

逻辑值不同于文本，AVERAGEA函数会将逻辑值TRUE作为1处理，将FALSE作为0处理。

3.1.3 计算指定班级和指定科目的平均成绩——AVERAGEIF函数

AVERAGEIF函数可以根据指定条件求数据的平均值。该函数有3个参数，参数的设置方法如下。

条件可以是表达式、文本、数字或包含上述内容的单元格引用

=AVERAGEIF(❶条件所在区域,❷条件,❸进行平均值计算的区域)

当条件所在区域和计算平均值的实际单元格为同一区域时可忽略该参数

下面这份成绩表记录了多个班级的考生成绩，且班级的顺序是打乱的。使用AVERAGEIF函数可轻松地统计指定班级以及指定科目的平均分，如图3-4所示。

条件为“九（1）”

=AVERAGEIF(B2:B27,H2,F2:F27)

包含指定条件的区域　　返回该区域中符合条件的数据平均值

I2　=AVERAGEIF(B2:B27,H2,F2:F27)

序号	班级	姓名	语文	数学	英语
1	九（2）	程小鹃	95	82	88
2	九（2）	程笑笑	84	88	58
3	九（1）	杜明礼	100	71	80
4	九（2）	杜明宇	85	78	52
5	九（2）	姜树林	95	82	88
6	九（2）	李敏	81	77	68
7	九（1）	刘如意	76	85	82
8	九（2）	刘艳芝	88	82	72
9	九（3）	马晓	75	89	72
10	九（2）	沈洛洛	85	78	52
11	九（2）	宋倩	84	88	58
12	九（3）	宋瑞雪	84	88	58
13	九（1）	孙强强	77	78	76
14	九（3）	孙小伟	88	82	72
15	九（2）	孙兴儒	80	82	72
16	九（3）	王汝云	95	82	88
17	九（3）	武波	85	78	52
18	九（1）	徐艺洋	42	54	62
19	九（1）	杨木新	94	91	78
20	九（1）	张波	78	91	72
21	九（3）	张德全	53	34	46
22	九（3）	赵磊	84	88	58
23	九（1）	赵晓杰	64	82	60
24	九（1）	郑雪晗	81	70	68
25	九（1）	周杰	68	90	92
26	九（2）	周雨桐	88	82	72

班级	英语平均分
九（1）	74.4

图3-4

知识链接：

若是求大于等于60分的语文平均成绩，应该如何编写公式呢？提示：①条件应该是一个表达式；②条件区域和返回值区域是同一区域，所以可以忽略第3参数。

3.1.4 计算指定班级所有及格分数的平均分——AVERAGEIFS函数

AVERAGEIFS函数是AVERAGEIF函数的升级版，AVERAGEIF函数只能设置一个条件，而AVERAGEIFS函数可以设置多个条件。

设置参数时，进行平均值计算的单元格区域应在最前面，后面的参数依次是第一个条件区域、第一个条件、第二个条件区域、第二个条件……，AVERAGEIFS函数最多可设置127个条件。

AVERAGEIFS函数的参数设置方法如下。

=AVERAGEIFS(❶计算平均值的实际单元格区域,❷第一个条件区域,❸第一个条件,❹第二个条件区域,❺第二个条件,…)

假设要计算九（1）班所有大于等于60分的平均分可以用AVERAGEIFS函数，如图3-5所示。

=AVERAGEIFS(D2:D27,B2:B27,F2,D2:D27,G2)

计算该区域中符合条件的数据的平均值

第一条件所在的区域和第一个条件所在单元格

第二条件所在的区域和第二个条件所在单元格

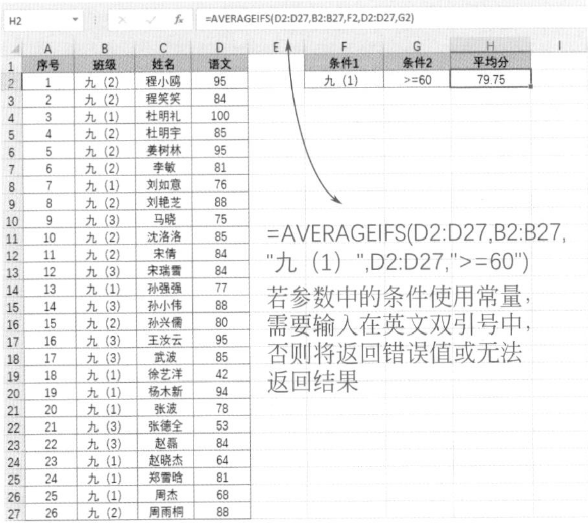

H2 =AVERAGEIFS(D2:D27,B2:B27,F2,D2:D27,G2)

	A	B	C	D	E	F	G	H
1	序号	班级	姓名	语文		条件1	条件2	平均分
2	1	九（2）	程小鸥	95		九（1）	>=60	79.75
3	2	九（2）	程笑笑	84				
4	3	九（1）	杜明礼	100				
5	4	九（2）	杜明宇	85				
6	5	九（2）	姜树林	95				
7	6	九（2）	李敏	81				
8	7	九（1）	刘如意	76				
9	8	九（2）	刘艳芝	88				
10	9	九（3）	马晓	75				
11	10	九（2）	沈洛洛	85				
12	11	九（2）	宋倩	84				
13	12	九（3）	宋瑞雪	84				
14	13	九（1）	孙强强	77				
15	14	九（3）	孙小伟	88				
16	15	九（2）	孙兴儒	80				
17	16	九（3）	王汝云	95				
18	17	九（3）	武波	85				
19	18	九（1）	徐艺洋	42				
20	19	九（1）	杨木新	94				
21	20	九（1）	张波	78				
22	21	九（3）	张德全	53				
23	22	九（3）	赵磊	84				
24	23	九（1）	赵晓杰	64				
25	24	九（1）	郑雷晗	81				
26	25	九（1）	周杰	68				
27	26	九（2）	周雨桐	88				

=AVERAGEIFS(D2:D27,B2:B27,"九（1）",D2:D27,">=60")

若参数中的条件使用常量，需要输入在英文双引号中，否则将返回错误值或无法返回结果

图3-5

3.2 按条件统计单元格数量

以COUNT函数为代表的“计数”类函数，可对包含指定值的单元格数量进行统计。下面将对常见“计数”函数的使用方法进行讲解。

3.2.1 统计生产线实际开工天数——COUNT函数

COUNT函数的作用是计算指定区域中包含数字的单元格个数。COUNT函数的参数设置方法十分简单，只需要引用目标单元格区域即可。COUNT函数的参数设置方法如下。

=COUNT(❶区域1,❷区域2,…)　　最多可设置255个参数

生产记录表中记录了两条产线每天的生产数量，因特殊情况停工时会用文字进行说明。下面将使用COUNT函数统计指定时间段内实际生产天数，如图3-6所示。

=COUNT(B2:B12)

统计B2:B12区域内包含数字的单元格数量

B13 =COUNT(B2:B12)

	A	B	C	D
1	日期	1产线	2产线	
2	2021/12/10	6244	6350	
3	2021/12/11	6244	7502	
4	2021/12/12	停电	停电	
5	2021/12/13	停电	停电	
6	2021/12/14	6024	5184	
7	2021/12/15	7673	7321	
8	2021/12/16	5889	7713	
9	2021/12/17	7651	5404	
10	2021/12/18	5374	7485	
11	2021/12/19	7732	设备检修	
12	2021/12/20	6573	7502	
13	工作天数	9	8	
14				

文本不被统计

图3-6

COUNT函数在引用区域时，区域中包含的文本、空格、逻辑值都会被忽略。但是，若将逻辑值作为常量参数则会被统计。

例如：=COUNT(126,11,25,TRUE)返回结果为“4”，逻辑值TRUE作为数字“1”被统计。

注意事项:

当数字保存在文本格式的单元格中时不会被COUNT函数统计。

3.2.2 统计通过面试的人数——COUNTA函数

COUNTA函数可以统计指定区域内非空白单元格的数量。COUNTA函数的用法和COUNT函数相同，只是统计的对象稍有不同，所有包含内容的单元格都会被COUNTA函数计算在内。

例如，通过面试的人员用不同方式进行标记，而未通过面试的人员未进行任何标记，下面将使用COUNTA函数统计通过面试的人数，如图3-7所示。

=COUNTA(B2:B8)

D2 =COUNTA(B2:B8)

	A	B	C	D	E
1	姓名	面试结果		通过人数	
2	李永	通过		5	
3	赵梅	Pass			
4	王海				
5	姜铭亮	pass			
6	程磊				
7	陈光	通过			
8	常海龙	√			

只有空格不被统计

图3-7

使用COUNTA函数时应该注意排除“假空”单元格。因为有些单元格只是看起来是空白的，其实有可能包含了不可见的空格。而空格也会被COUNTA函数统计在内，如图3-8所示。

D2 =COUNTA(B2:B8)

	A	B	C	D	E
1	姓名	面试结果		通过人数	
2	李永	通过		7	
3	赵梅	Pass			
4	王海				
5	姜铭亮	pass			
6	程磊				
7	陈光	通过			
8	常海龙	√			

包含空格的“假空”单元格

图3-8

用户可使用“查找和替换”功能批量删除数据表中的所有空格，如图3-9所示。

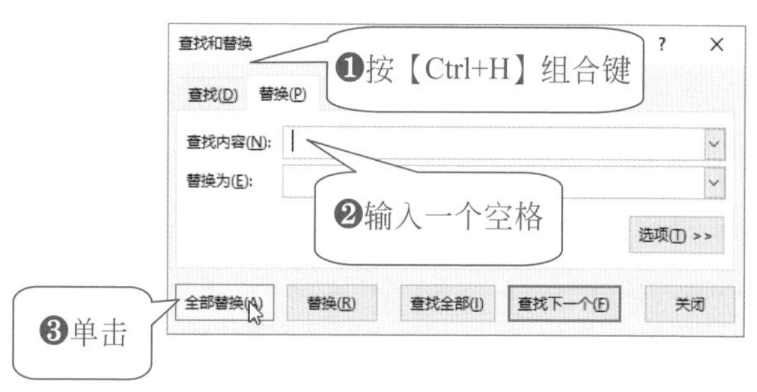

图3-9

3.2.3 统计员工正常休息的天数——COUNTBLANK函数

COUNTBLANK函数可以统计指定单元格区域内空白单元格的数量。其参数的设置方法可参照COUNT函数和COUNTA函数。

下面将使用COUNTBLANK函数统计员工正常休息的天数，如图3-10所示。在这份考勤表中空白单元格代表正常休息。

=COUNTBLANK(B3:AE3)

统计B3:AE3区域内空白单元格的数量

AF3 =COUNTBLANK(B3:AE3)

11月考勤记录

姓名	1日	2日	3日	4日	5日	6日	7日	8日	9日	10日	11日	12日	13日	14日	15日	16日	17日	18日	19日	20日	21日	22日	23日	24日	25日	26日	27日	28日	29日	30日	休息
李永	1	1	1	SL			1	1	1	1	1			1	1	1	PL	PL	PL		1	1	1	1	1			1	1	1	7
赵梅	1	1	1	1			1	1	1	1	1			1	1	1	1	1	1		1	1	1	1	1			1	1	1	7
王海	1	1	1	1	1		1	1	1	1	1			1	1	1	1	1			1	1	1	1	1			SL	SL	SL	7
姜铭亮	1	1	1	1			1	1	1	1	PL			1	1	1		1			1	1	1	1	1			1	1	1	9
程磊	1	1	1	1	1		1	1	1	1	1	1		1	1	1	1	1	1		1	1	1	1	1	1		1	1	1	4
陈光	1	1	1	1			1	1	1	1	1			1	1	PL	1	1			1	1	1	1	1			1	1	1	8
常海龙	1	PL	1	1			1	1		1	1			1	1	1	1	1			1	1	1	SL	1			1	1	1	9
赵云	1	1	1	1	1		1	1	1	1	1	1		1	1	1	1	1	1		1	1	1	1	1			1	1	1	5
王宏兴	1	1	1	1			1	1	1	1	1			1	1	1	1	1			1	1	1	1	1			1	1	1	8
艾清	1	1	1	1			1	1	1	1	1			1	1	1	1	1			1	1		1	1			1	1	1	9

图3-10

注意事项：

COUNTBLANK函数和COUNTA函数一样需要注意"假空"单元格的现象。统计空白单元格数目之前可以先清除数据表中不必要的空格。

若要去除病假（SL）和事假（PL）统计正常工作的天数可编写如下公式，如图3-11所示。

当月总天数 − （病假和事假的总天数 + 实际休息的天数）

=30-(COUNTA(B3:AE3)-COUNT(B3:AE3)+COUNTBLANK(B3:AE3))

AF3 =30-(COUNTA(B3:AE3)-COUNT(B3:AE3)+COUNTBLANK(B3:AE3))

11月考勤记录

姓名	1日	2日	3日	4日	5日	6日	7日	8日	9日	10日	11日	12日	13日	14日	15日	16日	17日	18日	19日	20日	21日	22日	23日	24日	25日	26日	27日	28日	29日	30日	工作天数
李永	1	1	1	SL			1	1	1	1	1			1	1	1	PL	PL	PL		1	1	1	1	1			1	1	1	19
赵梅	1	1	1	1			1	1	1	1	1			1	1	1	1	1	1		1	1	1	1	1			1	1	1	23
王海	1	1	1	1	1		1	1	1	1	1			1	1	1	1	1			1	1	1	1	1			SL	SL	SL	20
姜铭亮	1	1	1	1			1	1	1	1	PL			1	1	1		1			1	1	1	1	1			1	1	1	20
程磊	1	1	1	1	1		1	1	1	1	1	1		1	1	1	1	1	1		1	1	1	1	1	1		1	1	1	26
陈光	1	1	1	1			1	1	1	1	1			1	1	PL	1	1			1	1	1	1	1			1	1	1	21
常海龙	1	PL	1	1			1	1		1	1			1	1	1	1	1			1	1	1	SL	1			1	1	1	19
赵云	1	1	1	1	1		1	1	1	1	1	1		1	1	1	1	1	1		1	1	1	1	1			1	1	1	25
王宏兴	1	1	1	1			1	1	1	1	1			1	1	1	1	1			1	1	1	1	1			1	1	1	22
艾清	1	1	1	1			1	1	1	1	1			1	1	1	1	1			1	1		1	1			1	1	1	21

图3-11

3.2.4 统计销售额超过6万元的人数——COUNTIF函数

COUNTIF函数可以计算指定区域中满足给定条件的单元格数量。它有两个参数，参数的设置方法如下。

=COUNTIF(❶指定的单元格区域,❷条件)

条件可以是文本、数字、表达式

下面将使用COUNTIF函数统计销售额超过6万的单元格数量，如图3-12所示。

=COUNTIF(C2:C15,">60000")

对C2:C15单元格区域进行统计　统计条件：大于60000

C16 =COUNTIF(C2:C15,">60000")

	A	B	C	D	E
1	序号	姓名	销售额		
2	1	丽丽	¥92,514.00		
3	2	高霞	¥36,556.00		
4	3	王琛明	¥74,613.00		
5	4	刘丽英	¥117,499.00		
6	5	赵梅	¥96,312.00		
7	6	王博	¥28,754.00		
8	7	胡一统	¥20,912.00		
9	8	赵甜	¥118,028.00		
10	9	刘明	¥105,234.00		
11	10	叮铃	¥110,900.00		
12	11	程明阳	¥21,337.00		
13	12	刘国庆	¥60,547.00		
14	13	胡海	¥80,185.00		
15	14	李江	¥88,807.00		
16	销售额超过6万的人数		10		

图3-12

COUNTIF函数可以使用通配符设置条件，例如统计姓“刘”的员工数量，可以使用如下公式。

=COUNTIF(B2:B15,"刘*")

Excel中的通配符包括“*”“?”“～”三种，作用见下表。

通配符	类型	含义
*	占位符	表示任意个数的字符，单独使用时表示非空
?	占位符	表示1个字符，单独使用时表示非空
～	转义符	将*、？、～转化成普通字符。例如查找包含“*”的单元格，可以将条件设置为“～*”

3.2.5 统计指定门店业绩达标的人数——COUNTIFS函数

COUNTIFS函数可以统计同时满足多个条件的单元格数量。该函数最多可设置127组区域和条件。COUNTIFS函数的参数设置方法如下。

=COUNTIFS(❶第一个条件区域,❷第一个条件,❸第二个条件区域,❹第二个条件,…)

下面将以统计指定门店销售业绩达标的人数为例，分析COUNTIFS

函数的实际用法，如图3-13所示。

=COUNTIFS(B2:B15,F2,D2:D15,">=60000")

从所有门店中统计"湖南路店" 从所有销售业绩中统计大于等于60000的数量

H2 =COUNTIFS(B2:B15,F2,D2:D15,">=60000")

	A	B	C	D	E	F	G	H
1	序号	门店	姓名	销售业绩		门店	业绩指标	达标人数
2	1	和平路店	丽丽	¥92,514.00		湖南路店	60000	3
3	2	湖南路店	高霞	¥36,556.00				
4	3	大润发店	王琛明	¥74,613.00				
5	4	湖南路店	刘丽英	¥117,499.00				
6	5	大润发店	赵梅	¥96,312.00				
7	6	大润发店	王博	¥28,754.00				
8	7	和平路店	胡一统	¥20,912.00				
9	8	大润发店	赵甜	¥118,028.00				
10	9	湖南路店	刘明	¥105,234.00				
11	10	大润发店	叮铃	¥110,900.00				
12	11	湖南路店	程明阳	¥21,337.00				
13	12	和平路店	刘国庆	¥60,547.00				
14	13	湖南路店	胡海	¥80,185.00				
15	14	和平路店	李江	¥88,807.00				

图3-13

如果对本例的条件稍加修改，要求统计"大润发店"销售业绩低于"100000"的人数，应该如何编写公式呢？大家不妨动手试试能否独立写出公式。

注意事项：

当COUNTIFS函数的条件为表达式时，不能直接使用单元格引用，否则公式将无法返回正确的查询结果。例如：

=COUNTIFS(B2:B15,F2,D2:D15,">=G2") 公式将返回"0"

3.3 统计最大值和最小值

当在Excel中处理大量数据时，如果要从这些数据中快速找出最大值和最小值，一个一个值地比较显然是不可取的。其实使用统计函数便

可轻松地提取出最大值和最小值。

3.3.1 统计会员单笔消费最高记录——MAX函数

MAX函数可以提取一组数据中的最大值，其参数的结构非常简单，可设置1～255个参数。参数的类型可以是要从中求取最大值的区域、数字常量、包含数字的单元格引用等。

参数可以是数字、单元格或单元格区域引用、包含数字的名称等。空值、逻辑值和文本会被忽略

=MAX(数值1,数值2,…)

下面将使用MAX函数从会员消费金额中提取出最高消费金额，如图3-14所示。

=MAX(G2:G10)

从G2:G10区域中提取最大值

C12 =MAX(G2:G10)

	A	B	C	D	E	F	G
1	序号	日期	客户姓名	会员卡号	联系电话	消费方式	金额
2	1	2021/8/5	刘女士	DS00810	158XXXXXXXX	会员卡消费	¥2,000.00
3	2	2021/8/5	王霞	DS00811	159XXXXXXXX	会员卡消费	¥1,600.00
4	3	2021/8/5	沈龙元	DS00812	137XXXXXXXX	会员卡消费	¥1,020.00
5	4	2021/8/5	乔小姐	DS00813	159XXXXXXXX	现金消费	¥1,399.00
6	5	2021/8/5	沈小姐	DS00814	158XXXXXXXX	现金消费	¥588.00
7	6	2021/8/5	张经理	DS00815	159XXXXXXXX	现金消费	¥546.00
8	7	2021/8/5	吴越	DS00816	136XXXXXXXX	信用卡消费	¥988.00
9	8	2021/8/5	孙冬梅	DS00817	151XXXXXXXX	信用卡消费	¥266.00
10	9	2021/8/5	蒋先生	DS00818	160XXXXXXXX	信用卡消费	¥3,200.00
11							
12	最高消费金额		¥3,200.00				

图3-14

知识链接：

MAX函数只能从所有金额中提取最高的金额，若想知道最高消费金额是哪位客户消费的，则需要嵌套MATCH函数和INDEX函数，具体公式如下。

=INDEX(C2:C10,MATCH(MAX(G2:G10),G2:G10,0))

返回C2:C10区域，与最高金额所在位置对应的客户姓名

查找最高金额在G2:G10区域中的位置

3.3.2 从负数和文本值中统计最高增长率——MAXA函数

MAXA函数和MAX函数的作用是相同的。它们之间的区别是MAX函数只统计数值型数据的最大值，而MAXA函数统计所有非空白单元格的最大值。

例如，在包含负数和文本的区域中统计最大值时，分别使用MAX函数和MAXA函数，将会返回不同的结果，如图3-15与图3-16所示。

=MAX(D2:D5)

C7 | =MAX(D2:D5)

	A	B	C	D	E
1	季度	2020年	2021年	同比增长率	
2	1季度	5000	3500	-30%	
3	2季度	6000	4500	-25%	
4	3季度	3000	1800	-40%	
5	4季度	4000	4000	持平	
6					
7	最高同比增长率		-25%	忽略文本	

图3-15

=MAXA(D2:D5)

C7 | =MAXA(D2:D5)

	A	B	C	D	E
1	季度	2020年	2021年	同比增长率	
2	1季度	5000	3500	-30%	
3	2季度	6000	4500	-25%	
4	3季度	3000	1800	-40%	
5	4季度	4000	4000	持平	
6				文本作为0被统计	
7	最高同比增长率		0		

图3-16

除了文本之外，MAXA函数也会将逻辑值统计在内，TRUE返回1，FALSE返回0，如图3-17与图3-18所示。

C7 | =MAXA(D2:D5)

	A	B	C	D	E
1	季度	2020年	2021年	同比增长率	
2	1季度	5000	3500	-30%	
3	2季度	6000	4500	-25%	
4	3季度	3000	1800	-40%	
5	4季度	4000	4000	TRUE	
6					
7	最高同比增长率		1	代表1	

图3-17

C7 | =MAXA(D2:D5)

	A	B	C	D	E
1	季度	2020年	2021年	同比增长率	
2	1季度	5000	3500	-30%	
3	2季度	6000	4500	-25%	
4	3季度	3000	1800	-40%	
5	4季度	4000	4000	FALSE	
6					
7	最高同比增长率		0	代表0	

图3-18

注意事项：

当统计区域中包含错误值时，不管是MAX函数还是MAXA函数，都会返回错误值。如果统计区域中的值都是正数，则这两个函数的返回结果是相同的。

3.3.3 从所有人员中提取最小年龄——MIN函数

MIN函数可以从一组数值中提取最小值。MIN函数的用法和MAX函数基本相同，参数的设置原则也一样。

下面将使用MIN函数从一组年龄数据中提取最小年龄，如图3-19所示。

=MIN(C2:C12)

E2 =MIN(C2:C12)

	A	B	C	D	E	F
1	姓名	性别	年龄		最小年龄	
2	范慎	男	25		18	
3	赵凯歌	男	43			
4	王美丽	女	18			
5	薛珍珠	女	55			
6	林玉涛	男	32			
7	丽萍	女	49			
8	许仙	男	60			
9	白素贞	女	37			
10	小清	女	31			
11	黛玉	女	22			
12	范思哲	男	26			

图3-19

如果要找出年龄最小的人员姓名，应该如何编写公式呢？其实，可以参考MAX函数编写公式（参见3.3.1节内容），如图3-20所示。

=INDEX(A2:A12,MATCH(MIN(C2:C12),C2:C12,0))

返回最小年龄对应的姓名　　查找最小值所在位置

	A	B	C	D	E	F	G
1	姓名	性别	年龄		最小年龄的人员姓名		
2	范慎	男	25		王美丽		
3	赵凯歌	男	43				
4	王美丽	女	18				
5	薛珍珠	女	55				
6	林玉涛	男	32				
7	丽萍	女	49				
8	许仙	男	60				
9	白素贞	女	37				
10	小清	女	31				
11	黛玉	女	22				
12	范思哲	男	26				

E2 =INDEX(A2:A12,MATCH(MIN(C2:C12),C2:C12,0))

图3-20

3.3.4 提取商品最低销售数量——MINA函数

MINA函数可以返回参数列表中的最小值。文本和逻辑值也作为数字来计算（文本和逻辑值FALSE返回0，逻辑值TRUE返回1）。MINA函数的使用方法与MAXA函数类似。

下面将使用MINA函数从所有商品的销售数量中提取最低销售数量，当销售数量中包含文本时，文本将被视为0，如图3-21所示。

=MINA(C2:C11)

E2 =MINA(C2:C11)

	A	B	C	D	E
1	销售日期	商品名称	销售数量		最低销售数量
2	2021/12/28	松露巧克力	50		0
3	2021/12/28	芝士脆饼干	63		
4	2021/12/28	果仁沙琪玛	42		
5	2021/12/28	云南鲜花饼	85		
6	2021/12/28	加钙奶酪棒	70		
7	2021/12/28	蛋黄沙琪玛	未上架		
8	2021/12/28	脆烤面包片	41		
9	2021/12/28	桂花甜藕粉	55		
10	2021/12/28	混合坚果麦片	59		
11	2021/12/28	奶黄夹心饼干	30		

文本被作为0处理

图3-21

若要排除文本只统计所有数字的最小值，则使用MIN函数，如图3-22所示。

=MIN(C2:C11)

E2 =MIN(C2:C11)

	A	B	C	D	E
1	销售日期	商品名称	销售数量		最低销售数量
2	2021/12/28	松露巧克力	50		30
3	2021/12/28	芝士脆饼干	63		
4	2021/12/28	果仁沙琪玛	42		
5	2021/12/28	云南鲜花饼	85		
6	2021/12/28	加钙奶酪棒	70		
7	2021/12/28	蛋黄沙琪玛	未上架		
8	2021/12/28	脆烤面包片	41		
9	2021/12/28	桂花甜藕粉	55		
10	2021/12/28	混合坚果麦片	59		
11	2021/12/28	奶黄夹心饼干	30		

文本被忽略

图3-22

3.4 对数据进行排位统计

在Excel中为数据排名或提取指定名次的数据有着广泛的应用。为数据排名的方法有很多，这里主要学习如何使用函数对数据排名。

3.4.1 对比赛成绩进行排名——RANK函数

RANK函数可以返回指定数值在一组数字中的相对排名。RANK函数有3个参数，参数的设置方法如下。

可按升序或降序排名，0或忽略为降序，其他数字为升序

=RANK(❶要排名的数字,❷数字列表,❸排名方式)

下面将使用RANK函数对选手的成绩进行排名，并使用升序和降序两种排序方式对排名结果进行对比，如图3-23与图3-24所示。

注意事项：

在本案例中，得分区域需要使用绝对引用，否则在填充公式时引用的区域会产生偏移，导致无法获得准确的排名。

升序

=RANK(C2,$C$2:$C$11,1)

D2 | =RANK(C2,$C$2:$C$11,1)

	A	B	C	D	E
1	选手编号	选手姓名	得分	排名	
2	01	张赛	86	7	
3	02	刘倩	79	5	
4	03	陈佳佳	63	1	
5	04	王雨萌	98	9	
6	05	宋依依	99	10	
7	06	陈丹青	84	6	
8	07	赵波	75	4	
9	08	武凯	71	3	
10	09	孙薇	66	2	
11	10	丁小茜	92	8	

返回升序排名结果

图3-23

降序

=RANK(C2,$C$2:$C$11,0)

D2 | =RANK(C2,$C$2:$C$11,0)

	A	B	C	D	E
1	选手编号	选手姓名	得分	排名	
2	01	张赛	86	4	
3	02	刘倩	79	6	
4	03	陈佳佳	63	10	
5	04	王雨萌	98	2	
6	05	宋依依	99	1	
7	06	陈丹青	84	5	
8	07	赵波	75	7	
9	08	武凯	71	8	
10	09	孙薇	66	9	
11	10	丁小茜	92	3	

返回降序排名结果

图3-24

若数字列表中存在相同的值，则相同值返回的排名也相同，相同排名的下一个排名将保持空缺，如图3-25所示。

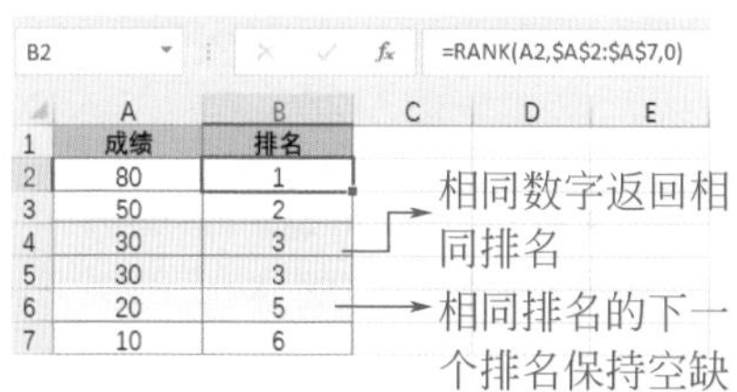

B2 | =RANK(A2,$A$2:$A$7,0)

	A	B	C	D	E
1	成绩	排名			
2	80	1			
3	50	2			
4	30	3			
5	30	3			
6	20	5			
7	10	6			

图3-25

3.4.2 提取指定名次的销售业绩——LARGE函数

LARGE函数可以返回一组数据中指定排名的数据。例如返回一组数据中排名最高或排名第2或排名第3的数据等。LARGE函数有两个参数，参数的设置方法如下。

按数值从大到小排名

=LARGE(❶一组数据,❷给定的排名)

可以是数字常量或包含数字的单元格引用

当第2参数为“1”时，将返回一组数据中的最大值。若第1参数引用的数据区域中包含*n*个单元格，设置第2参数为*n*，则会返回这组数据中的最小值。

下面将使用LARGE函数从所有员工的销售业绩中，依次提取出排名1、2、3的销售业绩，如图3-26所示。

=LARGE($C$2:$C$15,F2)

包含所有销售业绩的区域　返回相应排名的销售业绩

G2　=LARGE($C$2:$C$15,F2)

	A	B	C	D	E	F	G
1	月份	员工姓名	销售业绩	业绩排名		排名	销售业绩
2	12月	孙山青	¥6,879.00	7		1	¥9,856.00
3	12月	贾雨萌	¥4,282.00	9		2	¥9,712.00
4	12月	刘玉莲	¥9,856.00	1		3	¥9,697.00
5	12月	陈浩安	¥9,697.00	3			
6	12月	蒋佩娜	¥4,294.00	8			
7	12月	周申红	¥7,666.00	6			
8	12月	刘如梦	¥3,065.00	11			
9	12月	丁家桥	¥9,712.00	2			
10	12月	雷玉凝	¥9,149.00	4			
11	12月	崔伟伟	¥1,003.00	14			
12	12月	郑涵兮	¥4,187.00	10			
13	12月	吴佳怡	¥7,791.00	5			
14	12月	周凯博	¥2,750.00	12			
15	12月	梦若轩	¥1,533.00	13			

图3-26

出现下列情况时，LARGE函数将返回错误值。

① 第1参数所引用的区域为空白区域。

② 第1参数所引用的区域中包含的是文本、逻辑值、错误值。

③ 第1参数所引用的区域中包含的是文本型数字。

④ 第2参数所指定的排名是零或负数。

⑤ 第2参数所指定的排名超出第1参数所引用的单元格数量。

3.4.3　淘汰评分最低的3名成员——SMALL函数

SMALL函数可以返回一组数据中指定名次的最小值。例如返回一组数据中最小的值、第2小的值、第3小的值等。SMALL函数和LARGE函数的用法基本相同。SMALL函数的参数设置方法如下。

=SMALL(❶一组数据,❷给定的最小值排位)

当第2参数为“1”时，将返回一组数据中的最小值。若第1参数引用的数据区域中包含n个单元格，设置第2参数为n，则会返回这组数据中的最大值。

下面使用SMALL函数和IF函数嵌套标识出将被淘汰的三个最低分，通过分解公式可以更好地理解公式的运算原理，如图3-27与图3-28所示。

返回倒数第3名的成绩　判断得分是否小于等于倒数第3名的得分

=SMALL($C$2:$C$11,3)>=C2

D2　=SMALL($C$2:$C$11,3)>=C2

	A	B	C	D
1	选手编号	选手姓名	得分	结果
2	01	张赛	86	FALSE
3	02	刘倩	79	FALSE
4	03	陈佳佳	63	TRUE
5	04	王雨萌	98	FALSE
6	05	宋依依	99	FALSE
7	06	陈丹青	84	FALSE
8	07	赵波	75	FALSE
9	08	武凯	71	TRUE
10	09	孙薇	66	TRUE
11	10	丁小茜	92	FALSE

返回逻辑值。FALSE 表示当前得分高于倒数第 3 名，TRUE 表示当前得分小于等于倒数第 3 名

图3-27

表达式成立时返回“淘汰”　表达式不成立时返回空值

=IF(SMALL($C$2:$C$11,3)>=C2,"淘汰","")

D2　=IF(SMALL($C$2:$C$11,3)>=C2,"淘汰","")

	A	B	C	D
1	选手编号	选手姓名	得分	结果
2	01	张赛	86	
3	02	刘倩	79	
4	03	陈佳佳	63	淘汰
5	04	王雨萌	98	
6	05	宋依依	99	
7	06	陈丹青	84	
8	07	赵波	75	
9	08	武凯	71	淘汰
10	09	孙薇	66	淘汰
11	10	丁小茜	92	

小于等于倒数第3名的得分以“淘汰”显示，其余得分以空白显示

图3-28

3.4.4 计算一周血糖值的中值——MEDIAN函数

MEDIAN函数可以计算一组数的中值。中值是一组数中间位置的

数值，即一半数的值比中值大，另一半数的值比中值小。例如2、3、4、6、7、9的中值是5。

当要求计算中值的数据是偶数个时，MEDIAN函数会返回大小处于中间位置的两个数的平均值，例如1、3、5、7、9、10的中值是5和7的平均值，即中值为“6”，如图3-29所示。

当要求计算中值的数据是奇数个时，MEDIAN函数会返回大小处于中间位置的那个值，例如1、3、5、7、9的中值即是中间值“5”，如图3-30所示。

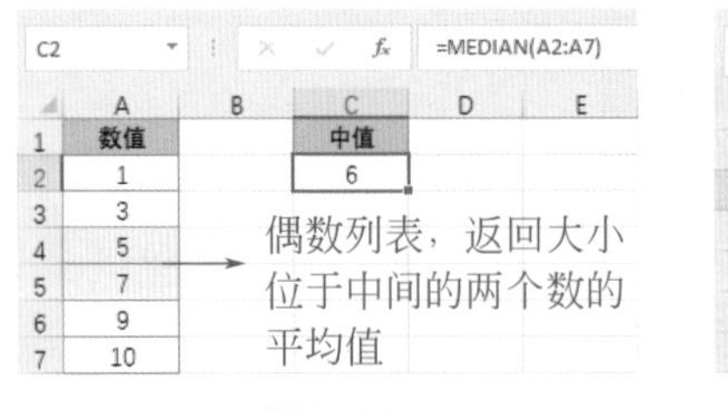

图3-29

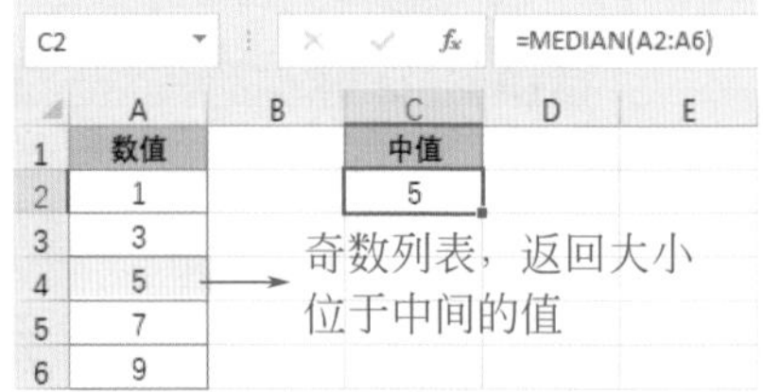

图3-30

下面将使用MEDIAN函数计算一周血糖测试值的中值，如图3-31所示。其实，这三组测试值共包含21个数字，说明中值便是大小处于这21个值中间位置的那个数值，本例的公式也可写作“=MEDIAN(B2:B8,C2:C8,D2:D8)”。

=MEDIAN(B2:D8)

计算该区域中包含的所有数字的中值

C10 =MEDIAN(B2:D8)

	A	B	C	D
1	周	空腹血糖值（mmol/L）	餐后1小时（mmol/L）	餐后2小时（mmol/L）
2	周一	5.2	8.3	6.9
3	周二	4.7	9.3	7.5
4	周三	6.5	9.8	7.6
5	周四	6.8	8.5	8.2
6	周五	6.8	9.2	8.5
7	周六	5.4	7.7	6.3
8	周日	7.2	8.9	7.9
9				
10	血糖中值（mmol/L）		7.6	

图3-31

初试锋芒

本章主要介绍了常用的统计函数，例如平均值函数、计数函数、最大值函数、最小值函数、排位函数等。一起来做一做下面的测试题，检验一下学习成果吧！

用户需要根据如图3–32所示数据编写公式，计算销售额高于平均值的人数。

	A	B	C	D	E
1	序号	姓名	销售额		
2	1	丽丽	¥92,514.00		
3	2	高霞	¥36,556.00		
4	3	王琛明	¥74,613.00		
5	4	刘丽英	¥117,499.00		
6	5	赵梅	¥96,312.00		
7	6	王博	¥28,754.00		
8	7	胡一统	¥20,912.00		
9	8	赵甜	¥118,028.00		
10	9	刘明	¥105,234.00		
11	10	叮铃	¥110,900.00		
12	11	程明阳	¥21,337.00		
13	销售额高于平均值的人数				
14					

Sheet1

图3-32

操作难度

★★★☆☆

操作提示

（1）用AVERAGE函数与COUNTIF函数嵌套编公式。

（2）高于平均值可编写为">"&AVERAGE(C2:C12)。

操作结果

是否顺利完成操作？　是□　否□，用时________分钟

操作用时遇到的问题：

____

____

____

扫码观看
本章视频

第4章 一丝不苟的数学运算

说到数学运算自然少不了加减乘除运算，Excel中有专门应对加减乘除的函数。除此之外，数学函数中比较常用的还包括数值舍入、取整、计算随机数等类型的函数。本章将对常用数学函数的用法进行详细介绍。

4.1 四则运算函数

Excel中的四则运算函数包括求和、求减、求乘积、求商等函数。下面将对四则运算函数的用法进行详细介绍。

4.1.1 统计商品销售金额——SUM函数

SUM函数的作用是对指定区域中的值求和，第2章对该函数的基础用法进行了详细的分析，接下来将学习SUM函数的实际应用。

在商品销售表中，使用SUM函数可直接对销售数量和销售金额进行统计，使用“=SUM(D2:D15)”可直接对D2:D15单元格区域内的销售数量求和，如图4-1所示。

使用数组公式“{=SUM(C2:C15*D2:D15)}”可求出每种商品价格与对应销售数量乘积的和，如图4-2所示。输入数组公式时应注意先输入“=SUM(C2:C15*D2:D15)”，然后按【Ctrl+Shift+Enter】组合键返回结果。

=SUM(D2:D15)

D16 =SUM(D2:D15)

	A	B	C	D
1	商品类别	商品名称	商品价格	销售数量
2	碳酸饮料	无糖气泡水	¥5.80	28
3	果汁	果粒橙	¥6.60	31
4	碳酸饮料	柠檬汽水	¥3.20	22
5	优酸乳	AD钙奶	¥6.90	26
6	优酸乳	[illegible]	[illegible]	18
7	茶饮	[illegible]	[illegible]	11
8	茶饮	[illegible]	[illegible]	48
9	果汁	番茄汁饮料	¥3.20	24
10	运动饮料	维生素功能饮料	¥5.50	16
11	植物蛋白饮料	杏仁露	¥3.50	36
12	茶饮	茉莉花茶	¥4.50	20
13	植物蛋白饮料	椰子汁	¥7.50	41
14	植物蛋白饮料	核桃乳	¥6.30	32
15	果汁	混合果蔬汁	¥5.20	29
16	销售数量合计			382
17	销售金额合计			

对该区域中的值求和

图4-1

按【Ctrl+Shift+Enter】组合键返回数组公式结果

=SUM(C2:C15*D2:D15)

D17 {=SUM(C2:C15*D2:D15)}

	A	B	C	D
1	商品类别	商品名称	商品价格	销售数量
2	碳酸饮料	无糖气泡水	¥5.80	28
3	果汁	果粒橙	¥6.60	31
4	碳酸饮料	柠檬汽水	¥3.20	22
5	优酸乳	AD钙奶	¥6.90	26
6	优酸乳	乳酸菌饮料	¥4.50	18
7	茶饮	蜜桃乌龙茶	¥4.80	11
8	茶饮	冰红茶	¥2.60	48
9	[illegible]	[illegible]	¥3.20	24
10	[illegible]	[illegible]	¥5.50	16
11	[illegible]	[illegible]	¥3.50	36
12	[illegible]	[illegible]	¥4.50	20
13	植物蛋白饮料	椰子汁	¥7.50	41
14	植物蛋白饮料	核桃乳	¥6.30	32
15	果汁	混合果蔬汁	¥5.20	29
16	销售数量合计			382
17	销售金额合计			¥1,916.10

求两列对应位置数据乘积的和

图4-2

注意事项：

数组公式两侧的大括号{ }，是按下【Ctrl+Shift+Enter】组合键后自动输入的，手动输入无效。

4.1.2 统计指定商品的销售总额——SUMIF函数

SUMIF函数可以对满足条件的单元格求和。SUMIF函数有3个参数，参数的设置方法如下。

只能设置一个条件，可以是数字、文本或表达式

当条件区域和求和区域为同一区域时，可忽略该参数

=SUMIF(❶条件所在区域,❷条件,❸求和区域)

下面将在商品销售表中使用SUMIF函数计算商品类别为“果汁”的总销售金额，如图4-3所示。

=SUMIF(A2:A15,"果汁",E2:E15)

在商品类别中指定条件　条件为“果汁”　对符合条件的销售金额求和

G2　=SUMIF(A2:A15,"果汁",E2:E15)

	A	B	C	D	E	F	G
1	商品类别	商品名称	商品价格	销售数量	销售金额		“果汁”总销售金额
2	碳酸饮料	无糖气泡水	¥5.80	28	¥162.40		¥432.20
3	果汁	果粒橙	¥6.60	31	¥204.60		
4	碳酸饮料	柠檬汽水	¥3.20	22	¥70.40		
5	优酸乳	AD钙奶	¥6.90	26	¥179.40		
6	优酸乳	乳酸菌饮料	¥4.50	18	¥81.00		
7	茶饮	蜜桃乌龙茶	¥4.80	11	¥52.80		
8	茶饮	冰红茶	¥2.60	48	¥124.80		
9	果汁	番茄汁饮料	¥3.20	24	¥76.80		
10	运动饮料	维生素功能饮料	¥5.50	16	¥88.00		
11	植物蛋白饮料	杏仁露	¥3.50	36	¥126.00		
12	茶饮	茉莉花茶	¥4.50	20	¥90.00		
13	植物蛋白饮料	[illegible]	7.50	41	¥307.50		
14	植物蛋白饮料	核[illegible]	6.30	32	¥201.60		
15	果汁	混合果蔬汁	¥5.20	29	¥150.80		

条件区域

求和区域

图4-3

SUMIF函数也可以使用通配符设置条件进行模糊查找，例如求商品名称最后一个字是“茶”的销售总金额，可以使用以下公式。

=SUMIF(B2:B15,"*茶",E2:E15)

或者设置比较条件，例如对大于等于100元的销售金额求和，可以使用以下公式（由于条件区域和求和区域为同一区域，所以忽略第3参数）。

=SUMIF(E2:E15,">=100")

4.1.3 根据多个条件计算指定产品的出库数量——SUMIFS函数

SUMIFS函数可以根据多个条件对指定区域中的数值求和，该函数最多可设置127个条件。SUMIFS函数的参数设置方法如下。

=SUMIFS(❶求和区域,❷第一个条件区域,❸第一个条件,❹第二个条件区域,❺第二个条件,…)

下面将使用SUMIFS函数计算指定季度内指定产品的出库总量，如图4-4所示。若只设置一个条件，则可使用SUMIF函数代替SUMIFS函数。

=SUMIFS(C2:C18,A2:A18,F1,B2:B18,F2)

求和区域　在所有季度中查找4季度　在所有产品名称中查找螺蛳粉

=SUMIFS(C2:C18,B2:B18,"螺蛳粉")
||
=SUMIF(B2:B18,"螺蛳粉",C2:C18)

F3　=SUMIFS(C2:C18,A2:A18,F1,B2:B18,F2)

	A	B	C	D	E	F
1	季度	产品名称	出库数量		条件1	4季度
2	3季度	酸辣粉	6597		条件2	螺蛳粉
3	1季度	零食礼包	3856		出库数量	21323
4	1季度	螺蛳粉	5168			
5	1季度	酸辣粉	5883			
6	4季度	螺蛳粉	7525			
7	4季度	酸辣粉	6774			
8	4季度	坚果礼盒	5682			
9	4季度	螺蛳粉	6759			
10	1季度	自嗨锅	7841			
11	3季度	坚果礼盒	3088			
12	4季度	螺蛳粉	7039			
13	2季度	自嗨锅	6052			
14	1季度	自嗨锅	9200			
15	2季度	酸辣粉	3904			
16	2季度	零食礼包	5132			
17	3季度	酸辣粉	4865			
18	1季度	零食礼包	9864			

F3　=SUMIFS(C2:C18,B2:B18,"螺蛳粉")

	A	B	C	D	E	F
1	季度	产品名称	出库数量		条件1	4季度
2	3季度	酸辣粉	6597		条件2	螺蛳粉
3	1季度	零食礼包	3856		出库数量	26491
4	1季度	螺蛳粉	5168			
5	1季度	酸辣粉	5883			
6	4季度	螺蛳粉	7525			
7	4季度	酸辣粉	6774			
8	4季度	坚果礼盒	5682			
9	4季度	螺蛳粉	6759			
10	1季度	自嗨锅	7841			
11	3季度	坚果礼盒	3088			
12	4季度	螺蛳粉	7039			
13	2季度	自嗨锅	6052			
14	1季度	自嗨锅	9200			
15	2季度	酸辣粉	3904			
16	2季度	零食礼包	5132			
17	3季度	酸辣粉	4865			
18	1季度	零食礼包	9864			

求所有“螺蛳粉”的出库数量

图4-4

SUMIFS函数只能为一个区域设置一个条件，当为同一区域设置多个条件时将无法返回求和结果。例如在产品名称列区域中设置两个条件，公式将返回0。

为同一区域设置多个条件，公式无法返回求和结果

=SUMIFS(C2:C18,B2:B18,F1,B2:B18,F2)　　公式返回0

若想为同一列设置多个求和条件，可用SUM函数与SUMIF函数嵌套编写公式，具体公式如下。

将SUMIF函数的条件设置为常量数组，然后用SUM函数对数组结果求和

=SUM(SUMIF(B2:B18,{"螺蛳粉","酸辣粉"},C2:C18))

||

=SUM{螺蛳粉的求和结果，酸辣粉的求和结果}

4.1.4　求在预算内能购买的商品数量——QUOTIENT函数

QUOTIENT函数可返回两数相除的整数部分。该函数有两个参数（即被除数和除数），参数的设置方法如下。

除数为0或空值时将返回错误值

=QUOTIENT(❶被除数,❷除数)

下面将使用QUOTIENT函数根据商品单价以及预算金额计算可购买的数量，如图4-5所示。

除了QUOTIENT函数，也可使用TRUNC函数求除法运算的整数部分，如图4-6所示。TRUNC可截去数值的小数部分，只保留整数部分。（该函数的详细用法在本章后文有详细介绍）。

将QUOTIENT函数的第2参数（除数）设置为“1”，可从日期和时间值中提取日期（图4-7），也可从数值中提取整数部分（图4-8）。

=QUOTIENT(C2,B2)

D2 =QUOTIENT(C2,B2)

	A	B	C	D
1	商品名称	单价	预算金额	购买数量
2	柜式空调	¥6,800.00	¥8,000.00	1
3	节能灯	¥210.00	¥1,000.00	4
4	台式电脑	¥6,500.00	¥20,000.00	3
5	文件柜	¥1,200.00	¥5,000.00	4
6	办公桌	¥700.00	¥4,000.00	5
7	办公椅	¥180.00	¥2,000.00	11

图4-5

=TRUNC(C2/B2)

D2 =TRUNC(C2/B2)

	A	B	C	D
1	商品名称	单价	预算金额	购买数量
2	柜式空调	¥6,800.00	¥8,000.00	1
3	节能灯	¥210.00	¥1,000.00	4
4	台式电脑	¥6,500.00	¥20,000.00	3
5	文件柜	¥1,200.00	¥5,000.00	4
6	办公桌	¥700.00	¥4,000.00	5
7	办公椅	¥180.00	¥2,000.00	11

图4-6

B2 =QUOTIENT(A2,1)

	A	B
1	日期和时间	提取日期
2	2022/3/1 15:20	2022/3/1
3	2022/3/2 20:30	2022/3/2
4	2022/3/2 9:28	2022/3/2
5	2022/3/3 12:55	2022/3/3
6	2022/3/4 6:00	2022/3/4

图4-7

B2 =QUOTIENT(A2,1)

	A	B
1	数值	提取整数
2	183.5	183
3	16.23	16
4	17.64	17
5	5.773	5
6	12.6	12

图4-8

知识链接：

提取日期后需要注意日期格式的设置，默认情况下提取出的日期以常规格式显示。此时的日期是以数字代码显示的，需要将单元格格式设置为日期类型，才能以日期格式显示。

4.1.5 计算两数相除的余数——MOD函数

MOD函数可以返回两数相除的余数，其用法和QUOTIENT函数基本相同。MOD函数有两个参数（即被除数和除数），参数的设置方法如下。

除数为0或空值时将返回错误值

=MOD(❶被除数,❷除数)

MOD函数单独使用时可用来求预算金额在购买指定数量的商品后所剩余额，如图4-9所示。

预算金额　单价

=MOD(C2,B2)

E2　=MOD(C2,B2)

	A	B	C	D	E
1	商品名称	单价	预算金额	购买数量	剩余金额
2	柜式空调	6800	8000	1	1200
3	节能灯	210	1000	4	160
4	台式电脑	6500	20000	3	500
5	文件柜	1200	5000	4	200
6	办公桌	700	4000	5	500
7	办公椅	180	2000	11	20

图4-9

除了计算余数，MOD函数可以将除数设置为“1”，从日期和时间中提取时间值（图4-10），或者提取数值中的小数部分（图4-11）。

B2　=MOD(A2,1)

	A	B	C
1	日期和时间	时间	
2	2022/3/1 15:20	15:20	
3	2022/3/2 20:30	20:30	
4	2022/3/2 9:28	9:28	
5	2022/3/3 12:55	12:55	
6	2022/3/4 6:00	6:00	

提取时间

图4-10

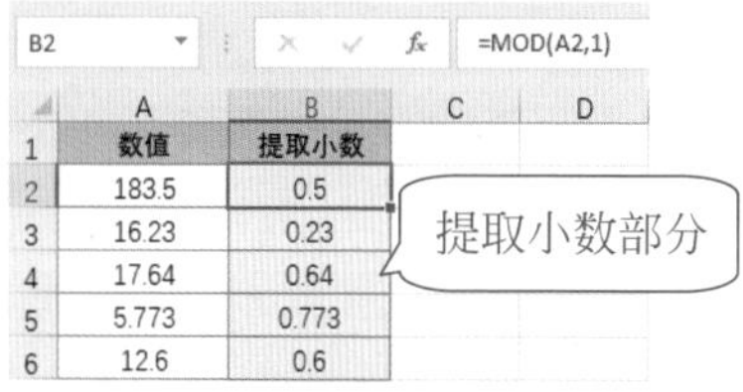

B2　=MOD(A2,1)

	A	B	C	D
1	数值	提取小数		
2	183.5	0.5		
3	16.23	0.23		
4	17.64	0.64		
5	5.773	0.773		
6	12.6	0.6		

图4-11

MOD函数与其他函数嵌套使用还可实现更多效果，例如从身份证号码中提取性别，如图4-12所示。

判断提取出的数字除以2是否等于0，若是，说明是偶数，返回“女”，否则返回“男”

=IF(MOD(MID(B2,17,1),2)=0,"女","男")

提取身份证号码的第17位数

C2　=IF(MOD(MID(B2,17,1),2)=0,"女","男")

	A	B	C	D	E
1	姓名	身份证号码	性别		
2	小乔	****************6*	女		
3	李广	****************5*	男		
4	吕布	****************7*	男		

身份证号码中第17位数代表性别，偶数性别为“女”，奇数性别为“男”

图4-12

4.1.6 计算商品折扣价——PRODUCT函数

PRODUCT函数可以计算数据的乘积。其参数为需要计算乘积的数字或包含数字的单元格或单元格引用。PRODUCT函数最多可设置255个参数，参数的设置方法如下。

=PRODUCT(❶要计算乘积的第一个值,❷要计算乘积的第二个值,…)

下面将使用PRODUCT函数根据商品的单价、数量以及折扣计算折后价格，如图4-13所示。

计算C2:E2区域中所有数值的乘积

=PRODUCT(C2:E2)

F2 =PRODUCT(C2:E2)

	A	B	C	D	E	F
1	商品编号	商品名称	单价	数量	折扣	折后价格
2	00815698	衬衫	¥299.00	2	0.88	¥526.24
3	03589721	夹克	¥480.00	2	0.99	¥950.40
4	66454212	轻薄羽绒服	¥560.00	1	0.9	¥504.00
5	02369986	工装羽绒服	¥973.00	2	0.75	¥1,459.50
6	00118855	西服上衣	¥665.00	1	0.98	¥651.70
7	33126699	西装裤	¥480.00	1	0.98	¥470.40
8	99885612	休闲裤	¥320.00	2	0.95	¥608.00
9	08985513	长款羽绒服	¥1,590.00	3	0.75	¥3,577.50
10	33658921	领带	¥199.00	5	0.95	¥945.25
11	10101150	西服套装	¥1,640.00	2	0.75	¥2,460.00

图4-13

知识链接：

逻辑值以及文本型数字作为常量参数时可以被计算，其中逻辑值TRUE代表“1”，FALSE代表“0”，文本型数字代表其自身大小的数字，例如“=PRODUCT(TRUE,"9")”将返回“9”。当常量参数中包含文本时，PRODUCT函数将返回错误值。

若逻辑值、文本以及文本型数字出现在数组或引用中，将被忽略如图4-14所示。

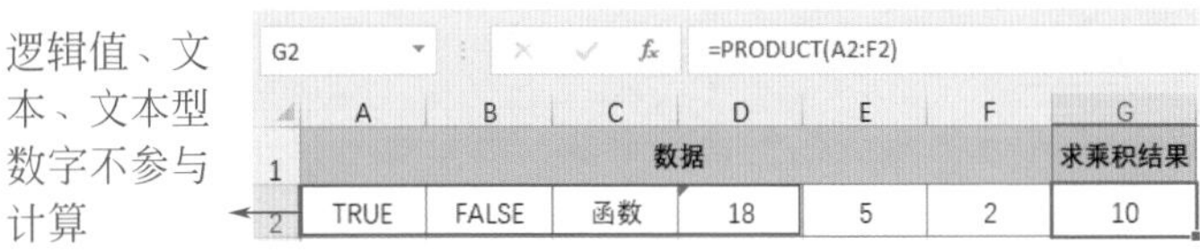

图4-14

4.1.7 根据单价和数量直接计算总销售额——SUMPRODUCT函数

SUMPRODUCT函数可以在给定的几组数组中，将数组之间对应的元素相乘，并返回乘积之和。SUMPRODUCT函数最多可设置255个参数，参数的设置方法如下。

=SUMPRODUCT(❶第一个数组或区域,❷第二个数组或区域,…)

下面将使用SUMPRODUCT函数根据商品价格和销售数量计算销售金额，如图4-15所示。

计算C2:C15和D2:D15区域内相对位置的商品价格和销售数量的乘积之和

=SUMPRODUCT(C2:C15,D2:D15)

D16 =SUMPRODUCT(C2:C15,D2:D15)

	A	B	C	D
1	商品类别	商品名称	商品价格	销售数量
2	碳酸饮料	无糖气泡水	¥5.80	28
3	果汁	果粒橙	¥6.60	31
4	碳酸饮料	柠檬汽水	¥3.20	22
5	优酸乳	AD钙奶	¥6.90	26
6	优酸乳	乳酸菌饮料	¥4.50	18
7	茶饮	蜜桃乌龙茶	¥4.80	11
8	茶饮	冰红茶	¥2.60	48
9	果汁	番茄汁饮料	¥3.20	24
10	运动饮料	维生素功能饮料	¥5.50	16
11	植物蛋白饮料	杏仁露	¥3.50	36
12	茶饮	茉莉花茶	¥4.50	20
13	植物蛋白饮料	椰子汁	¥7.50	41
14	植物蛋白饮料	核桃乳	¥6.30	32
15	果汁	混合果蔬汁	¥5.20	29
16	销售金额合计			¥1,916.10

图4-15

知识链接：

SUMPRODUCT函数默认执行的是乘法，但是也可以执行加、减或除法运算。将分隔参数的逗号替换为所需的算术运算符（+、-、*、/），即可求相应计算结果之和。

注意事项：

所有数组的维数或区域的大小必须一样，否则SUMPRODUCT函数将返回错误值，如图4-16所示。另外，非数值型的数组元素将作为0处理。

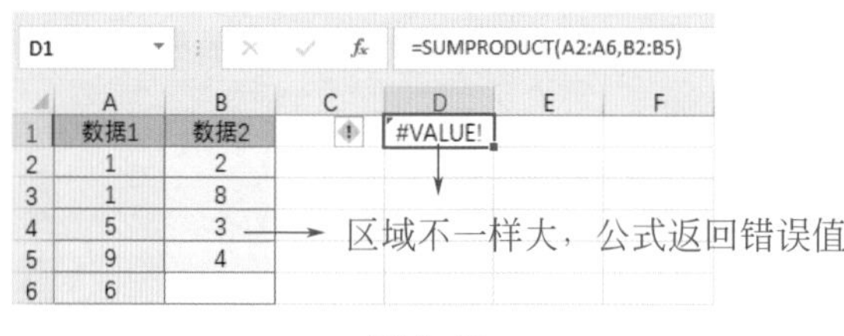

D1 =SUMPRODUCT(A2:A6,B2:B5)

	A	B	C	D	E	F
1	数据1	数据2		#VALUE!		
2	1	2				
3	1	8				
4	5	3				
5	9	4				
6	6					

图4-16

4.1.8 计算同期营业额的相差值——ABS函数

ABS函数可以返回数字的绝对值，即不带正、负号的数值。该函数只有一个参数，即要求绝对值的数字。

ABS函数经常被用来去除负数的负号。例如，计算不同年份同期营业额的相差值时，正常情况下存在一些负数值，如图4-17所示。而使用ABS函数则可去除负号，返回绝对值结果，如图4-18所示。

D2 =C2-B2

	A	B	C	D
1	月份	2020年（万元）	2021年（万元）	差值（万元）
2	1月	348	350	2
3	2月	875	713	-162
4	3月	846	170	-676
5	4月	730	179	-551
6	5月	335	814	479
7	6月	946	795	-151

图4-17

D2 =ABS(C2-B2)

	A	B	C	D
1	月份	2020年（万元）	2021年（万元）	差值（万元）
2	1月	348	350	2
3	2月	875	713	162
4	3月	846	170	676
5	4月	730	179	551
6	5月			479
7	6月			151

图4-18

ABS函数与IF函数组合编写公式可直观体现同期营业额的增长或

下降情况，如图4-19所示。

判断2021年是否比2020年数值大，若是则返回“增长”，否则返回“下降”

连接运算符连接后面ABS函数的返回结果

=IF(C2>B2,"增长","下降")&ABS(B2-C2)

D2 =IF(C2>B2,"增长","下降")&ABS(B2-C2)

	A	B	C	D	E
1	月份	2020年（万元）	2021年（万元）	差值（万元）	
2	1月	348	350	增长2	
3	2月	875	713	下降162	
4	3月	846	170	下降676	
5	4月	730	179	下降551	
6	5月	335	814	增长479	
7	6月	946	795	下降151	

图4-19

如果要在现有返回结果后面再增加单位“万元”，可以在公式后面再使用一个连接运算符，将公式变为“=IF(C2>B2,"增长","下降")&ABS(B2-C2)&"万元"”。

4.2 舍入函数

在Excel数据处理中，经常会用到数值取舍函数。面对不同的数据类型以及实际情况，对数据的舍入要求也不同，有时需要四舍五入，有时需要强制截取到指定位数等。下面将对常用的数值取舍函数进行详细讲解。

4.2.1 舍去金额中的零钱部分——INT函数

INT函数可以将数字向下舍入到最接近的整数。INT函数只有一个参数，即需要进行向下取舍的数字。例如，将7.8向下舍入到最接近的整数，公式为“=INT(7.8)”，结果为7。

INT函数可用来处理金额中的小数部分。假设在商品促销时，付款金额需要忽略小数部分，便可使用INT函数来处理，如图4-20、图4-21所示。

求实际金额

=SUM(E2:E10)

E11 =SUM(E2:E10)

	A	B	C	D	E
1	序号	商品名称	单价	数量	金额
2	01	食用油	109.9	1	109.9
3	02	曲奇饼干	86	2	172
4	03	红葡萄酒	138	2	276
5	04	黄酒	35	2	70
6	05	灌装奶粉	240.5	1	240.5
7	06	纯牛奶	66.2	1	66.2
8	07	酸奶	19.8	1	19.8
9	08	甜甜圈	6.6	3	19.8
10	09	洗面奶	82.5	1	82.5
11	实付金额				1056.7

图4-20

舍去小数部分

=INT(SUM(E2:E10))

E11 =INT(SUM(E2:E10))

	A	B	C	D	E
1	序号	商品名称	单价	数量	金额
2	01	食用油	109.9	1	109.9
3	02	曲奇饼干	86	2	172
4	03	红葡萄酒	138	2	276
5	04	黄酒	35	2	70
6	05	灌装奶粉	240.5	1	240.5
7	06	纯牛奶	66.2	1	66.2
8	07	酸奶	19.8	1	19.8
9	08	甜甜圈	6.6	3	19.8
10	09	洗面奶	82.5	1	82.5
11	实付金额				1056

图4-21

INT函数也可用于提取日期值。由于日期和时间的实质是数字，因此日期在常规格式下会以整数的形式显示，时间以小数的形式显示，所以用INT函数可以从日期和时间值中提取日期，如图4-22所示。

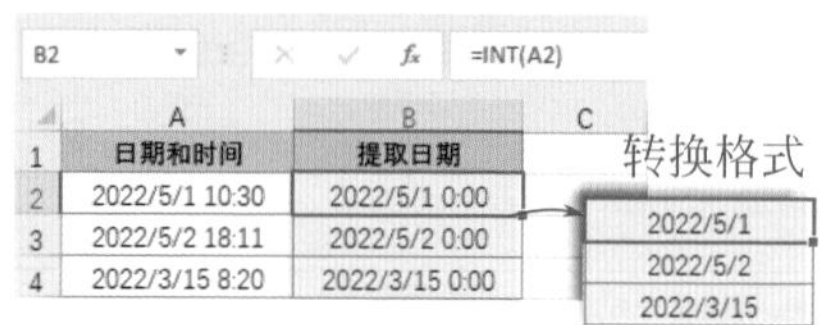

B2 =INT(A2)

	A	B	C
1	日期和时间	提取日期	
2	2022/5/1 10:30	2022/5/1 0:00	
3	2022/5/2 18:11	2022/5/2 0:00	
4	2022/3/15 8:20	2022/3/15 0:00	

图4-22

4.2.2 将平均单价四舍五入保留1位小数——ROUND函数

ROUND函数可以对指定的数值进行四舍五入。ROUND函数有两个参数，参数的设置方法如下。

可以是正数、0或负数

=ROUND(❶要四舍五入的值,❷要保留的小数位数)

下面将使用ROUND函数将平均单价四舍五入保留1位小数（要保留几位小数，把第2参数设置成数字几即可），如图4-23所示。

保留1位小数

=ROUND(D2,1)

E2 =ROUND(D2,1)

	A	B	C	D	E
1	商品名称	本月销量	销售金额	平均单价	四舍五入保留1位小数
2	商品1	55	9574	174.0727273	174.1
3	商品2	17	3616	212.7058824	212.7
4	商品3	30	2108	70.26666667	70.3
5	商品4	16	7287	455.4375	455.4

图4-23

ROUND函数的第2参数不可忽略。若想去掉所有小数，四舍五入到整数部分，可将第2参数设置为0，如图4-24所示。

若将第2参数设置为负数，则会从小数点左侧（整数部分）四舍五入到指定位数，如图4-25所示。

舍去所有小数，四舍五入到整数部分

=ROUND(D2,0)

E2 =ROUND(D2,0)

	A	B	C	D	E
1	商品名称	本月销量	销售金额	平均单价	四舍五入保留整数
2	商品1	55	9574	174.0727273	174
3	商品2	17	3616	212.7058824	213
4	商品3	30	2108	70.26666667	70
5	商品4	16	7287	455.4375	455

图4-24

对整数部分四舍五入到第1位数

=ROUND(D2,-1)

E2 =ROUND(D2,-1)

	A	B	C	D	E
1	商品名称	本月销量	销售金额	平均单价	四舍五到小数点左侧第1位数
2	商品1	55	9574	174.0727273	170
3	商品2	17	3616	212.7058824	210
4	商品3	30	2108	70.26666667	70
5	商品4	16	7287	455.4375	460

图4-25

4.2.3 将投资收益取整——TRUNC函数

TRUNC函数可将数字的小数部分截去，只保留整数，或保留指定的小数位数。TRUNC函数不遵循四舍五入原则，对数值进行强制截取。TRUNC函数有两个参数，参数的设置方法如下。

可忽略，忽略时默认为0，即截尾到整数部分

=TRUNC(❶要截尾的数字,❷保留的小数位数)

下面将使用TRUNC函数对投资的收益金进行取整，如图4-26所示。若要保留指定位数的小数，则在第2参数位置设置相应数字，如图4-27所示。

截取小数，保留整数

=TRUNC(C2)

D2 =TRUNC(C2)

	A	B	C	D
1	日期	项目	收益	取整
2	2022/3/1	投资1	208.578	208
3	2022/3/1	投资2	157.23	157
4	2022/3/1	投资3	24.963	24
5	2022/3/1	投资4	-50.7	-50
6	2022/3/1	投资5	188	188
7	2022/3/1	投资6	-712.25	-712

图4-26

保留1位小数

=TRUNC(C2,1)

D2 =TRUNC(C2,1)

	A	B	C	D
1	日期	项目	收益	取整
2	2022/3/1	投资1	208.578	208.5
3	2022/3/1	投资2	157.23	157.2
4	2022/3/1	投资3	24.963	24.9
5	2022/3/1	投资4	-50.7	-50.7
6	2022/3/1	投资5	188	188
7	2022/3/1	投资6	-712.25	-712.2

图4-27

TRUNC函数与ROUND函数一样，也可将第2参数设置为负数，以达到对整数部分截尾的效果。例如截去销售金额中百位以内的值，如图4-28所示。

截去整数的后面3位数

=TRUNC(E2*D2,-3)

G2 =TRUNC(E2*D2,-3)

	A	B	C	D	E	F	G
1	销售员	负责地区	产品名称	产品单价	销售数量	销售金额	销售概算
2	苏威	淮北	制冰机	4398	91	400218	400000
3	李超越	淮北	消毒柜	2108	47	99076	99000
4	李超越	淮北	制冰机	2460	32	78720	78000
5	蒋钦	华东	风淋机	880	43	37840	37000

图4-28

知识链接：

TRUNC函数和INT函数都可返回整数，两者只有在作用于负数时才会体现出不同。例如=TRUNC(-5.2)返回-5，而=INT(-5.2)返回-6，因为-6是更小的数字。

4.2.4 计算车辆租赁计费时长——ROUNDUP函数

ROUNDUP函数可以向上舍入数字，即使要舍去的首位数小于5也进位加1。例如7.2向上舍去1位小数，将返回8。

ROUNDUP函数有两个参数，参数的设置方法如下。

不可忽略，舍入到整数部分时，设置该参数为0

=ROUNDUP(❶要向上舍入的数字,❷要保留的小数位数)

下面将使用ROUNDUP函数对租车时长进行向上舍入，例如超过1小时不满2小时按2小时计费，如图4-29所示。

向上舍入到整数部分

=ROUNDUP(C2,0)

D2 =ROUNDUP(C2,0)

	A	B	C	D
1	编号	车辆类型	租车时长（小时）	计费时长（小时）
2	01	两门	2.5	3
3	02	商务	5.1	6
4	03	经济	0.8	1
5	04	商务	6.6	7
6	05	两门	8.7	9
7	06	豪华	3.2	4

图4-29

知识链接：

当第2参数为负数时将从小数点左侧舍入，例如=ROUNDUP(35521,-2)，返回结果为“35600”。

ROUNDUP函数经常与其他函数嵌套使用，按要求对返回的值进行取舍，例如统计所有“商务”车的租车时长，并将时长向上舍入到整小时，如图4-30所示。

统计所有“商务”类型的车辆租车总时长

=ROUNDUP(SUMIF(B2:B7,"商务",C2:C7),0)

F2 =ROUNDUP(SUMIF(B2:B7,"商务",C2:C7),0)

	A	B	C	D	E	F
1	编号	车辆类型	租车时长（小时）	计费时长（小时）		商务车（租车时长）
2	01	两门	2.5	3		12
3	02	商务	5.1	6		
4	03	经济	0.8	1		
5	04	商务	6.6	7		
6	05	两门	8.7	9		
7	06	豪华	3.2	4		

图4-30

4.2.5 对食品成分含量进行舍入处理——ROUNDDOWN函数

ROUNDDOWN函数和ROUNDUP函数的作用相反，它可以向下（绝对值减小的方向）舍入数字。即使要舍去的首位数大于5也不进位，而是直接舍去。例如7.9向下舍去1位小数，将返回7。该函数的参数设置方法与ROUNDUP函数相同。

下面将使用ROUNDDOWN函数对不同食品的各类成分值进行向下舍入，保留1位小数，如图4-31所示。

向下舍入数值，保留1位小数

=ROUNDDOWN(C2,1)

	A	B	C	D	E	F	G	H	I	J	K
1	食品名称	参考单位	蛋白质	脂肪	糖		食品名称	参考单位	蛋白质	脂肪	糖
2	米雪饼	100g	6.769	0.8425	76.5		米雪饼	100g	6.7		
3	烤馍片	100g	6.133	0.21	49.036		烤馍片	100g			
4	手撕包	100g	7.3896	5.872	93.55		手撕包	100g			
5	纯牛奶	100g	3.333	3.6992	6.1		纯牛奶	100g			

	A	B	C	D	E	F	G	H	I	J	K
1	食品名称	参考单位	蛋白质	脂肪	糖		食品名称	参考单位	蛋白质	脂肪	糖
2	米雪饼	100g	6.769	0.8425	76.5		米雪饼	100g	6.7	0.8	76.5
3	烤馍片	100g	6.133	0.21	49.036				6.1	0.2	49
4	手撕包	100g	7.3896	5.872	93.55				7.3	5.8	93.5
5	纯牛奶	100g	3.333	3.6992	6.1				3.3	3.6	6.1

图4-31

使用数组公式可以一次性地返回多个舍入结果，先选中要输入公式的区域，然后在起始单元格中输入公式“=ROUNDDOWN(C2:E5,1)”，如图4-32所示。按下【Ctrl+Shift+Enter】组合键即可返回结果，如图4-33所示。

图4-32

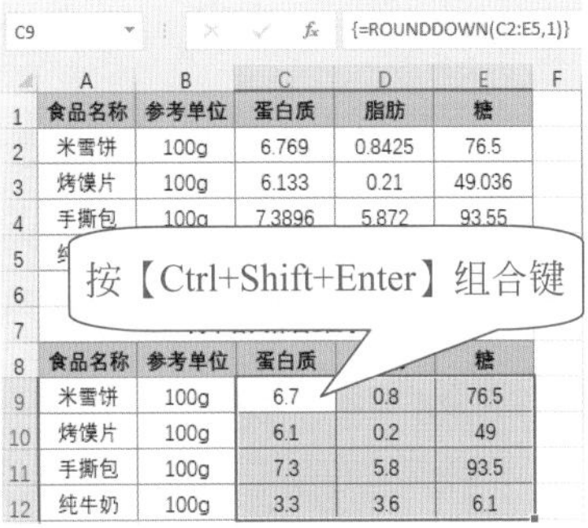

图4-33

4.2.6 计算业绩提成金额——FLOOR函数

FLOOR函数的功能是将数值向下舍入（沿绝对值减小的方向）为最接近的指定基数的倍数。FLOOR函数有两个参数，参数的设置方法如下。

=FLOOR(❶需要进行舍入运算的数值,❷倍数)

FLOOR函数的基本用法不太好理解，下面将通过几个简单的示例进行说明，见表4-1。

表4-1

公式	说明	返回值
=FLOOR(9,2)	将9向下舍入到最接近的2的倍数	8
=FLOOR(−7,−3)	将−7向下舍入（沿绝对值减小的方向）到最接近的−3的倍数	−6
=FLOOR(2.5,0.2)	将2.5向下舍入到最接近的0.2的倍数	2.4
=FLOOR(10,−5)	两个参数的符号不同，返回错误值	#NUM!
=FLOOR(4,6)	第2参数比第1参数大，返回0	0

下面将使用FLOOR函数计算业绩提成。假设当实际完成业绩超出

目标业绩1000元时可获得200元提成，可以先编写公式计算超出目标业绩时的提成，如图4-34所示。

注意：

若实际完成业绩低于目标业绩，则会返回负数。

利用ABS函数将D2-C2的结果转换成绝对值，可将FLOOR函数的返回值变为0，从而将负数结果变成0，如图4-35所示。

求可计算奖金的金额　包含了几个1000元

=FLOOR(D2-C2,1000)/1000*200

每1000元可得200元奖金

E2 　=FLOOR(D2-C2,1000)/1000*200

	A	B	C	D	E
1	序号	业务员	目标业绩	实际完成业绩	业绩提成
2	1	周淼	8000	15000	1400
3	2	吴宇	9000	9800	0
4	3	赵波	7000	8000	200
5	4	蒋芳	8000	7600	-200
6	5	李丹			600
7	6	陈子林			2600
8	7	孙晓霞			800

包含负数值

图4-34

求绝对值

=FLOOR(ABS(D2-C2),1000)/1000*200

E2 　=FLOOR(ABS(D2-C2),1000)/1000*200

	A	B	C	D	E
1	序号	业务员	目标业绩	实际完成业绩	业绩提成
2	1	周淼	8000	15000	1400
3	2	吴宇	9000	9800	0
4	3	赵波	7000	8000	200
5	4	蒋芳	8000	7600	0
6	5	李丹	8000	11300	600
7	6	陈子林	10000	23000	2600
8	7	孙晓霞	8000	12000	800

图4-35

4.2.7 计算包装是否达到最大容量——EVEN函数

EVEN函数可以将正数向上舍入到最接近的偶数，将负数向下舍入到最接近的偶数。EVEN函数只有一个参数，即需要取偶的数值。

EVEN函数的基本应用见表4-2。

表4-2

公式	公式分析	返回结果
=EVEN(5)	将5向上舍入到最接近的偶数	6
=EVEN(6.4)	将6.4向上舍入到最接近的偶数	8
=EVEN(-3)	将-3向下舍入到最接近的偶数	-4
=EVEN(0.2)	将0.2向上舍入到最接近的偶数	2

续表

公式	公式分析	返回结果
=EVEN(8)	将8向上舍入到最接近的偶数	8
=EVEN(TRUE)	TRUE代表1，将1向上舍入到最接近的偶数	2
=EVEN(FALSE)	FALSE代表0，将0向上舍入到最接近的偶数	0

EVEN函数可用来处理成对出现的项目。例如，一个包装箱一排可以装两件货物。将这些货物的数目向上舍入到最接近的偶数，只有当该值与包装箱的容量一致时，包装箱才会装满。下面将使用EVEN函数和IF函数嵌套，判断每排是否装满，如图4-36所示。

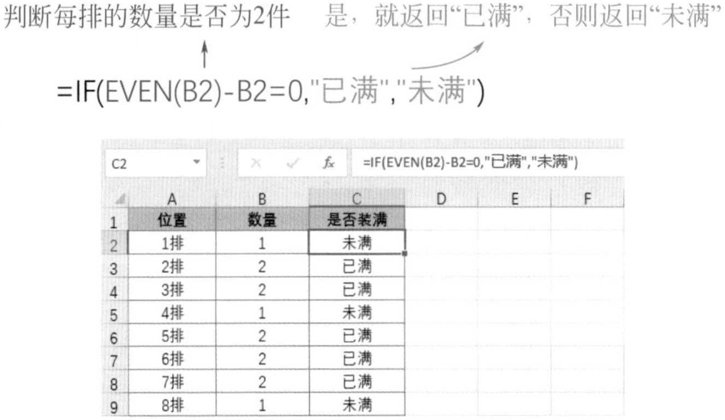

判断每排的数量是否为2件　是，就返回“已满”，否则返回“未满”

=IF(EVEN(B2)-B2=0,"已满","未满")

C2　=IF(EVEN(B2)-B2=0,"已满","未满")

	A	B	C	D	E	F
1	位置	数量	是否装满			
2	1排	1	未满			
3	2排	2	已满			
4	3排	2	已满			
5	4排	1	未满			
6	5排	2	已满			
7	6排	2	已满			
8	7排	2	已满			
9	8排	1	未满			

图4-36

4.2.8　将发货数量补充为奇数——ODD函数

ODD函数和EVEN函数的用法类似，区别是ODD函数将数值向上舍入（沿绝对值增大的方向）到最接近的奇数。ODD函数只有唯一的参数，即需要舍入的数值。

ODD函数的基本用法见表4-3。

表4-3

公式	公式分析	返回结果
=ODD(5)	将5向上舍入到最接近的奇数	5
=ODD(6.4)	将6.4向上舍入到最接近的奇数	7

续表

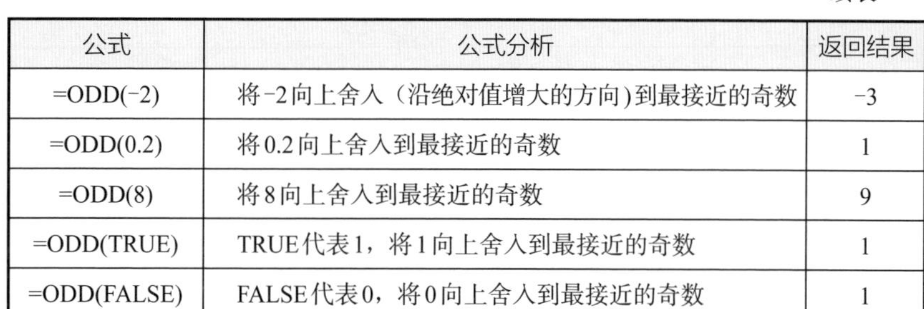

公式	公式分析	返回结果
=ODD(-2)	将-2向上舍入（沿绝对值增大的方向）到最接近的奇数	-3
=ODD(0.2)	将0.2向上舍入到最接近的奇数	1
=ODD(8)	将8向上舍入到最接近的奇数	9
=ODD(TRUE)	TRUE代表1，将1向上舍入到最接近的奇数	1
=ODD(FALSE)	FALSE代表0，将0向上舍入到最接近的奇数	1

注意事项：

当ODD函数的参数为文本时将返回“#VALUE!”错误值。文本型数字可以被计算。

ODD函数可避免数据成对出现。例如当发货数量为偶数时需要补充发货，下面将使用ODD函数计算补充发货的数量，如图4-37所示。

将发货数量向上舍入到最接近的奇数

=ODD(C2)-C2

D2　=ODD(C2)-C2

	A	B	C	D	E
1	序号	客户名称	发货数量	补充数量	
2	01	A客户	38	1	
3	02	B客户	12	1	
4	03	C客户	22	1	
5	04	D客户	19	0	
6	05	E客户	55	0	

图4-37

4.3 随机数函数

使用Excel时经常会用到随机值，例如随机安排值班表、制作随机抽奖器、随机生成指定位数的密码等。下面将对常见的随机函数的用法进行详细讲解。

4.3.1 随机安排选手入场顺序——RAND函数

RAND函数可以返回大于等于0且小于1的平均分布随机数。该函数比较特殊，它没有参数。若试图为其设置参数，将弹出如图4-38所示的对话框。

直接在单元格中输入“=RAND()”，按下【Enter】键后便可生成一个随机值，按【F9】键可对随机值进行刷新，如图4-39所示。

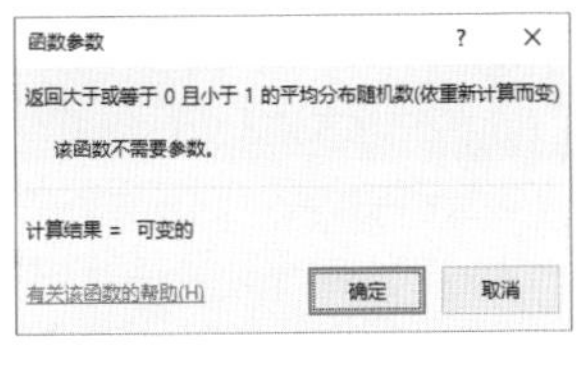

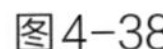
图4-38

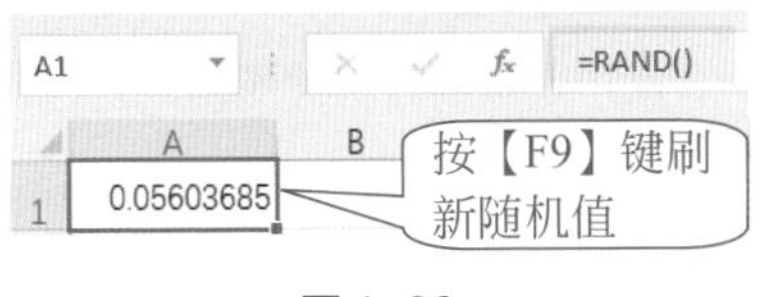

图4-39

下面将使用RAND函数作为辅助，为每位选手随机安排入场顺序。首先创建辅助列，用“=RAND()”生成一组随机值，如图4-40所示。然后用RANK函数为随机值排名，从而根据选手人数生成随机的入场顺序，如图4-41所示。

D2 =RAND()

选手姓名	性别	入场顺序	辅助列
张开奈	男		0.753524
吴宇森	男		0.982299
周波	男		0.492309
赵楷	男		0.063631
陈夏明	男		0.777328
刘薇	女		0.559284
孙海波	男		0.241482
尹正男	女		0.456051
姜青云	男		0.694579
宋瑶	女		0.752117
董尧尧	女		0.624853

图4-40

C2 =RANK(D2,$D$2:$D$12)

选手姓名	性别	入场顺序	辅助列
张开奈	男	3	0.833058
吴宇森	男	9	0.400211
周波	男	7	0.45819
赵楷	男	6	0.561971
陈夏明	男	10	0.231884
刘薇	女	11	0.033258
孙海波	男	2	0.934904
尹正男	女	5	0.605722
姜青云	男	8	0.445759
宋瑶	女	4	0.788543
董尧尧	女	1	0.97947

确定顺序后可将公式复制成“值”，避免顺序被刷新

图4-41

4.3.2 随机生成6位数密码——RANDBETWEEN函数

RANDBETWEEN函数可以返回一个介于指定数字之间的随机数（整数），例如返回1～100之间的随机数字。RANDBETWEEN函数有两个参数，参数的设置方法如下。

=RANDBETWEEN(❶随机值的下限,❷随机值的上限)

假设需要生成50个1～100之间的随机数，可以先选中单元格区域，在首个单元格中输入公式“=RANDBETWEEN(1,100)”，如图4-42所示。随后按【Ctrl+Enter】组合键即可返回1～100之间的随机数，如图4-43所示。

注意事项：

使用此方法生成的随机值可能会存在重复值。

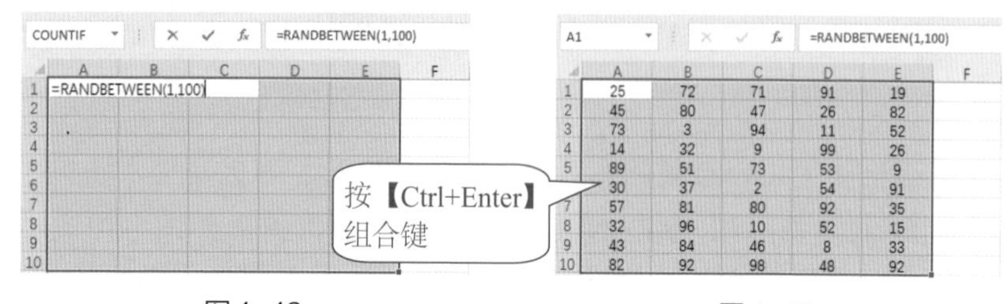

图4-42　　图4-43

下面将使用RANDBETWEEN函数生成6位数随机密码，如图4-44所示。这个公式的原理是生成最小的6位数（100000）和最大的6位数（999999）之间的随机数。

生成100000～999999之间的随机值

=RANDBETWEEN(100000,999999)

C2　=RANDBETWEEN(100000,999999)

使用部门	账号	初始密码
财务部	nnjdssf0101	912376
业务部	nnjdssf0102	726012
生产部	nnjdssf0103	754386
人事部	nnjdssf0104	218516
客服部	nnjdssf0105	851125

图4-44

知识链接：

使用这个公式生成的密码有一定局限性，比如无法生成以0开头的密码。若想让生成的密码中包含以0开头的密码，可以使用如下公式。

用TEXT函数为生成的随机值指定格式

=TEXT(RANDBETWEEN(0,999999),"000000")

初试锋芒

本章主要介绍了常用的数学函数，例如求和函数、除余函数、乘积函数、数值取舍函数、随机函数等。一起来做一做下面的测试题，检验一下学习成果吧！

用户需要根据如图4-45所示的产品出库数据，统计“1季度”且产品名称最后一个字是“粉”的出库数量。

	A	B	C	D	E	F	G
1	季度	产品名称	出库数量		条件1	1季度	
2	3季度	酸辣粉	6597		条件2	最后一个字是"粉"	
3	1季度	零食礼包	3856		出库数量		
4	1季度	螺蛳粉	5168				
5	1季度	酸辣粉	5883				
6	4季度	螺蛳粉	7525				
7	4季度	酸辣粉	6774				
8	4季度	坚果礼盒	5682				
9	4季度	螺蛳粉	6759				
10	1季度	自嗨锅	7841				
11	3季度	坚果礼盒	3088				
12	4季度	螺蛳粉	7039				
13	2季度	自嗨锅	6052				
14	1季度	自嗨锅	9200				

Sheet1

图4-45

操作难度

★★☆☆☆

操作提示

（1）用SUMIFS函数编写公式。

（2）最后一个字是“粉”，可以将条件设置为“*粉”。

操作结果

是否顺利完成操作？　是□　否□，用时________分钟

操作用时遇到的问题：

____

____

____

扫码观看
本章视频

第5章 明辨是非的逻辑函数

逻辑函数是一类用来判断值的真假的函数，在Excel中有着广泛的应用。除了使用频率高的IF函数，Excel中还包含很多其他逻辑函数，例如AND、OR、NOT等。本章将对常用逻辑函数的用法进行详细介绍。

5.1 逻辑判断函数

工作中经常会进行各种判断或比较，使用逻辑函数可以返回各种逻辑判断结果。逻辑判断的结果只有两种，即TRUE（逻辑真）和FALSE（逻辑假），下面将从简单的逻辑函数开始学习。

5.1.1 判断员工是否具备晋升资格——AND函数

AND函数用于检查所有条件是否均为TRUE。AND函数的参数是1～255个结果为TRUE或FALSE的检测条件。当所有检测条件均为TRUE时，公式返回TRUE；只要有一个检测条件为FALSE，公式便返回FALSE。

例如，“=AND(1<2,0<1)”公式中包含了2个检测条件，结果均为TRUE，所以公式返回TRUE；“=AND(1>2,0<1,3<2)”公式中包含了3个检测条件，其中有1个结果为FALSE，所以公式返回FALSE。

假设根据员工的各项考核成绩判断是否具备晋升资格。具体要求为：所属部分为“财务部”，业务水平、领导能力、综合能力均在8分以上才具备晋升资格。根据要求，AND函数需要设置4个参数，具体公式如图5-1所示。

所属部门为“财务部”，其他考核成绩均大于8，所有条件都成立时返回TRUE（是），有一个条件不成立时返回FALSE（否）

=AND(B2="财务部",C2>8,D2>8,E2>8)

F2　=AND(B2="财务部",C2>8,D2>8,E2>8)

	A	B	C	D	E	F
1	姓名	所属部门	业务水平	领导能力	综合能力	是否具备晋升资格
2	陈丹	业务部	7.8	7.2	8.8	FALSE
3	李子阳	财务部	8	4.3	6.5	FALSE
4	赵恺	业务部	8	6.5	7.3	FALSE
5	刘黎明	财务部	5	8.2	7.2	FALSE
6	张峰	设计部	6.6	8.5	7.5	FALSE
7	于文强	财务部	9.5	7.6	8.9	FALSE
8	周晓波	财务部	9.2	8.9	9.3	TRUE
9	董瑶	设计部	8.3	5.6	7.5	FALSE

所有条件都成立，返回TRUE

图5-1

5.1.2 判断考生是否有一项成绩考了满分——OR函数

OR函数用于判断所有条件中是否至少包含一个TRUE，其参数的设置方法和AND函数相同。参数中只要有一个条件返回TRUE，则公式返回TRUE；只有当所有条件全部返回FALSE时，公式才返回FALSE。

例如，“=AND(1<2,0>1,5<2)”公式中包含了3个检测条件，其中有一个返回TRUE，所以公式返回TRUE；“=AND(1>2,0>1)”公式中包含了2个检测条件，结果均为FALSE，所以公式返回FALSE。

下面将使用OR函数判断各科成绩中是否有一门考了满分（100分），具体公式如图5-2所示。

判断所有条件中是否至少有一个成立，有一个成立便返回TRUE，全部不成立时返回FALSE

=OR(B2=100,C2=100,D2=100)

E2 =OR(B2=100,C2=100,D2=100)

	A	B	C	D	E
1	姓名	计算机应用基础	应用文写作	企业网络综合管理	是否包含满分
2	刘洋洋	81	89	49	FALSE
3	吴磊	100	64	88	TRUE
4	郑凯	99	85	47	FALSE
5	王玉喜	61	51	48	FALSE
6	周波	77	100	80	TRUE
7	陈念念	91	52	70	FALSE
8	薛晓梅	84	95	42	FALSE
9	刘若曦	67	92	90	FALSE

图5-2

AND函数、OR函数以及NOT函数很少单独使用，这些逻辑函数通常会跟其他函数嵌套完成条件更复杂的判断。例如用OR函数与LEN函数嵌套，判断手机号码位数是否准确，如图5-3所示。

判断手机号码是否为11位数，返回TRUE或FALSE

=OR(LEN(B2)=11)

C2 =OR(LEN(B2)=11)

	A	B	C
1	姓名	手机号码	位数是否准确
2	龚先功	15168**770	FALSE
3	温小姐	13116**0556	TRUE

图5-3

知识链接：

LEN函数的作用是统计指定字符串所包含的字符数量。

5.1.3 判断面试者性别是否符合要求——NOT函数

NOT函数可以对参数的逻辑值求反，当参数为TRUE时，NOT函数返回FALSE；当参数为FALSE时，NOT函数返回TRUE。例如=NOT(1+1=2)，由于1+1=2的结果为2，是正确的，该参数的结果为TRUE，那么NOT函数的求反结果是与参数结果相反的，因此公式返回FALSE。当要确保一个值不等同于另一个值时，可以使用NOT函数。

NOT函数的参数设置方法与AND函数、OR函数不同。NOT函数只能设置一个参数，若设置的参数超过一个，将无法返回结果，并弹出警告对话框，如图5-4所示。

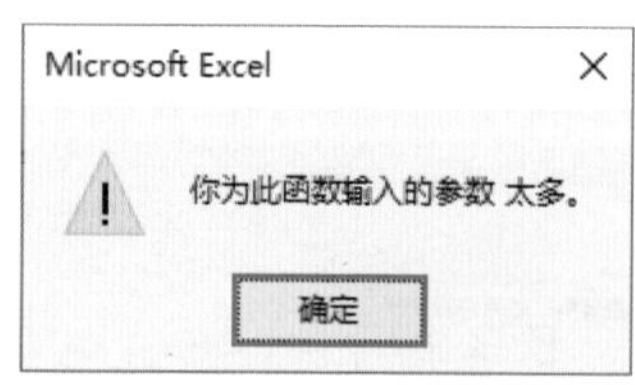

图5-4

假设工厂需要招聘一批男性操作工，使用NOT函数可以从众多面试信息中先排除女性信息，如图5-5所示。

对条件进行求反，当性别为“女”时，NOT函数返回FALSE

=NOT(C2="女")

E2 =NOT(C2="女")

	A	B	C	D	E
1	序号	姓名	性别	年龄	根据性别筛选
2	01	黄小新	男	25	TRUE
3	02	马雨轩	男	16	TRUE
4	03	周伟彤	女	17	FALSE
5	04	林翔宇	男	30	TRUE
6	05	梦若轩	女	22	FALSE

图5-5

知识链接：

使用两个NOT函数嵌套可返回相反的结果，若“=NOT(C2="女")”返回TRUE，那么“=NOT(NOT(C2="女"))”将返回FALSE。

由于NOT函数只能设置一个参数，若想对多个条件执行求反，可与AND函数或OR函数嵌套使用。假设需要招聘条件为“男”性，且年龄满20岁，可以用NOT函数与AND函数嵌套编写公式，如图5-6所示。

两个NOT函数必须全部返回TRUE，AND函数才返回TRUE，否则返回FALSE

=AND(NOT(C2="女"),NOT(D2<20))

E2 =AND(NOT(C2="女"),NOT(D2<20))

	A	B	C	D	E
1	序号	姓名	性别	年龄	是否符合要求
2	01	黄小新	男	25	TRUE
3	02	马雨轩	男	16	FALSE
4	03	周伟彤	女	17	FALSE
5	04	林翔宇	男	30	TRUE
6	05	梦若轩	女	22	FALSE

图5-6

5.2 直观呈现逻辑判断结果

IF函数被评为Excel中最常用的函数之一，它可以判断指定条件是否成立，当条件成立时将返回一个指定的值，当条件不成立时则返回另外一个指定值。第2章中对IF函数的基本用法进行了详细介绍，此处不再赘述。下面将通过案例对IF函数在实际工作中的应用进行全面分析。

5.2.1 根据综合考评分数自动输入评语——IF函数

IF函数循环嵌套可实现多次判断，下面将利用这一特质根据幼儿综合分数自动输入评语，如图5-7所示。

第1次判断，判断综合分数是否大于等于25，若是则返回G13单元格中的值，否则再进行第2次判断

第3次判断，判断综合分数是否大于等于16，若是则返回G15单元格中的值，否则返回G16单元格中的值

=IF(F2>=25,$G$13,IF(F2>=20,$G$14,IF(F2>=16,$G$15,$G$16)))

第2次判断，判断综合分数是否大于等于20，若是则返回G14单元格中的值，否则再进行第3次判断

G2 =IF(F2>=25,$G$13,IF(F2>=20,$G$14,IF(F2>=16,$G$15,$G$16)))

	A	B	C	D	E	F	G
1	序号	姓名	体能	语言	协作	综合分数	老师评语
2	1	月月	9	6	8	23	你是聪明伶俐的宝贝!
3	2	心仪	5	3	5	13	加油宝贝，你是最棒的!
4	3	怡宝	4	3	8	15	加油宝贝，你是最棒的!
5	4	菲儿	9	5	6	20	你是聪明伶俐的宝贝!
6	6	依依	9	7	8	24	你是聪明伶俐的宝贝!
7	7	亮亮	4	4	10	18	希望胆量和勇气伴随你!
8	8	小西	10	8	8	26	宝贝，出类拔萃!
9	9	沐沐	10	4	4	18	希望胆量和勇气伴随你!
10	10	西西	6	8	5	19	希望胆量和勇气伴随你!
11							
12					分数对应的评语		
13					大于等于25		宝贝，出类拔萃!
14					20至24		你是聪明伶俐的宝贝!
15					16至19		希望胆量和勇气伴随你!
16					小于等于15		加油宝贝，你是最棒的!
17							

图5-7

本例将综合分数分了4个等级，至少需要使用3个IF函数执行了3次判断才能返回4种结果。

5.2.2 判断综合评分是否低于平均值——IF函数

IF函数与AVERAGE函数嵌套使用，可将平均值判断的相关结果转换成直观的文字。本例将用这两个函数把低于平均值的综合评分用文字标识出来。

为了便于理解，下面分两个步骤编写公式。首先用AVERAGE函数判断当前评分是否低于平均分，公式将返回逻辑值，如图5-8所示。

求综合评分的平均值　当前综合评分是否小于平均值

=AVERAGE($F$2:$F$10)>F2

G2 =AVERAGE($F$2:$F$10)>F2

	A	B	C	D	E	F	G
1	序号	姓名	体能	语言	协作	综合评分	是否低于平均值
2	1	月月	9	6	8	23	FALSE
3	2	心仪	5	3	5	13	TRUE
4	3	怡宝	4	3	8	15	TRUE
5	4	菲儿	9	5	6	20	FALSE
6	6	依依	9	7	8	24	FALSE
7	7	亮亮	4	4	10	18	TRUE
8	8	小西	10	8	8	26	FALSE
9	9	沐沐	10	4	4	18	TRUE
10	10	西西	6	8	5	19	TRUE

图5-8

综合评分小于平均值时返回"低于平均值"　否则返回空值

=IF(AVERAGE($F$2:$F$10)>F2,"低于平均值","")

G2　=IF(AVERAGE($F$2:$F$10)>F2,"低于平均值","")

序号	姓名	体能	语言	协作	综合评分	是否低于平均值
1	月月	9	6	8	23	
2	心仪	5	3	5	13	低于平均值
3	怡宝	4	3	8	15	低于平均值
4	菲儿	9	5	6	20	
6	依依	9	7	8	24	
7	亮亮	4	4	10	18	低于平均值
8	小西	10	8	8	26	
9	沐沐	10	4	4	18	低于平均值
10	西西	6	8	5	19	低于平均值

图5-9

注意事项：

IF函数的第2参数或第3参数为一对引号时，表示返回空值（图5-9）。需要注意的是：双引号需要在英文输入法下输入才有效；若在中文输入法下输入引号，公式将返回错误值。另外，若忽略第2参数或第3参数，当满足相应条件时公式将返回0。

5.2.3 判断食品添加剂含量是否超标——IF函数

本例要判断各项产品的食品添加剂含量是否超标，要求所有添加剂的含量全部符合标准时判断为"未超标"，只要有一项超标时判断为"超标"。为了便于理解，将公式拆解为3个部分。首先用AND函数判断产品的各项添加剂含量是否全部符合标准，如图5-10所示。

所有条件成立时返回TRUE，只要有一个条件不成立时返回FALSE

=AND(B2<1,C2<0.025,D2<0.2,E2<1)

F2　=AND(B2<1,C2<0.025,D2<0.2,E2<1)

产品名称	双乙酸钠	二氧化硅	亚硫酸钠	糖精钠	是否超标
A产品	0.25	0.001	0.08	0.8	TRUE
B产品	0.33	0.005	0.14	0.85	TRUE
C产品	0.05	0.003	0.08	0.43	TRUE
D产品	0.08	0.301	0.05	0.9	FALSE
E产品	0.8	0.006	0.02	0.6	TRUE
F产品	0.6	0.002	0.03	0.43	TRUE
G产品	3.5	0.005	0.06	0.65	FALSE

添加剂含量参考表

名称	功能	最大使用量（g/kg）
双乙酸钠	防腐剂	1
二氧化硅	抗结剂	0.025
亚硫酸钠	抗氧化剂	0.2
糖精钠	甜味剂	1

图5-10

由于要判断是否超标，所以要用NOT函数对逻辑值求反，如图5-11所示。

最后使用IF函数将判断结果转换成指定文本，如图5-12所示。

对逻辑值求反

=NOT(AND(B2<1,C2<0.025,D2<0.2,E2<1))

F2　=AND(B2<1,C2<0.025,D2<0.2,E2<1)

	A	B	C	D	E	F
1	产品名称	双乙酸钠	二氧化硅	亚硫酸钠	糖精钠	是否超标
2	A产品	0.25	0.001	0.08	0.8	TRUE
3	B产品	0.33	0.005	0.14	0.85	TRUE
4	C产品	0.05	0.003	0.08	0.43	TRUE
5	D产品	0.08	0.301	0.05	0.9	FALSE
6	E产品	0.8	0.006	0.02	0.6	TRUE
7	F产品	0.6	0.002	0.03	0.43	TRUE
8	G产品	3.5	0.005	0.06	0.65	FALSE

图5-11

=IF(NOT(AND(B2<1,C2<0.025,D2<0.2,E2<1)),"超标","未超标")

F2　=IF(NOT(AND(B2<1,C2<0.025,D2<0.2,E2<1)),"超标","未超标")

	A	B	C	D	E	F	G	H	I	J
1	产品名称	双乙酸钠	二氧化硅	亚硫酸钠	糖精钠	是否超标		添加剂含量参考表		
2	A产品	0.25	0.001	0.08	0.8	未超标		名称	功能	最大使用量（g/kg）
3	B产品	0.33	0.005	0.14	0.85	未超标		双乙酸钠	防腐剂	1
4	C产品	0.05	0.003	0.08	0.43	未超标		二氧化硅	抗结剂	0.025
5	D产品	0.08	0.301	0.05	0.9	超标		亚硫酸钠	抗氧化剂	0.2
6	E产品	0.8	0.006	0.02	0.6	未超标		糖精钠	甜味剂	1
7	F产品	0.6	0.002	0.03	0.43	未超标				
8	G产品	3.5	0.005	0.06	0.65	超标				

图5-12

知识链接：

若要简化公式，也可省略NOT函数，将公式编写为=IF(AND(B2<1,C2<0.025,D2<0.2,E2<1),"未超标","超标")。

5.2.4　根据性别和年龄判断是否为退休人员——IF函数

目前我国男女退休年龄是不同的，当需要判断某人是否退休时需要考虑性别和年龄两个因素。下面以男性60岁退休、女性55岁退休为例，根据人员信息判断是否为退休人员。

公式中需要用到AND函数、OR函数以及IF函数，公式的具体编写方法如图5-13所示。

判断“男”、大于等于“60”这两个条件是否同时成立，返回TRUE或FALSE

判断“女”、大于等于“55”这两个条件是否同时成立，返回TRUE或FALSE

=IF(OR(AND(C2="男",D2>=60),AND(C2="女",D2>=55)),"是","否")

E2 =IF(OR(AND(C2="男",D2>=60),AND(C2="女",D2>=55)),"是","否")

	A	B	C	D	E
1	序号	姓名	性别	年龄	是否为退休人员
2	1	孙海燕	女	58	是
3	2	周波	男	43	否
4	3	吴云云	男	62	是
5	4	董建	男	50	否
6	5	李萍	女	55	是
7	6	张家园	男	56	否
8	7	丁柳明	女	19	否
9	8	李保国	男	61	是

图5-13

由于男性和女性的退休条件不同，所以才会使用两个AND函数分别进行判断。两个AND函数只要有一个返回TRUE，那么便应该判断为TRUE。OR函数则起到了甄别的作用。

其中一个AND函数返回TRUE，OR函数便返回TRUE

OR(AND(C2="男",D2>=60),AND(C2="女",D2>=55))

最后用IF函数将逻辑值转换成文本，当OR函数返回TRUE时，IF函数返回“是”；当OR函数返回FALSE时，IF函数返回“否”。

TRUE

=IF(OR(AND(C2="男",D2>=60),AND(C2="女",D2>=55)),"是","否")

FALSE

5.2.5 屏蔽公式产生的错误值——IFERROR函数

IFERROR函数也是一个逻辑函数，它可以屏蔽公式返回的错误值。IFERROR函数有两个参数，参数的设置方法如下。

可以是公式、表达式、单元格引用、数组、常量、名称等

=IFERROR(❶检查是否存在错误的项目,❷第1参数为错误值时要返回的值)

第1参数为错误值时返回该参数指定的值，第1参数不是错误值时返回第1参数的结果

例如：“=IFERROR(150/0，"计算中有错误")”公式中第1参数的“150/0”返回错误值“#DIV/0!”，所以公式返回第2参数指定的值“计算中有错误”；“=IFERROR(1+1,"计算中有错误")”公式中第1参数没有错误，所以公式返回会第1参数的结果“2”。

E14　=VLOOKUP(D14,B2:E11,3,FALSE)

	A	B	C	D	E	F
1	员工编号	员工姓名	性别	所属部门	出生日期	
2	DS001	蓄潇潇	女	销售部	1976/5/1	
3	DS002	刘洋铭	女	企划部	1989/3/18	
4	DS003	甄美丽	女	采购部	1989/2/5	
5	DS004	郑宇	男	采购部	1990/3/13	
6	DS005	郭强	男	运营部	1970/4/10	
7	DS006	梦之月	女	生产部	1980/8/1	
8	DS007	郭秀妮	男	质检部	1981/10/29	
9	DS008	李媛	男	采购部	1980/9/7	
10	DS009	张籽沐	女	采购部	1991/12/14	
11	DS010	葛常杰	男	生产部	1994/5/28	
12						
13				员工姓名	所属部门	
14				孙彩	#N/A	
15						

查询不到结果时，公式返回错误值

图5-14

下面将举例讲解IFERROR函数的用法。VLOOKUP函数在查询信息时，若查询表中不包含查询的内容将返回错误值，如图5-14所示。此类原因产生的错误值可使用IFERROR函数进行处理，如图5-15所示。

判断该公式是否返回错误值

=IFERROR(VLOOKUP(D14,B2:E11,3,FALSE),"查无此人")

第1参数返回错误值时返回“查无此人”，否则返回第1参数的结果

E14　=IFERROR(VLOOKUP(D14,B2:E11,3,FALSE),"查无此人")

	A	B	C	D	E	F	G
1	员工编号	员工姓名	性别	所属部门	出生日期		
2	DS001	蓄潇潇	女	销售部	1976/5/1		
3	DS002	刘洋铭	女	企划部	1989/3/18		
4	DS003	甄美丽	女	采购部	1989/2/5		
5	DS004	郑宇	男	采购部	1990/3/13		
6	DS005	郭强	男	运营部	1970/4/10		
7	DS006	梦之月	女	生产部	1980/8/1		
8	DS007	郭秀妮	男	质检部	1981/10/29		
9	DS008	李媛	男	采购部	1980/9/7		
10	DS009	张籽沐	女	采购部	1991/12/14		
11	DS010	葛常杰	男	生产部	1994/5/28		
12							
13				员工姓名	所属部门		
14				孙彩霞	查无此人		
15							

将错误值转换成指定内容

图5-15

初试锋芒

本章主要介绍了常用的逻辑函数，逻辑函数的种类不多，但是重要程度却很高。例如IF函数便是十大常用函数之一。下面一起来做个测试题，检验一下学习成果吧！

假设某项比赛对男性选手和女性选手的最低年龄要求不同，按照规定，男性年满18岁、女性年满20岁方有比赛报名资格。用户需要根据如图5-16所示的人员信息判断年龄是否符合报名要求。

	A	B	C	D	E	F
1	序号	姓名	性别	年龄	是否符合报名要求	
2	1	周琳	女	18		
3	2	余海洋	男	19		
4	3	张明明	男	22		
5	4	赵凯旋	男	17		
6	5	孙晓丽	女	20		
7	6	丁方舟	男	18		
8	7	孙钰	女	22		
9	8	赵子龙	男	21		
10						
11						

Sheet1

图5-16

操作难度

★★★☆☆

操作提示

（1）用IF函数、AND函数和OR函数编写嵌套公式。

（2）公式的编写思路可参考本章5.2.4小节的案例。

操作结果

是否顺利完成操作？　是□　否□，用时________分钟

操作用时遇到的问题：

____

____

____

扫码观看
本章视频

第6章 火眼金睛检索数据

当需要在数据清单或表格中查找特定数值，或某一单元格的引用时，可以使用查找与引用函数。Excel中包含很多查找与引用函数，例如VLOOKUP、CHOOSE、ADDRESS、INDEX和MATCH等函数。本章将对常用查找与引用函数的用法进行详细介绍。

6.1 查找指定的数据

工作中经常需要查找指定的数据，除了使用常规的查找工具，使用公式可以更快速有效地查找并提取数据。Excel中查找函数的类型有很多，下面对常用的查找函数进行介绍。

6.1.1 根据商品名称查询商品库存——VLOOKUP函数

VLOOKUP函数是最常用的函数之一，它可以根据现有条件从指定区域中查找符合条件的数据并提取出来。VLOOKUP函数可以进行精确查找或模糊查找，第2章中对VLOOKUP函数的基本用法进行了详细介绍，此处不再赘述。

下面将用VLOOKUP函数根据商品名称查询其库存，如图6-1所示。

G2　=VLOOKUP(F2,B2:D11,3,FALSE)

	A	B	C	D	E	F	G
1	编号	商品名称	商品单价	库存数量		商品名称	库存数量
2		松露巧克力	¥49.80	161		云南鲜花饼	125
3		芝士脆饼干	¥15.20	86			
4	03	果仁沙琪玛	¥9.90	81			
5	04	云南鲜花饼	¥29.50	125			
6	05	加钙奶酪棒	¥65.00	63			
7	06	蛋黄沙琪玛	¥9.90	166			
8	07	脆烤面包片	¥29.80	140			
9	08	桂花甜藕粉	¥19.50	137			
10	09	混合坚果麦片	¥44.50	62			
11	10	奶黄夹心饼干	¥6.60	88			

查询表

返回值在查询表的第3列

图6-1

注意事项：

① 查找值必须在查询表的第1列，否则VLOOKUP函数将返回“#N/A”错误值。

② 当要查询的值在首列中重复出现时，VLOOKUP函数只返回该值第一次出现时对应位置的值。

6.1.2 抽取随机奖品——CHOOSE函数

CHOOSE函数可以根据索引数字从给定的参数列表中返回相应位置的值。第2章中对CHOOSE函数的基本用法进行了详细讲解，这里将使用CHOOSE函数解决工作中的实际问题。

若将CHOOSE函数的第1参数设置为随机值，便能够从参数列表中随机返回一个值。第4章中介绍过RANDBETWEEN函数，它能够返回指定的两个数字之间的任意一个随机整数。

下面将使用CHOOSE函数和RANDBETWEEN函数嵌套返回随机抽奖礼品，如图6-2所示。

索引值，RANDBETWEEN函数返回1～10的随机数

参数列表，共包含10个值，索引值为几则返回第几个值

=CHOOSE(RANDBETWEEN(1,10),B2,B3,B4,B5,B6,B7,B8,B9,B10,B11)

E2 =CHOOSE(RANDBETWEEN(1,10),B2,B3,B4,B5,B6,B7,B8,B9,B10,B11)

	A	B	C	D	E
1	编号	奖品			随机抽取奖品
2	01	电饭煲			平板电脑
3	02	智能手机			
4	03	电炖锅			
5	04	吸尘器			
6	05	微波炉			
7	06	平板电脑			
8	07	翻译笔			
9	08	智能音箱			
10	09	床品套件			
11	10	零食礼包			

抽奖方法：长按【F9】键开始抽奖，松开按键返回一个随机奖品

查询表引用该区域中的值

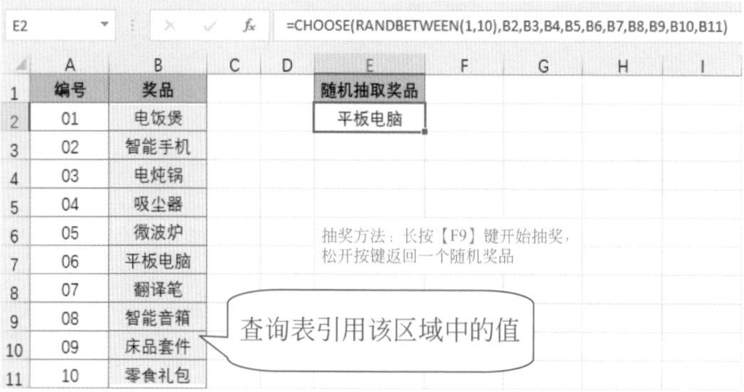

图6-2

注意事项：

① 本例中RANDBETWEEN函数的第2参数要与参数列表中所包含的参数数量一致。若小于参数的数量，例如第2参数为8，那么最后面的两个参数永远不会被抽取到；若大于参数的数量，将有可能返回错误值。

② CHOOSE函数的第2参数不能为单元格区域的引用或数组，否则将返回错误值。

6.1.3 根据书名查找在货架上的位置——LOOKUP函数

LOOKUP函数可以在行或列方向上进行单向查询。LOOKUP函数有两种参数，分别是向量形式和数组形式。

如果在“函数参数”对话框中设置参数，需要先在“选定参数”对话框中选择参数类型，上方选项为向量形式，下方选项为数组形式，如图6-3所示。

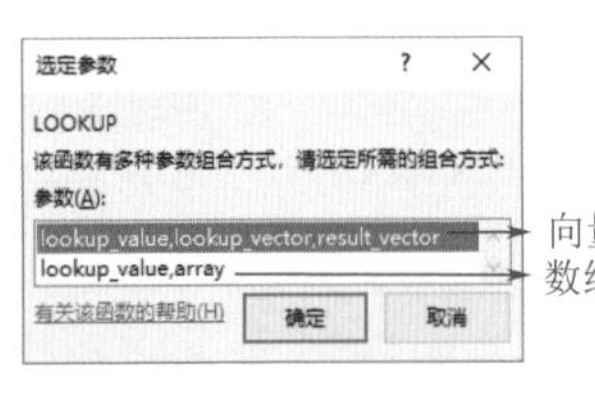

图6-3

第2章中对LOOKUP函数的向量形式进行了详细介绍，下面将通过实际案例解锁LOOKUP函数的更多用法。假设需要根据书名查询在货架上的位置，可以使用公式“=LOOKUP(G2,C:C,E:E)”，如图6-4所示。

要查找的书名　在C列中查找　返回E列中对应位置

=LOOKUP(G2,C:C,E:E)

H2　=LOOKUP(G2,C:C,E:E)

	A	B	C	D	E	F	G	H
1	序号	类别	书名	价格	货架位置		书名	货架位置
2	11	文学	爱你就像爱生命	¥33.2	A11		傲慢与偏见	A9
3	1	文学	安心即是归处	¥36.8	A1			
4			傲慢与偏见	¥19.8	A9			
5			八十天环游地球	¥12.6	C12			
6			悲惨世界	¥23.8	A10			
7	24	小说	毕业	¥46.9	B11			
8	18	小说	痴人之爱	¥37.4	B5			
9	36	儿童文学	捣蛋鬼日记	¥14.9	C8			
10	8	文学	浮生六记	¥30.3	A8			
11	41	儿童文学	福尔摩斯探案集	¥64.3	C13			

升序排序

图6-4

LOOKUP函数不受查找区域和返回值区域前后位置的影响，即使查找区域在返回值区域的后面，依然可以正常返回查询结果。例如根据货架位置反向查询书名，如图6-5所示。

=LOOKUP(G2,E:E,C:C)

H2 =LOOKUP(G2,E:E,C:C)

	A	B	C	D	E	F	G	H
1	序号	类别	书名	价格	货架位置		货架位置	书名
2	1	文学	安心即是归处	¥36.8	A1		A12	消失的地平线
3			悲惨世界	¥23.8	A10			
4			爱你就像爱生命	¥33.2	A11			
5			消失的地平线	¥28.5	A12			
6	13	文学	西线无战事	¥44.5	A13			
7	2	文学	瓦尔登湖	¥26.3	A2			

返回值区域在前

查找区域在后

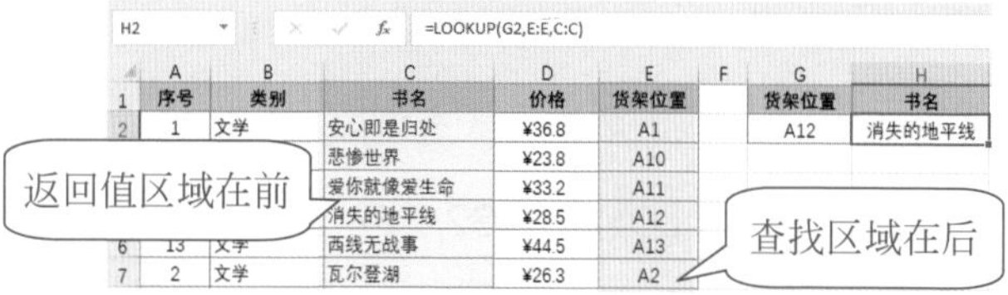

图6-5

在以上介绍的案例中，LOOKUP函数均是横向查找（按行查找）。其实LOOKUP函数也可以纵向查找（按列查找），例如根据图书编号查询在货架上的位置，如图6-6所示。

=LOOKUP(B6,2:2,4:4)

第2行，查找区域　　第4行返回值区域

B7 =LOOKUP(B6,2:2,4:4)

	A	B	C	D	E	F	G	H
1	序　号	6	3	4	7	1	5	2
2	图书编号	2785351	3320156	3784500	5598758	5599801	22113300	56987412
3	图书类型	文学	文学	科学	儿童	文学	科学	小说
4	位　置	A19	A15	D09	C31	A01	D11	B13
5								
6	图书编号	5598758						
7	位　置	C31						

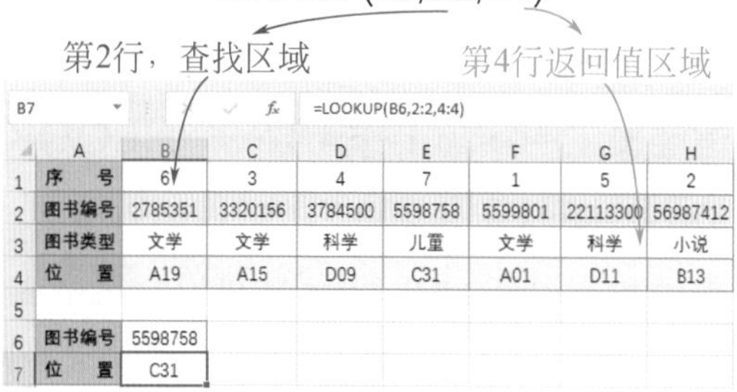

图6-6

知识链接：

纵向查找时同样需要对查找区域进行升序排序。对行排序时需要设置方向为“按行排序”，如图6-7所示。

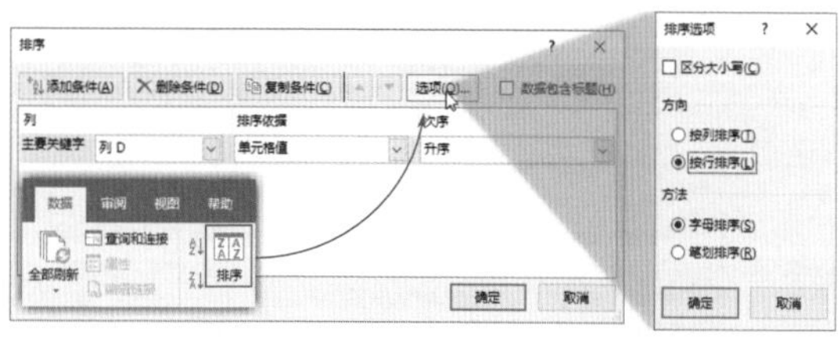

图6-7

LOOKUP函数的数组形式只有两个参数，参数的设置方法如下。

=LOOKUP(❶查找值,❷检索范围)

当检索范围为单元格区域时，包含查找值的区域必须是整个单元格区域的首行或首列，而返回值区域必须是整个区域的最后一行或最后一列。

下面将用LOOKUP函数的数组形式查询图书货架位置，如图6-8所示。

=LOOKUP(G2,C:E)

H2 =LOOKUP(G2,C:E)

	A	B	C	D	E	F	G	H
1	序号	类别	书名	价格	货架位置		书名	货架位置
2	11	文学	爱你就像爱生命	¥33.2	A11		痴人之爱	B5
3			安心即是归处	¥36.8	A1			
4			傲慢与偏见	¥19.8	A9			
5			八十天环游地球	¥12.6	C12			
6	10	文学	悲惨世界	¥23.8	A10			
7	24	小说	毕业	¥46.9	B11			
8	18	小说	痴人之爱	¥37.4	B5			
9	36	儿童文学	捣蛋鬼日记	¥14.9	C8			

必须升序排序

检索范围为C列至E列

图6-8

6.1.4 查询指定员工的实际工作天数——HLOOKUP函数

HLOOKUP函数是横向查找函数，它与LOOKUP函数、VLOOKUP函数属于同一类函数。用HLOOKUP函数可以在表格或数值数组的首行查找指定的数值，并返回表格或数组中指定行的同一列的数值。

HLOOKUP函数有4个参数，参数设置方法如下。

精确查找用FALSE，模糊查找用TRUE或忽略

=HLOOKUP(❶要查找的值,❷查找范围,❸行序号,❹查找方式)

包含查找值和返回值的区域

要返回的值在查找范围的第几行

知识链接：

HLOOKUP函数中的H是Horizontal的第一个字母，表示水平方向；

VLOOKUP函数中的V是Vertical的第一字母，表示垂直方向。由函数的拼写方式以及参数的设置方法可以推断出，HLOOKUP函数和VLOOKUP函数的使用方法基本相同。

下面需要从考勤表中查询指定员工的请假天数以及实际工作天数。这份考勤表中姓名（要查找的值）在第1行显示（横向分布），返回值需要根据行号来确定，因此可以使用HLOOKUP函数进行查询，如图6-9所示。

	A	B	C	D	E	F	G	H	I	J	K
1	日期	李永	赵梅	王海	姜铭亮	程磊	陈光	常海龙	赵云	王宏兴	艾清
2	1日	1	1	1	1	1	1	1		1	1
3	2日	1	1	1	1	1	1	PL			
4	3日	1	1	1	1	1	1	1			
5	4日	SL	1	1	1	1	1	1			
				1		1			1		
30	29日		1	SL	1		1		1		
31	30日	1		SL	1	1	1	1	1	1	1
32	请假天数	4	0	3	1	0	1	2	0	0	0
33	正常休息天数	7	7	7	9	4	8	9	5	8	9
34	实际工作天数	19	23	20	20	26	21	19	25	22	21
35	实际休息天数	11	7	10	10	4	9	11	5	8	9
36											

要查询的值横向分布

通过姓名和行号确定返回值

考勤表 查询表

图6-9

“考勤表”和“查询表”在不同的工作表，因此需要跨表查询。由于返回值（请假天数和实际工作天数）在不同的行中，因此在进行第二次查询时需要手动修改行号，如图6-10所示。

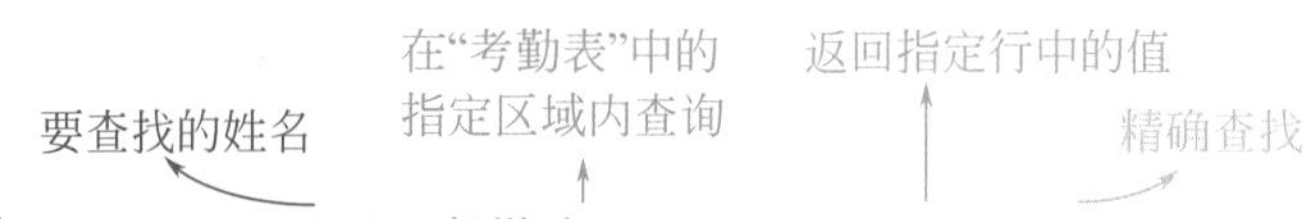

请假天数=HLOOKUP($B$1,考勤表!$A$1:$K$35,32,FALSE)

实际工作天数=HLOOKUP($B$1,考勤表!$A$1:$K$35,34,FALSE)

B2 =HLOOKUP($B$1,考勤表!$A$1:$K$35,32,FALSE)

	A	B	C	D	E	F	G
1	姓名	王海					
2	请假天数	3					
3	实际工作天数	20					
4							

考勤表 查询表

图6-10

使用MATCH函数可自动查询出返回值所在的行号，使用HLOOKUP函数与MATCH函数嵌套便可实现完全自动的查询，如图6-11所示。

自动查询返回值所在的行号

=HLOOKUP($B$1,考勤表!$A$1:$K$35,MATCH(A2,考勤表!$A$1:$A$35,0),FALSE)

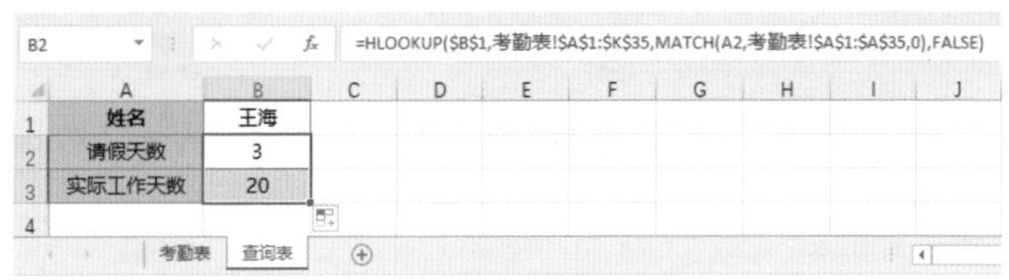

图6-11

知识链接：

在查询员工考勤信息时，可以设置下拉列表快速输入员工的姓名，如图6-12所示。

下拉列表通过“数据验证”功能来设置，“数据验证”按钮保存在“数据”选项卡中，具体操作如图6-13所示。

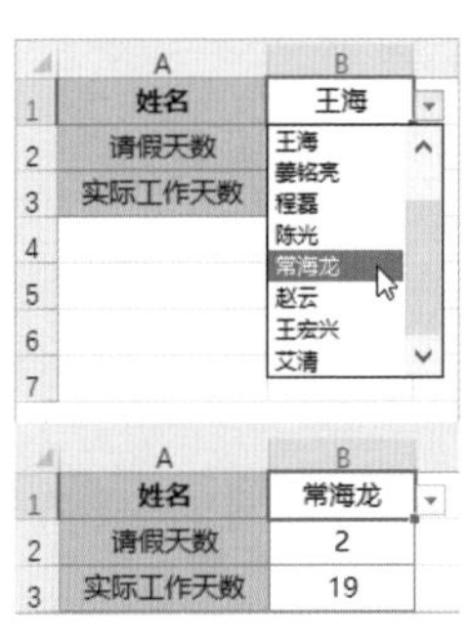

图6-12

图6-13

6.1.5 查询10天内第几天的产量最高——MATCH函数

MATCH函数可以返回指定值在给定的行、列或数组中的位置。

MATCH函数属于十大常用函数之一，第2章中对该函数的基本用法进行了详细介绍。

MATCH函数中第3参数的选择十分重要，进行精确匹配查找和模糊匹配查找时需要使用不同的值，且对第2参数（数值列表）的要求也不同，具体说明见表6-1。

表6-1

第3参数	查找方式	应用示例及返回值	注意事项
0	精确查找	=MATCH(3,{5,8,6,4,3,1,2},0) 返回值为5	不包含查询值时将返回“#N/A”错误值
1	向下模糊查找	=MATCH(2.5,{1,2,3,4,5,6,8},1) 返回值为2	第2参数必须为升序，否则将返回错误的结果或“#N/A”错误值
-1	向上模糊查找	=MATCH(2.5,{8,6,5,4,3,2,1},-1) 返回值为5	第2参数必须为降序，否则将返回错误的结果或“#N/A”错误值

MATCH函数只能返回指定数值在数组中的位置，该函数常常与其他函数嵌套使用以提取对应位置的数据。下面将使用MATCH函数与MAX函数嵌套求10天内第几天的产量最高，如图6-14所示。

返回B2:B11区域中包含的最大值

=MATCH(MAX(B2:B11),B2:B11,0)

D2 =MATCH(MAX(B2:B11),B2:B11,0)

	A	B	C	D	E
1	日期	生产量		第几天产量最高	
2	2022/4/1	1711		5	
3	2022/4/2	2913			
4	2022/4/3	2695			
5	2022/4/4	3106			
6	2022/4/5	4508			
7	2022/4/6	3799			
8	2022/4/7	3857			
9	2022/4/8	1117			
10	2022/4/9	1548			
11	2022/4/10	1758			

图6-14

知识链接：

MATCH函数除了可以纵向查询（查询区域在列方向），也可以横向查询（查询区域在行方向）。

6.1.6 自动提取员工各项考勤数据——INDEX函数

INDEX函数可以返回给定的行列交叉处的值。它和LOOKUP函数一样，有两种参数形式，其中比较常用的是数组形式。第2章对INDEX函数的两种参数设置方法以及基本计算原理进行了详细介绍。下面将通过案例讲解INDEX函数的实际应用。

首先，以提取指定员工的考勤数据为例，介绍INDEX函数的常规应用，如图6-15所示。

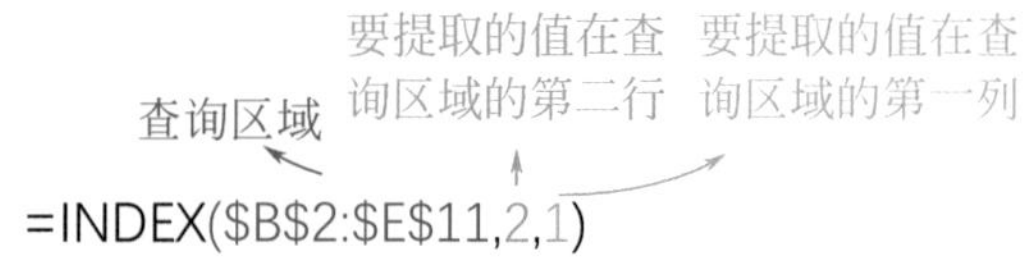

H2　=INDEX($B$2:$E$11,2,1)

	A	B	C	D	E	F	G	H
1	员工姓名	请假天数	正常休息天数	实际工作天数	实际休息天数		员工姓名	赵梅
2	李永	4	7	19	11		请假天数	0
3	赵梅	0	7	23	7		正常休息天数	
4	王海	3	7	20	10		实际工作天数	
5	姜铭亮	1	9	20	10		实际休息天数	
6	程磊	0	4	26	4			
7	陈光	1	8	21	9			
8	常海龙	2	9	19	11			
9	赵云	0	5	25	5			
10	王宏兴	0	8	22	8			
11	艾清	0	9	21	9			

返回查询区域的第2行与第1列交叉处的值

查询区域

图6-15

上述公式虽然可以返回正确的查询结果，但是这个公式其实属于“半自动”的公式。因为，它无法自动识别返回值所在的行、列位置。如果更改了员工姓名或考勤项目，则需要手动修改第2参数和第3参数。如果姓名和考勤项目很多，单凭肉眼很难快速确定其行列位置。

若想让公式完全实现“自动化”，自动判断员工姓名和考勤项目位置，可以借助MATCH函数编写嵌套公式，如图6-16所示。

返回指定员工姓名的行位置　返回指定考勤项目的列位置

=INDEX($B$2:$E$11,MATCH($H$1,$A$2:$A$11,0),MATCH(G2,$B$1:$E$1,0))

H2　=INDEX($B$2:$E$11,MATCH($H$1,$A$2:$A$11,0),MATCH(G2,$B$1:$E$1,0))

员工姓名	请假天数	正常休息天数	实际工作天数	实际休息天数
李永	4	7	19	11
赵梅	0	7	23	7
王海	3	7	20	10
姜铭亮	1	9	20	10
程磊	0	4	26	4
陈光	1	8	21	9
常海龙	2	9	19	11
赵云	0	5	25	5
王宏兴	0	8	22	8
艾清	0	9	21	9

员工姓名	赵梅
请假天数	0
正常休息天数	7
实际工作天数	23
实际休息天数	7

填充公式一次性地提取所有考勤数据

图6-16

MATCH函数和INTEX函数是常用搭配，假设需要在考勤统计表中查询实际工作天数最多的人员姓名。下面可以分3个步骤来编写公式，首先用MAX函数找出最大的实际工作天数，然后用MATCH函数与MAX函数嵌套求出最大实际工作天数的位置，最后使用INDEX函数求出姓名列中与最大实际工作天数位置对应的姓名，如图6-17所示。

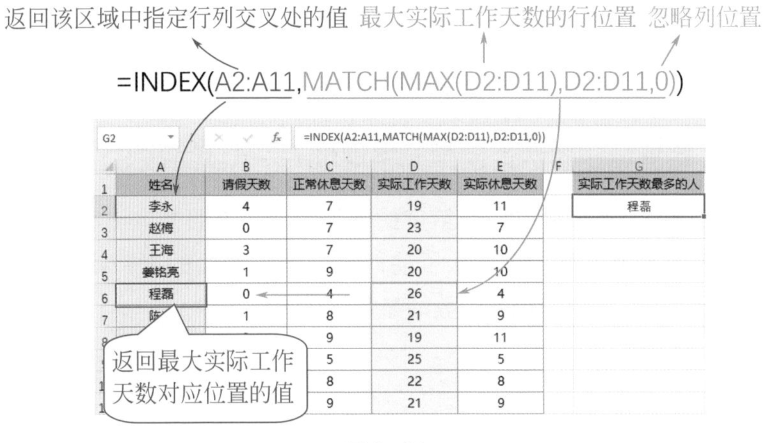

返回该区域中指定行列交叉处的值　最大实际工作天数的行位置　忽略列位置

=INDEX(A2:A11,MATCH(MAX(D2:D11),D2:D11,0))

G2　=INDEX(A2:A11,MATCH(MAX(D2:D11),D2:D11,0))

姓名	请假天数	正常休息天数	实际工作天数	实际休息天数
李永	4	7	19	11
赵梅	0	7	23	7
王海	3	7	20	10
姜铭亮	1	9	20	10
程磊	0	4	26	4
陈…	1	8	21	9
		9	19	11
		5	25	5
		8	22	8
		9	21	9

实际工作天数最多的人
程磊

返回最大实际工作天数对应位置的值

图6-17

知识链接：

当查询表只有一行时，可以忽略INDEX函数的第2参数；当查询表只有一列时，可以忽略INDEX函数的第3参数。

INDEX函数与不同类型的函数嵌套还可实现更多数据提取效果，例如与ROW函数嵌套隔行提取数据，如图6-18所示。

查询区域为B列　始终提取偶数行中的值　屏蔽0值

=INDEX(B:B,ROW(B2)*2)&""

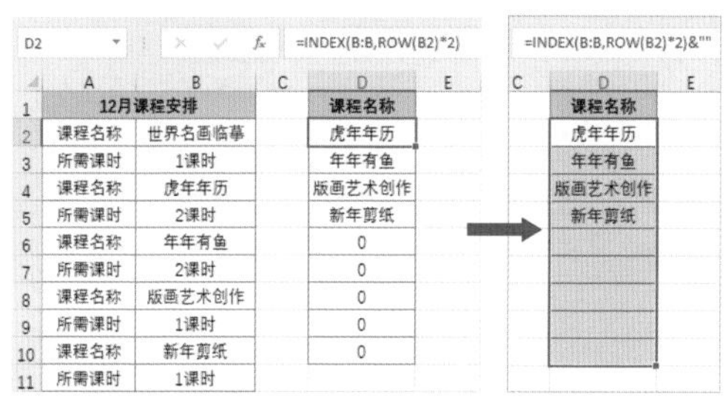

D2　=INDEX(B:B,ROW(B2)*2)

	A	B	C	D	E
1	12月课程安排			课程名称	
2	课程名称	世界名画临摹		虎年年历	
3	所需课时	1课时		年年有鱼	
4	课程名称	虎年年历		版画艺术创作	
5	所需课时	2课时		新年剪纸	
6	课程名称	年年有鱼		0	
7	所需课时	2课时		0	
8	课程名称	版画艺术创作		0	
9	所需课时	1课时		0	
10	课程名称	新年剪纸		0	
11	所需课时	1课时			

=INDEX(B:B,ROW(B2)*2)&""

C	D	E
	课程名称	
	虎年年历	
	年年有鱼	
	版画艺术创作	
	新年剪纸	

图6-18

6.2 引用单元格

在Excel中进行数据处理与分析时经常需要引用单元格或单元格区域，有时甚至需要动态地引用指定的区域。接下来将介绍一些常见的引用函数。

6.2.1 根据给定参数返回单元格地址——ADDRESS函数

ADDRESS函数可以按照给定的行号和列号返回文本类型的单元格地址。该函数有5个参数，除了前两个参数，后面的参数都是可选参数，可以忽略。ADDRESS函数的参数设置方法如下。

共有4种引用类型，分别为绝对引用、相对引用、绝对行相对列引用、相对行绝对列引用

用逻辑值表示：TRUE或忽略该参数，返回A1样式；FALSE，返回R1C1样式

=ADDRESS(❶行号,❷列号,❸引用类型,❹引用方式,❺工作表名称)

指明返回工作簿中哪一个工作表内的单元格地址，返回当前工作表中的单元格地址时可忽略该参数

ADDRESS函数的参数较多，为了方便理解，下面通过表格对其中的一些参数进行说明。第3参数的说明见表6-2。

表6-2

第3参数	返回值类型说明	返回值类型示例
1或忽略	绝对引用	$1A$1
2	绝对行号，相对列标	A$1
3	相对行号，绝对列标	$A1
4	相对引用	A1

关于第4参数指定的返回值类型说明见表6-3。

表6-3

第4参数	返回值类型说明	返回值类型示例
TRUE、1或忽略	列和行分别按字母和数字顺序添加标签	A1
FALSE或0	列和行均按数字顺序添加标签	R1C1

知识链接：

Excel默认的引用样式为A1样式，若要更改引用样式，可单击“文件”选项卡，选择“选项”，在弹出的“Excel选项”对话框中勾选“R1C1引用样式”，如图6-19所示。

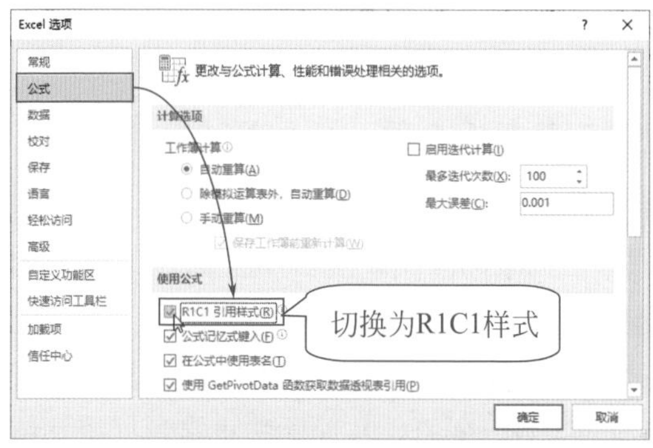

图6-19

下面先来了解ADDRESS函数的几种常见参数设置方法以及返回结果。

① =ADDRESS(3,2)　　返回结果为"$B$3"

② =ADDRESS(3,2,3)　　返回结果为"$B3"

③ =ADDRESS(3,2,4)　　返回结果为"B3"

④ =ADDRESS(3,2,4,FALSE)　　返回结果为"R[3]C[2]"

⑤ =ADDRESS(3,2,2,"销售分析")　　返回结果为"销售分析!B$3"

ADDRESS函数单独使用的机会很少，通常与其他函数嵌套使用。例如用ADDRESS函数与多个函数嵌套将多列数据转换到一列显示，如图6-20所示。

返回单元格引用　获取单元格地址　获取行号　获取列号

=INDIRECT(ADDRESS(INT(ROW(6:6)/3),MOD(ROW(3:3),3)+1))

E2　fx　=INDIRECT(ADDRESS(INT(ROW(6:6)/3),MOD(ROW(3:3),3)+1))

	A	B	C	D	E	F	G	H
1	产品覆盖城市				城市			
2	南京	苏州	广州		南京			
3	上海	青岛	厦门		苏州			
4	合肥	莆田	大同		广州			
5	徐州	郑州	长沙		上海			
6	重庆	成都	洛阳		青岛			
7					厦门			
8					合肥			
9					莆田			
10					大同			
11					徐州			
12					郑州			
13					长沙			
14					重庆			
15					成都			
16					洛阳			

图6-20

6.2.2　统计引用的数组个数——AREAS函数

AREAS函数可以返回引用中的区域个数。区域是指连续的单元格区域或单个单元格。AREAS函数只有一个参数，即对某个单元格或单元格区域的引用，可包含多个区域。

当引用几个区域时，这些区域必须用括号括起来，否则会将分隔区域的逗号识别为参数分隔符，从而无法正常返回统计结果，如图6-21所示。

引用多个区域时，要用括号括起来

=AREAS((A1:B5,D1:D4,F1:H2))

C8 =AREAS((A1:B5,D1:D4,F1:H2))

	A	B	C	D	E	F	G	H
1	区域1			区域2		区域3		
2	7	2		10		15	16	17
3	9	7		20				
4	6	5		30				
5	5	6						
6								
7								
8	统计区域数量		3					
9								

参数中包含3个区域

图6-21

知识链接：

连续的区域中包含多个不相邻的数据区域时，不能自动地识别这些区域的数量，只能返回连续区域的数量，如图6-22所示。

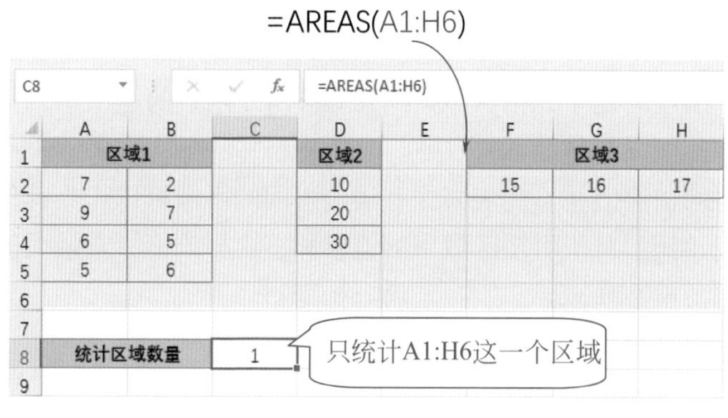

图6-22

6.2.3 解决VLOOKUP函数无法完成的查询任务——OFFSET函数

OFFSET函数可以根据指定的单元格进行偏移，从而获得新的引用。OFFSET函数有5个参数，参数的设置方法如下。

偏移引用的起始单元格，引用单元格区域时，从左上角单元格开始偏移　　向上方或下方偏移指定单元格　　向左或向右偏移指定单元格

=OFFSET(❶作为参照系的起始单元格,❷行偏移量,❸列偏移量,❹引用的行数,❺引用的列数)

要返回的行数　　要返回的列数

下面将通过一个简单的案例解释OFFSET函数的工作原理，如图6-23所示。

=OFFSET(A3,2,1,3,2)

COUNTIF　=OFFSET(A3,2,1,3,2)

	A	B	C	D	E	F
1	数据区域					偏移引用公式
2	34	11	20	83		=OFFSET(A3,2,1,3,2)
3	35	44	45	88		
4	26	46	20	62		
5	23	45	46	66		
6	25	25	17	80		
7	48	42	23	66		
8	20	15	42	71		
9						

起始单元格

向下偏移2行

向右偏移1列

从偏移的结束位置开始，返回3行2列的引用

图6-23

由于引用的是单元格区域，所以OFFSET函数的返回结果只能以错误值显示，如图6-24所示。

此时的错误值并不代表公式有误，引用的区域可以作为其他函数的参数使用，例如对所引用区域中的值求和、求平均值、求最大值或最小值等，如图6-25所示。

F2　=OFFSET(A3,2,1,3,2)

	A	B	C	D	E	F
1	数据区域					偏移引用公式
2	34	11	20	83		#VALUE!
3	35	44	45	88		
4	26	46	20	62		
5	23	45	46	66		
6	25	25	17	80		
7	48	42	23	66		
8	20	15	42	71		

图6-24

=SUM(OFFSET(A3,2,1,3,2))

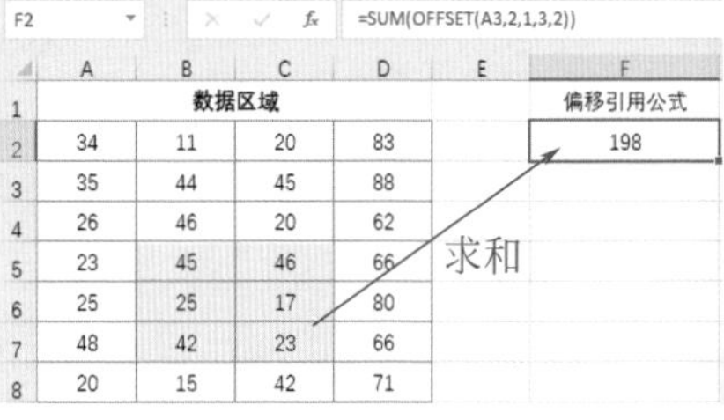

F2　=SUM(OFFSET(A3,2,1,3,2))

	A	B	C	D	E	F
1	数据区域					偏移引用公式
2	34	11	20	83		198
3	35	44	45	88		
4	26	46	20	62		
5	23	45	46	66		
6	25	25	17	80		
7	48	42	23	66		
8	20	15	42	71		

图6-25

如果提前选择好存放引用值的区域，用数组公式则可以将所引用区域中的所有值全部显示出来，如图6-26与图6-27所示。

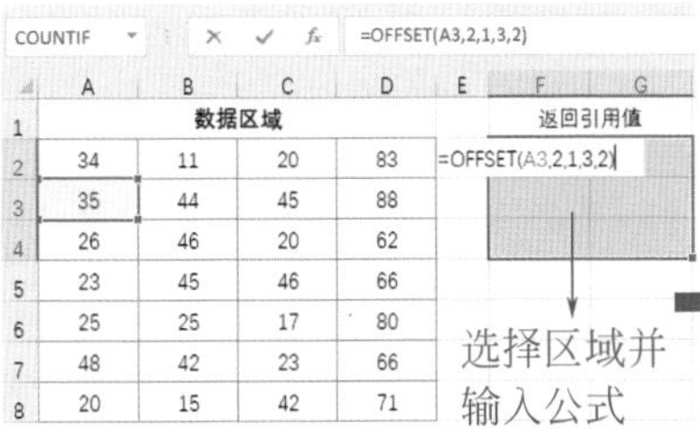

COUNTIF　=OFFSET(A3,2,1,3,2)

	A	B	C	D	E	F	G
1	数据区域					返回引用值	
2	34	11	20	83		=OFFSET(A3,2,1,3,2)	
3	35	44	45	88			
4	26	46	20	62			
5	23	45	46	66			
6	25	25	17	80			
7	48	42	23	66			
8	20	15	42	71			

选择区域并输入公式

图6-26

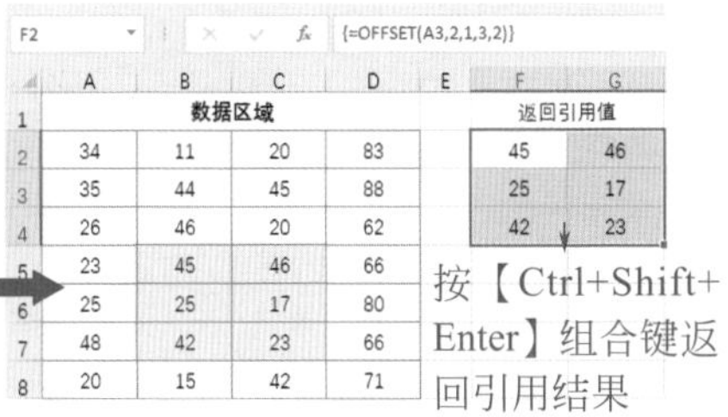

F2　{=OFFSET(A3,2,1,3,2)}

	A	B	C	D	E	F	G
1	数据区域					返回引用值	
2	34	11	20	83		45	46
3	35	44	45	88		25	17
4	26	46	20	62		42	23
5	23	45	46	66			
6	25	25	17	80			
7	48	42	23	66			
8	20	15	42	71			

按【Ctrl+Shift+Enter】组合键返回引用结果

图6-27

OFFSET函数中参数的偏移量和返回的行、列数也可以设置成负数，负数表示向反方向偏移，例如“=OFFSET(C6,-2,-2,-2,2)”表示从C6单元格起向上偏移2行、向左偏移2列，返回以偏移结束单元格为起始点的向上2行、向右2列的引用，如图6-28所示。

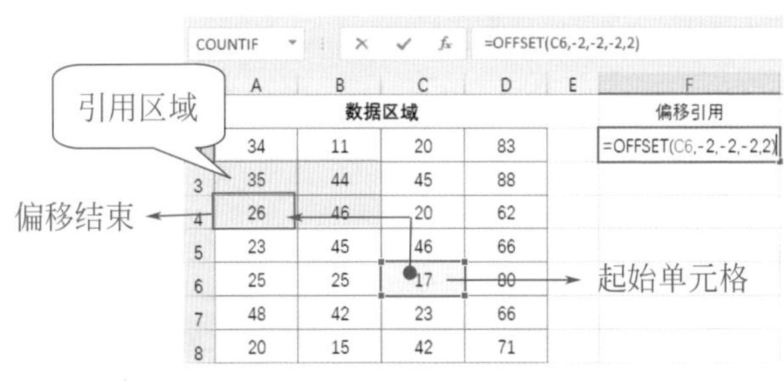

图6-28

知识链接：

若忽略第2参数或第3参数或将参数设置为0，则表示在该方向不进行偏移。第4参数和第5参数同理。

OFFSET函数常与MATCH函数嵌套使用进行各种查询操作，OFFSET函数与MATCH函数组合使用能够完成VLOOKUP函数无法完成的查询工作。

VLOOKUP函数有一个弊端：要查找的值必须在查询表的首列，否则将无法返回查询结果。例如根据销售排名查询员工姓名时，要查询的

值在数据表的最后一列，若此时使用VLOOKUP函数进行查询，将会返回错误值，如图6-29所示。

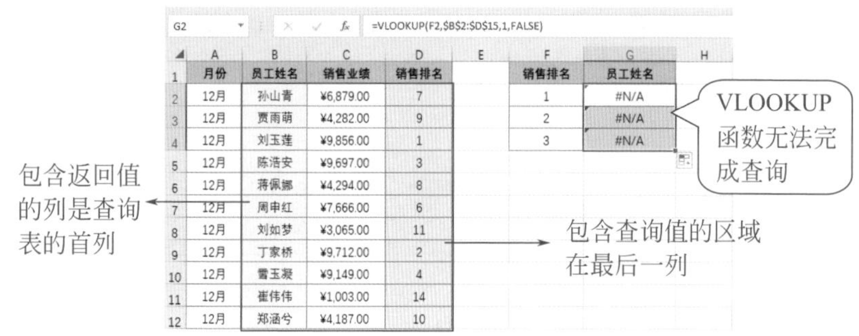

G2 =VLOOKUP(F2,$B$2:$D$15,1,FALSE)

	A	B	C	D	E	F	G	H
1	月份	员工姓名	销售业绩	销售排名		销售排名	员工姓名	
2	12月	孙山青	¥6,879.00	7		1	#N/A	
3	12月	贾雨萌	¥4,282.00	9		2	#N/A	
4	12月	刘玉莲	¥9,856.00	1		3	#N/A	
5	12月	陈浩安	¥9,697.00	3				
6	12月	蒋佩娜	¥4,294.00	8				
7	12月	周申红	¥7,666.00	6				
8	12月	刘如梦	¥3,065.00	11				
9	12月	丁家桥	¥9,712.00	2				
10	12月	雷玉凝	¥9,149.00	4				
11	12月	崔伟伟	¥1,003.00	14				
12	12月	郑涵兮	¥4,187.00	10				

图6-29

OFFSET函数与MATCH函数组合使用则不用考虑原始数据的排列方式，轻松地完成指定的查询，如图6-30所示。

G2 =OFFSET($D$2,MATCH(F2,$D$2:$D$15,0)-1,-2)

	A	B	C	D	E	F	G	H
1	月份	员工姓名	销售业绩	销售排名		销售排名	员工姓名	
2	12月	孙山青	¥6,879.00	7		1	刘玉莲	
3	12月	贾雨萌	¥4,282.00	9		2	丁家桥	
4	12月	刘玉莲	¥9,856.00	1		3	陈浩安	
5	12月	陈浩安	¥9,697.00	3				
6	12月	蒋佩娜	¥4,294.00	8				
7	12月	周申红	¥7,666.00	6				
8	12月	刘如梦	¥3,065.00	11				
9	12月	丁家桥	¥9,712.00	2				
10	12月	雷玉凝	¥9,149.00	4				
11	12月	崔伟伟	¥1,003.00	14				
12	12月	郑涵兮	¥4,187.00	10				

图6-30

注意事项：

若销售排名中包含重复的名次，将只返回该重复名次第一次出现时对应的员工姓名。

6.2.4 跨表合并员工各月工资——INDIRECT函数

INDIRECT函数可以返回文本字符串指定的引用，通常在需要更改公式中对单元格的引用而不更改公式本身时使用。INDIRECT函数有两个参数，参数的设置方法如下。

用逻辑值表示：TRUE或忽略该参数，返回A1样式；FALSE，返回R1C1样式

=INDIRECT(❶单元格引用,❷引用样式)

INDIRECT函数与ADDRESS函数的作用相似，只不过ADDRESS函数返回的是单元格地址，而INDIRECT函数可以提取单元格中的内容。

INDIRECT函数可以直接提取指定单元格中的值，也可以提取指定单元格中所包含的地址所指向的内容，如图6-31、图6-32所示。

单元格地址加双引号，返回该地址中包含的内容

=INDIRECT("A2")

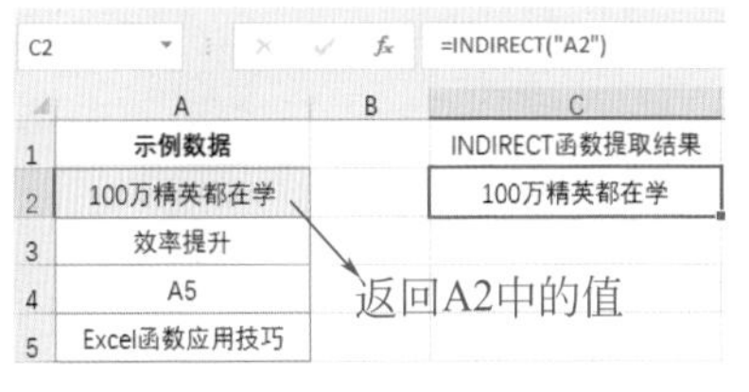

C2 =INDIRECT("A2")

	A	B	C
1	示例数据		INDIRECT函数提取结果
2	100万精英都在学		100万精英都在学
3	效率提升		
4	A5		
5	Excel函数应用技巧		

图6-31

直接引用单元格地址，返回该单元格中包含的地址所指向的引用

=INDIRECT(A4)

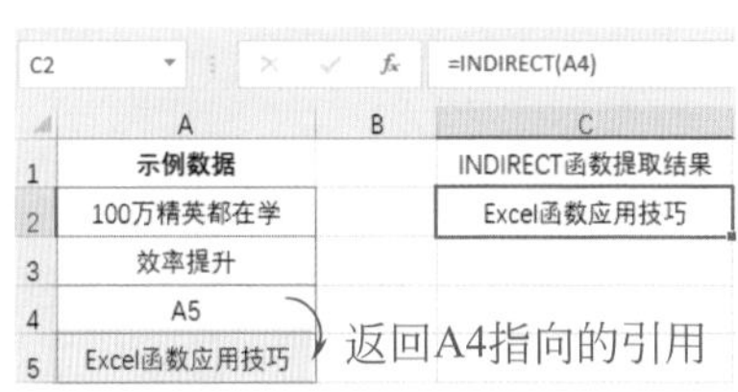

C2 =INDIRECT(A4)

	A	B	C
1	示例数据		INDIRECT函数提取结果
2	100万精英都在学		Excel函数应用技巧
3	效率提升		
4	A5		
5	Excel函数应用技巧		

图6-32

注意事项：

若INDIRECT函数所引用的单元格中包含的内容为文本，将返回“#REF!”错误值，如图6-33所示。

C2 =INDIRECT(A2)

	A	B	C
1	示例数据		INDIRECT函数提取结果
2	100万精英都在学		#REF!
3	效率提升		
4	A5		
5	Excel函数应用技巧		

图6-33

INDIRECT函数还可以组合单元格地址并返回该地址中包含的内

组合成“A5”

=INDIRECT("A"&5)

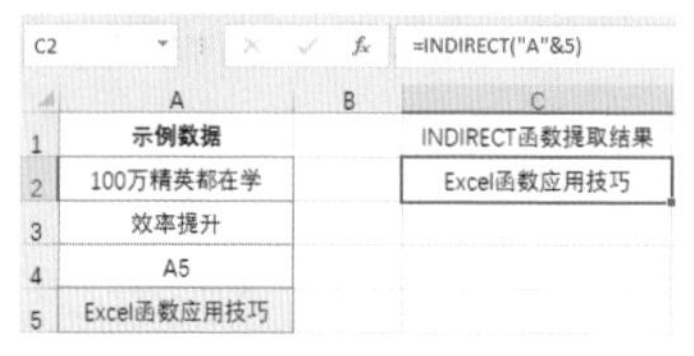

	A	B	C
1	示例数据		INDIRECT函数提取结果
2	100万精英都在学		Excel函数应用技巧
3	效率提升		
4	A5		
5	Excel函数应用技巧		

图6-34

容。INDIRECT函数的基本应用示例如图6-34所示。使用时需要注意双引号的使用，以免返回错误值。

下面将使用INDIRECT函数和VLOOKUP函数嵌套，将多个工作表中的工资合并到一个工作表中显示，每个工作表中的员工姓名顺序可以不同，但是要提取的列必须在相同的位置，如图6-35所示。具体合并效果如图6-36所示。

1月工资

	A	B	C	D	E	F	G	H
1	姓名	基本工资	奖金	养老保险	医疗保险	考勤奖罚	所得税	税后工资
2	赵秀秀	4500	2300	-360	-90	400	0	6750
3	李青云	6800	3200	-544	-136	-300	-1020	8000
4	李先明	2000	2300					
5	吴亭	7000	1500					
6	刘瑜	2000	3300					
7	吴森	5300	2200					
8	陈子林	2000	2300					
9	王博	2000	2000					
10	周倩	6800	3500					

2月工资

	A	B	C	D	E	F	G	H
1	姓名	基本工资	奖金	养老保险	医疗保险	考勤奖罚	所得税	税后工资
2	李先明	2000	1000	-160	-40	200	0	3000
3	沈自立	4000	1000	-320	-80	400	0	5000
4	李青云	6800	2000					
5	刘瑜	2000	2200					
6	陈子林	2000	5000					
7	王博	2000	2500					
8	周倩	6800	3000					
9	赵秀秀	4500	3800					
10	吴森	5300	1500					

3月工资

	A	B	C	D	E	F	G	H
1	姓名	基本工资	奖金	养老保险	医疗保险	考勤奖罚	所得税	税后工资
2	吴森	5300	4000	-424	-106	100	-795	8075
3	赵秀秀	4500	3500	-360	-90	0	0	7550
4	李先明	2000	2200	-160	-40	0	0	4000
5	刘瑜	2000	1500	-160	-40	0	0	3300
6	陈子林	2000	4500	-160	-40	0	0	6300
7	王博	2000	3000	-160	-40	0	0	4800
8	周倩	6800	1000	-544	-136	200	-1020	6300
9	蒋天海	6800	0	-544	-136	0	-1020	5100
10	吴倩莲	6800	500	-544	-136	0	-1020	5600

1月工资 | 2月工资 | 3月工资 | 合并

图6-35

要查询的姓名　引用不同工作表中的查询区域　返回值在第8列

=VLOOKUP($A2,INDIRECT(B$1&"!A:H"),8,0)　精确查找

B2　=VLOOKUP($A2,INDIRECT(B$1&"!A:H"),8,0)

	A	B	C	D
1	姓名	1月工资	2月工资	3月工资
2	赵秀秀	6750	7850	7550
3	李青云	8000	7100	5900
4	李先明	4500	3000	4000
5	吴亭	7050	5750	7250
6	刘瑜	4800	3850	3300
7	吴森	6475	5475	8075
8	陈子林	4200	6800	6300

1月工资 | 2月工资 | 3月工资 | 合并

必须与工作表名称相同

图6-36

6.2.5 自动输入不会打乱顺序的序号——ROW函数

ROW函数可以返回引用的行号，例如=ROW(B3)，参数“B3”是第3行中的单元格，所以返回“3”。ROW函数最多只能设置一个参数，即要判断其行号的单元格引用。

ROW函数也可以不设置任何参数，当忽略参数时，将返回公式所在单元格的行号。例如在第2行的任意一个单元格中输入“=ROW()”都将返回“2”，如图6-37所示。

B2 =ROW()

	A	B	C	D
1				
2		2		
3				

图6-37

ROW函数常被用来提取序号，如图6-38所示。用ROW函数返回的序号不会受排序的影响，不管对数据进行多少次排序，序号始终保持不变，如图6-39所示。

返回A1单元格的行号，从数字“1”开始编号

=ROW(A1)

A2 =ROW(A1)

	A	B	C	D
1	序号	书名	价格	货架位置
2	1	安心即是归处	¥36.8	A1
3	2	瓦尔登湖	¥26.3	A2
4	3	呼兰河转	¥16.8	A3
5	4	人间失格	¥22.4	A4
6	5	朱自清散文集	¥98.8	A5
7	6	自在独行	¥38.6	A6
8	7	幽默的生活家	¥34.5	A7
9	8	浮生六记	¥30.3	A8
10	9	傲慢与偏见	¥19.8	A9
11	10	悲惨世界	¥23.8	A10
12	11	爱你就像爱生命	¥33.2	A11
13	12	消失的地平线	¥28.5	A12
14	13	西线无战事	¥44.5	A13

图6-38

A2 =ROW(A1)

	A	B	C	D
1	序号	书名	价格	
2	1	呼兰河转	¥16.8	
3	2	傲慢与偏见	¥19.8	
4	3	人间失格	¥22.4	
5	4	悲惨世界	¥23.8	A10
6	5	瓦尔登湖	¥26.3	A2
7	6	消失的地平线	¥28.5	A12
8	7	浮生六记	¥30.3	A8
9	8	爱你就像爱生命	¥33.2	A11
10	9	幽默的生活家	¥34.5	A7
11	10	安心即是归处	¥36.8	A1
12	11	自在独行	¥38.6	A6
13	12	西线无战事	¥44.5	A13
14	13	朱自清散文集	¥98.8	A5

重新排序后序号不变

图6-39

知识链接：

ROW函数也可直接引用整行，例如“=ROW(1:1)”也返回1，如图6-40所示。

将光标放在行号上方，当光标变成黑色的右向箭头时单击鼠标，即可在公式中应用该行。

第1行

=ROW(1:1)

A2 =ROW(1:1)

	A	B	C	D	E
1	序号	书名	价格	货架位置	
2	1	呼兰河转	¥16.8	A3	
3	2	傲慢与偏见	¥19.8	A9	
4	3	人间失格	¥22.4	A4	
5	4	悲惨世界	¥23.8	A10	

图6-40

6.2.6 统计生产步骤——ROWS函数

ROWS函数可以返回引用或数组的行数，它可以计算指定数组或引用的总行数。ROWS函数比ROW函数多了一个S，ROW函数是用来确定行位置的，而ROWS是用来统计行数量的。

ROWS函数只有一个参数，即需要计算其行数的数组、数组公式或对单元格区域的引用。例如“=ROWS(A1:C10)”，单元格区域“A1:C10”共有10行，所以公式返回“10”。用户也可直接引用连续的行，例如“=ROWS(1:5)”，将返回“5”。

数组参数需要输入在大括号中，例如“=ROWS({1,2,3,5;15,22,80,65})”，这个数组为2行，公式将返回“2”。

注意事项：

ROWS函数不能忽略参数，否则将无法返回结果。

下面将使用ROWS函数统计生产作业所需的步骤，如图6-41所示。

返回指定区域包含的行数

=ROWS(A2:A9)

E1 =ROWS(A2:A9)

	A	B	C	D	E
1	步骤	作业说明		生产步骤	8
2	生产任务	生产部接《生产任务单》，进行生产作业			
3	生产领料	物料员按照《生产任务单》开《领料单》，到仓库领取生产所需物料			
4	首件确认	负责人根据《生产任务单》领取相关产品工程图等文件，并安排好生产线制作首件交给品保做首检。首件确认 OK 后，安排生产			
5	订单生产	①生产过程中，生产部门按照工程图进行生产作业，管控产品品质、效率及物料管控 ②作业员对不良产品，挑选出来，标示区分，统一交给维修部人员			
6	产品全检	①由现场 QC 对产品进行全检，并填写《全检记录表》 ②不良品进行不良标示，交给维修员进行维修			
7	维修报废	①维修员根据产品工程图要求对不良品进行维修，维修好后交给全检员重检 ②维修后仍未合格，则填写《报废申请单》待申请报废			
8	产品返工	①物料员将包装完成后的产品送品保检验，如检验合格，则将产品入库 ②如检验不合格，则将产品返工，重新送品保检验			
9	产品入库	物料员将品保检验合格的产品开具《产品入库单》入库处理			

图6-41

6.2.7 自动生成工资条——COLUMN函数

COLUMN函数可以返回引用的列序号，例如“=COLUMN(D10)”，参数“D10”是工作表的第4列，公式返回“4”。

COLUMN函数和ROW函数的用法基本相同，可以设置一个参数，或忽略参数。当设置一个参数时，将返回所引用的单元格所在列序号；若忽略参数，则返回公式所在列的列序号，如图6-42所示。

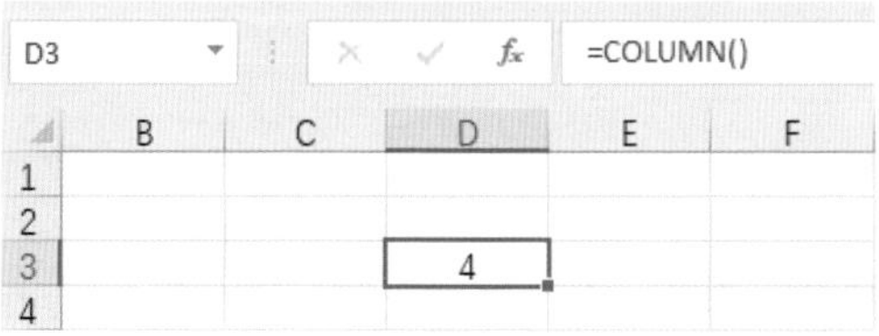

D3 =COLUMN()

	B	C	D	E	F
1					
2					
3			4		
4					

图6-42

知识链接：

COLUMN函数可以引用整列，例如“=COLUMN(B:B)”，公式将返回“2”。另外，若参数为单元格区域，只返回该区域起始单元格的列序号，例如“=COLUMN(B1:D3)”，将返回B1的列序号“2”。

COLUMN函数常与ROW函数组合应用，从而自动判断指定值所在的行或列位置。例如根据工资表中的信息制作工资条，如图6-43所示。

	A	B	C	D	E	F	G	H
1	姓 名	基本工资	奖金	养老保险	医疗保险	考勤奖罚	所得税	税后工资
2	赵秀秀	4500	2300	-360	-90	400	0	6750
3	李青云	6800	3200	-544	-136	-300	-1020	8000
4	李先明	2000	2300	-160	-40	400	0	4500
5	吴亭	7000	1500	-560	-140	300	-1050	7050
6	刘瑜	2000	3300	-160	-40	-300	0	4800
7	吴森	5300	2200	-424	-106	300	-795	6475
8	陈子林	2000	2300	-160	-40	100	0	4200

工资表 | 工资条

工资表

	A	B	C	D	E	F	G	H
1	姓 名	基本工资	奖金	养老保险	医疗保险	考勤奖罚	所得税	税后工资
2	赵秀秀	4500	2300	-360	-90	400	0	6750
3								
4	姓 名	基本工资	奖金	养老保险	医疗保险	考勤奖罚	所得税	税后工资
5	李青云	6800	3200	-544	-136	-300	-1020	8000
6								
7	姓 名	基本工资	奖金	养老保险	医疗保险	考勤奖罚	所得税	税后工资
8	李先明	2000	2300	-160	-40	400	0	4500

工资表 | 工资条

工资条

图6-43

生成工资条的具体方法如下：先从工资表中复制标题行，然后在标题行下方输入公式“= OFFSET(工资表!$A$1,ROW()/3+1, COLUMN()-1)”，并向右侧填充公式。

接着选中包含标题、提取出第一位员工的工资信息，以及一个空行向下方填充，即可提取出所有员工的工资信息，生成工资条如图6-44所示。

起始单元格，是“工资表”中的A1单元格

偏移的行数。“ROW()/3+1”返回每隔2行增长1的数值。这部分需要根据表格的结构编写

=OFFSET(工资表!$A$1,ROW()/3+1,COLUMN()-1)

偏移的列数。在填充公式后始终返回当前列序号的前一个数字

图6-44

注意事项:

使用该公式时必须多选择一个空行，否则在完成填充后会出现重复提取的情况。

6.2.8 统计工资构成项的数量——COLUMNS函数

COLUMNS函数可以返回数组或引用的行数。COLUMNS函数与ROWS函数的用法基本相同。

要统计区域中包含的列数，可以使用COLUMNS函数。例如用COLUMNS函数统计员工工资的组成项目数量，如图6-45所示。

B列至H列包含的列数

=COLUMNS(B:H)

J2 =COLUMNS(B:H)

	A	B	C	D	E	F	G	H	I	J
1	姓 名	基本工资	奖金	养老保险	医疗保险	考勤奖罚	所得税	税后工资		税后工资组成项目数量
2	赵秀秀	4500	2300	-360	-90	400	0	6750		7
3	李青云	6800	3200	-544	-136	-300	-1020	8000		
4	李先明	2000	2300	-160	-40	400	0	4500		

图6-45

初试锋芒

本章主要介绍了常用的查找与引用函数，这类函数在工作中的使用频率非常高，特别是VLOOKUP、MATCH、INDEX、OFFSET等函数。下面一起来做个测试题，检验一下学习成果吧！

用户需要根据如图6-46所示的销售信息计算销售业绩最高的销售员姓名。

	A	B	C	D	E	F
1	序号	销售员	销售业绩		销售业绩最高的销售员	
2	1	张恺	¥3,746.00			
3	2	孙莉	¥5,195.00			
4	3	刘维维	¥8,481.00			
5	4	周倩明	¥2,089.00			
6	5	李斯	¥1,761.00			
7	6	赵乐	¥3,313.00			
8	7	丁自立	¥7,152.00			
9	8	杨紫曦	¥3,442.00			
10	9	程党飞	¥6,337.00			
11	10	姚凯	¥5,817.00			

Sheet1

图6-46

操作难度

★★★★★

操作提示

（1）用INDEX函数、MATCH函数和MAX函数编写嵌套公式。

（2）由内向外编写公式，先用MAX函数求出最高销售业绩，然后用MATCH函数确定最高销售业绩的位置，最后用INDEX函数提取最高销售业绩对应位置的销售员姓名。

操作结果

是否顺利完成操作？　是□　否□，用时________分钟

操作用时遇到的问题：

____

____

____

扫码观看
本章视频

第7章 专注时效的日期与时间函数

日期与时间函数是用来分析和处理日期和时间值的一类函数。日期与时间函数在工作中有着广泛的应用，熟练掌握其应用技巧，对于提高工作效率有很大帮助。本章将对常用日期与时间函数的用法进行详细介绍。

7.1 返回当前日期和时间

Excel中包含了能够自动提取当前日期和时间的函数，即TODAY函数和NOW函数。下面将对这两个函数的用法进行讲解。

7.1.1 计算从当前日期到项目结束剩余天数——TODAY函数

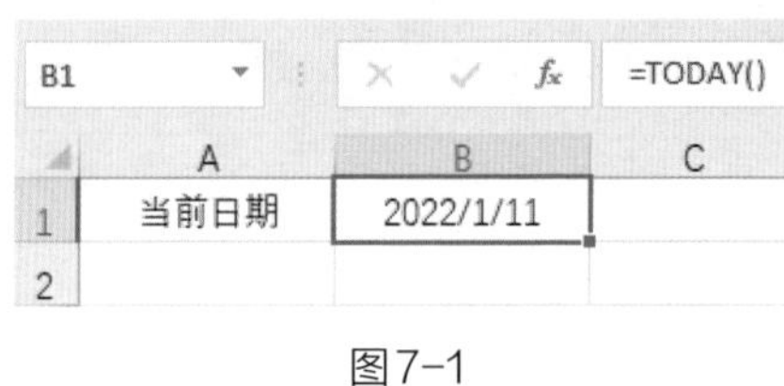

图7-1

TODAY函数可以返回当前日期。TODAY函数没有参数，直接在单元格中输入“=TODAY()”，按下【Enter】键即可返回当前日期，如图7-1所示。

注意事项：

TODAY函数返回的是计算机系统的当前日期，若系统日期和实际日期有偏差，将返回与实际日期不相符的结果。

下面将使用TODAY函数计算目标日期和当前日期的相差天数。使用目标日期减去当前日期，便可返回两个日期的相差天数。TODAY函数默认将返回值以日期格式显示，如图7-2所示。

用户需要将其格式修改为“常规”，才能以数字形式显示两个日期的相差天数，如图7-3所示。

完工日期　当前日期

=B2-TODAY()

C2　=B2-TODAY()

	A	B	C
1	项目名称	预计完工日期	剩余天数
2	项目1	2022/3/20	1900/3/8
3	项目2	2022/5/30	1900/5/18
4	项目3	2022/3/10	1900/2/27

图7-2

常规　=B2-TODAY()

	A	B	C
1		预计完工日期	剩余天数
2	项目1	2022/3/20	68
3	项目2	2022/5/30	139
4	项目3	2022/3/10	58

图7-3

注意事项：

当完工日期比当前日期早时，将返回负数值。若应用日期常量参数计算，日期需要输入在英文状态下的双引号中，例如“="2022/3/20"-TODAY()”。

7.1.2 计算秒杀活动距离结束的天数——NOW函数

NOW函数可以返回当前的日期和时间。NOW函数和TODAY函数的使用方法相似。NOW函数也没有参数，在工作表中输入“=NOW()”，按下【Enter】键便可返回系统当前日期和时间，如图7-4所示。

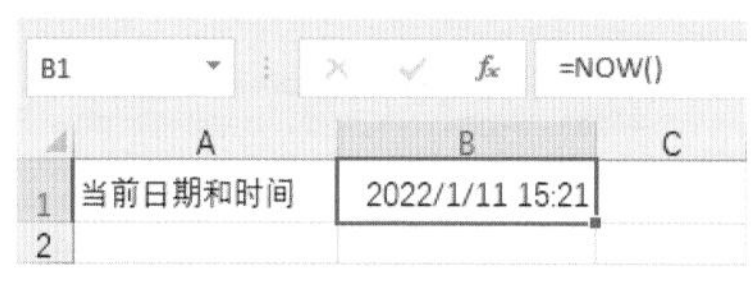

	A	B	C
1	当前日期和时间	2022/1/11 15:21	
2			

图7-4

若要计算指定天数后的日期和时间，可用ROW函数与该数字相加。例如返回7天后的日期与时间，可以使用公式“=ROW()+5”。根据1表示1天来推算，若要返回12小时前的日期和时间，可以使用公式“=ROW()-0.5”。

知识链接：

TODAY函数和NOW函数的返回值会被手动或自动刷新。按【F9】键可手动刷新返回结果，如图7-5所示。每次打开工作表或在工作表中执行输入、删除等操作时，返回结果则会被自动刷新。若不想让返回结果被刷新，可以去除公式只保留结果值。复制包含公式的单元格后，以“值”方式粘贴到原单元格，即可完成去除公式、保留结果值的操作。

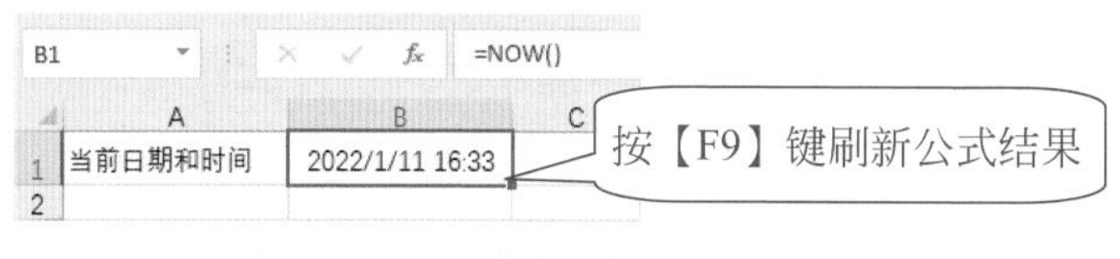

图7-5

NOW函数也可以像TODAY函数一样，统计指定日期和当前日期

之间相差的天数。下面将使用NOW函数计算商品秒杀活动距离结束的天数，如图7-6所示。

向上舍入到整数　距离结束的实际天数

=ROUNDUP(C2-(NOW()-B2),0)

D2　=ROUNDUP(C2-(NOW()-B2),0)

	A	B	C	D
1	商品名称	秒杀开始时间	秒杀活动天数	距离结束天数
2	羽绒被	2022/1/10 9:00	3	2
3	羊绒被	2022/1/11 10:00	7	7
4	乳胶枕	2022/1/8 10:00	7	4

图7-6

7.2 根据给定的参数计算日期和时间

工作中常用的日期与时间函数包括DATE、TIME、YEAR、MONTH、DAY等。下面将介绍这些函数的使用方法。

7.2.1 根据给定年份和月份返回第一天和最后一天日期——DATE函数

DATE函数可以将三个单独的值合并为一个日期。该函数有3个参数，参数的设置方法如下。

为1900～9999或1904～9999的数字　为1～12的数字　为1～31的数字

=DATE(❶年,❷月,❸日)

当需要将存储在不同单元格中的年、月、日信息组合成一个完整的日期时，可以使用DATE函数，如图7-7所示。

如果“月”和“日”数值超出了范围，可将前一个日期单位累算例如“=DATE(2022,13,1)”将返回“2023/1/1”。若“年”数值超出了范围，则会返回错误值。

年 月 日

=DATE(A2,B2,C2)

	A	B	C	D	E
1	年	月	日	日期	
2	2022	3	15	2022/3/15	
3	2021	8	21	2021/8/21	
4	2022	10	30	2022/10/30	

图7-7

下面将使用DATE函数计算指定月份的第一天（图7-8）和最后一天的日期（图7-9）。

忽略第 3 参数时返回上个月的最后一天，加 1 表示加 1 天，则返回当前月份的第一天

=DATE(A2,B2,)+1

	A	B	C	D
1	年	月	第一天	最后一天
2	2022	1	2022/1/1	
3	2022	2	2022/2/1	
4	2022	3	2022/3/1	

图7-8

在第2参数后面加1，表示加1个月。由于公式忽略了第 3 参数，DATE函数将这一个月分配给第 3 参数，返回当前月的最后一天

=DATE(A2,B2+1,)

	A	B	C	D
1	年	月	第一天	最后一天
2	2022	1	2022/1/1	2022/1/31
3	2022	2	2022/2/1	2022/2/28
4	2022	3	2022/3/1	2022/3/31

图7-9

7.2.2 提取直播结束的具体时间——TIME函数

TIME是一个时间函数，它可以根据指定的小时数、分钟数以及秒数返回一个时间值。TIME函数有3个参数，参数的设置方法如下。

是介于0～23的数字 是介于0～59的数字 是介于0～59的数字

=TIME(❶小时,❷分钟,❸秒)

TIME函数的用法以及参数的设置原则和DATE函数基本相同。若参数为小数，则忽略小数部分。

下面将使用TIME函数将分别存储的小时数、分钟数以及秒数组合成完整的时间值。TIME函数默认返回0:00 PM时间格式，如图7-10所示。用户可根据需要对时间值的格式进行修改，例如修改成0:00:00的格式，如图7-11所示。

E2 =TIME(B2,C2,D2)

	A	B	C	D	E
1	直播场次	时	分	秒	结束时间
2	第1场	7	59	20	7:59 AM
3	第2场	8	4	16	8:04 AM
4	第3场	3	6	44	3:06 AM
5	第4场	17	23	48	5:23 PM
6	第5场	16	13	24	4:13 PM
7	第6场	16	12	18	4:12 PM

图7-10

E2 =TIME(B2,C2,D2)

	A	B	C	D	E
1	直播场次	时	分	秒	结束时间
2	第1场	7	59	20	7:59:20
3	第2场	8	4	16	8:04:16
4	第3场	3	6	44	3:06:44
5	第4场	17	23	48	17:23:48
6	第5场	16	13	24	16:13:24
7	第6场	16	12	18	16:12:18

图7-11

修改时间格式时可以通过“开始”选项卡的“数字”组中的“数字格式”列表快速地选择常用的时间格式，如图7-12所示。或者通过“设置单元格格式”对话框选择其他时间格式，如图7-13所示。

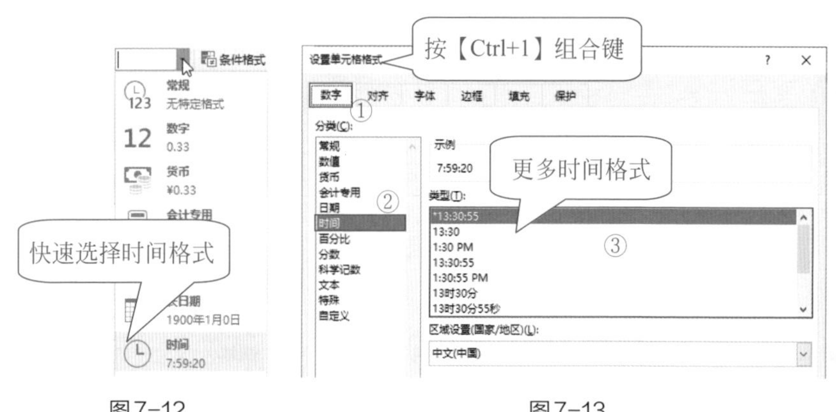

图7-12　　　　图7-13

7.2.3 提取出生年份——YEAR函数

YEAR函数可以返回日期中的年份。YEAR函数只有一个参数，即要提取其年份的日期。参数可以引用包含日期的单元格，也可以设置日期常量。当参数为日期常量时，需要输入在英文输入法状态下的双引号中。例如公式“=YEAR("2022/5/1")”的返回值为“2022”。

下面将使用YEAR函数提取员工的出生年份，如图7-14所示。

E2 =YEAR(D2)

	A	B	C	D	E
1	姓名	性别	部门	出生日期	出生年份
2	赵小兵	男	财务部	1995/6/10	1995
3	吴明明	女	人力资源部	1980/8/3	1980
4	周梅	女	市场开发部	1998/7/1	1998
5	孙威	男	人力资源部	1991/5/20	1991
6	张子强	男	财务部	1985/3/18	1985
7	许可馨	女	设计部	1987/6/5	1987
8	马国明	男	业务部	1990/8/16	1990

图7-14

YEAR函数常与其他函数嵌套使用，对提取出的年份值进一步处理和分析。例如，根据出生日期提取出生年份后还可以继续统计1990年及之后出生的人数，如图7-15所示。

统计区域　统计条件

=COUNTIF(E2:E12,">=1990")

G2 =COUNTIF(E2:E12,">=1990")

	A	B	C	D	E	F	G
1	姓名	性别	部门	出生日期	出生年份		1990年及之后出生的人数
2	赵小兵	男	财务部	1995/6/10	1995		8
3	吴明明	女	人力资源部	1980/8/3	1980		
4	周梅	女	市场开发部	1998/7/1	1998		
5	孙威	男	人力资源部	1991/5/20	1991		
6	张子强	男	财务部	1985/3/18	1985		
7	许可馨	女	设计部	1987/6/5	1987		
8	马国明	男	业务部	1990/8/16	1990		
9	丁丽	女	业务部	1996/5/8	1996		
10	周青云	男	设计部	1997/9/1	1997		
11	刘佩琪	女	生产部	2000/3/15	2000		
12	倪红军	男	生产部	1999/3/10	1999		

图7-15

知识链接：

YEAR函数与TODAY函数嵌套使用，还可以计算指定日期距离当前日期相差的年份。例如计算“1998/5/1”和当前日期间隔的年数，可以使用公式“=YEAR(TODAY())-YEAR("1998/5/1")”。

7.2.4 提取员工出生月份——MONTH函数

MONTH函数可以提取日期中的月份。MONTH函数只有一个参数，即要提取其月份的日期，其返回值为1～12的数字。若日期不标准，将返回“#VALUE”错误值，例如“=MONTH("2021/15/13")”或“=MONTH("2021/5/40")”都会返回错误值。

下面先学习MONTH函数的基本用法，从出生日期中提取出生月份，如图7-16所示。

包含日期的单元格引用

=MONTH(D2)

E2 =MONTH(D2)

	A	B	C	D	E
1	姓名	性别	部门	出生日期	出生月份
2	赵小兵	男	财务部	1995/6/10	6
3	吴明明	女	人力资源部	1980/8/3	8
4	周梅	女	市场开发部	1998/7/1	7
5	孙威	男	人力资源部	1991/5/20	5
6	张子强	男	财务部	1985/3/18	3

图7-16

如果想统计指定月份出生的人数，可以先用MONTH函数提取出生月份，然后用COUNTIF函数统计指定月份出生的人数，但是这样需要使用两个公式才能完成。下面将使用数组公式直接根据出生日期统计指定月份出生的人数，如图7-17所示。

判断出生月份是否等于3，该部分将返回由TRUE和FALSE组成的数组

统计TRUE的数量（3月出生的），TRUE乘1等于1，FALSE乘1等于0

=SUM((MONTH(D2:D12)=3)*1)

G2 {=SUM((MONTH(D2:D12)=3)*1)}

	A	B	C	D	E	F	G
1	姓名	性别	部门	出生日期	出生月份		3月份过生日的人数
2	赵小兵	男	财务部	1995/6/10	6		3
3	吴明明	女	人力资源部	1980/8/3	8		
4	周梅	女	市场开发部	1998/7/1	7		
5	孙威	男	人力资源部	1991/5/20	5		
6	张子强	男	财务部	1985/3/18	3		
7	许可馨	女	设计部	1987/6/5	6		
8	马国明	男	业务部	1990/8/16	8		
9	丁丽	女	业务部	1996/5/8	5		
10	周青云	男	设计部	1997/9/1	9		
11	刘佩琪	女	生产部	2000/3/15	3		
12	倪红军	男	生产部	1999/3/10	3		

按【Ctrl+Shift+Enter】组合键返回结果

图7-17

7.2.5 根据发货日期计算结款日期——DAY函数

DAY函数可以返回日期中的天数，返回结果值是1～31的数字

DAY 函数只有一个参数，即要返回其天数的日期。DAY 函数的用法和YEAR 函数与MONTH 函数基本相同。

下面先使用DAY 函数从上半年的账单还款日期中提取每月还款日，如图 7-18所示。

B2 =DAY(A2)

	A	B	C	D
1	还款日期	还款日		
2	2021/1/10	10		
3	2021/2/12	12		
4	2021/3/15	15		
5	2021/4/8	8		
6	2021/5/13	13		
7	2021/6/15	15		

图7-18

DAY 函数与其他日期函数嵌套使用，可完成更复杂的日期计算。假设某公司的结款日为15号，每满3个月结一次款，下面将根据发货日期计算结款日期，如图 7-19所示。

返回结款年份

返回结款月份，发货日期在15号或15号之前，则发货月份加3；若发货日期在15号之后，则发货月份先加3再加1

结款日为15号

=DATE(YEAR(B2),MONTH(B2)+C2+(DAY(B2)>15),15)

判断发货日是否大于等于15，若是，则返回TRUE（1），否则返回FALSE（0）

D2 =DATE(YEAR(B2),MONTH(B2)+C2+(DAY(B2)>15),15)

	A	B	C	D	E	F
1	客户	发货日期	结款周期（月）	结款日期		
2	客户A	2022/3/15	3	2022/6/15		
3	客户B	2022/2/5	3	2022/5/15		
4	客户C	2022/2/10	3	2022/5/15		
5	客户D	2022/3/20	3	2022/7/15		
6	客户E	2022/4/20	3	2022/8/15		
7	客户F	2022/5/22	3	2022/9/15		

图7-19

7.2.6 计算最迟还款日期——EOMONTH函数

EOMONTH函数可以返回某个日期在指定月数之前或之后的那个月份中的最后一天。EOMONTH函数有两个参数，参数的设置方法如下。

=EOMONTH（❶给定的日期,❷给定的月份）

❶ 可以是日期常量或包含日期的单元格引用

❷ 负数表示返回指定日期之前的日期，正数表示返回指定日期之后的日期；若给定的数字包含小数，则小数部分会被忽略

假设贷款的最迟还款日为还款月的最后一天，下面将使用EOMONTH函数计算最迟还款日。EOMONTH函数默认的返回日期是数字代码形式，需要用户手动将其更改为日期格式，如图7-20所示。

D2 =EOMONTH(B2,C2)

	A	B	C	D
1	项目	贷款日期	贷款月数	最迟还款日期
2	贷款1	2021/5/10	24	45077
3	贷款2	2021/6/1	5	44530
4	贷款3	2022/3/15	6	44834
5	贷款4	2022/10/8	12	45230
6	贷款5	2021/10/20	3	44592
7	贷款6	2022/6/12	10	45046
8	贷款7	2022/9/5	12	45199

返回日期的数字代码形式

最迟还款日期
2023/5/31
2021/11/30
2022/9/30
2023/10/31
2022/1/31
2023/4/30
2023/9/30

手动转换成日期格式

图7-20

知识链接：

当给定的月数为“0”时，EOMONTH函数将返回日期所在月份的最后一天，例如“=EOMONTH("2022/5/2",0)”将返回“2022/5/31”。根据这个原则可计算最迟还款日期，如图7-21所示。

	A	B	C	D	E
1	项目	贷款日期	贷款月数	还款日期	最迟还款日期
2	贷款1	2021/5/10	24	2023/5/10	2023/5/31
3	贷款2	2021/6/1	5	2021/11/1	2021/11/30
4	贷款3	2022/3/15	6	2022/9/15	2022/9/30
5	贷款4	2022/10/8	12	2023/10/8	2023/10/31

E2 =EOMONTH(D2,0)

图7-21

7.2.7 设置近期还款提醒——EDATE函数

EDATE函数可以返回指定月份之前或之后的日期。EDATE函数有两个参数，参数的设置方法如下。

=EDATE(❶给定的日期,❷给定的月数)

通过对比可以发现，EDATE函数的参数设置方法和EOMONTH函数完全相同。其实这两个函数的使用方法也基本相同。在根据贷款日期以及贷款月数计算实际还款日期时，可使用EDATE函数，如图7-22所示。

贷款日期　返回该月数之后的日期

=EDATE(B2,C2)

E2 =EDATE(B2,C2)

	A	B	C	D	E
1	项目	贷款日期	贷款月数	还款日期	还款提醒
2	贷款1	2020/1/20	24	2022/1/20	2022/1/20
3	贷款2	2021/2/1	12	2022/2/1	2022/2/1
4	贷款3	2022/3/15	6	2022/9/15	2022/9/15
5	贷款4	2022/10/8	12	2023/10/8	2023/10/8
6	贷款5	2021/10/20	3	2022/1/20	2022/1/20
7	贷款6	2022/6/12	10	2023/4/12	2023/4/12
8	贷款7	2022/9/5	12	2023/9/5	2023/9/5

图7-22

假设需要对15天内到还款日的贷款项目进行文字提醒，可以用EDATE函数与TODAY和IF函数嵌套编写公式，如图7-23所示。

判断还款日期和当前日期的差是否小于等于15天

若是，则返回"请尽快还款" 否则返回空值

=IF(EDATE(B2,C2)-TODAY()<=15,"请尽快还款","")

还款日期和当前日期相差的天数

E2 =IF(EDATE(B2,C2)-TODAY()<=15,"请尽快还款","")

	A	B	C	D	E	F
1	项目	贷款日期	贷款月数	还款日期	还款提醒	
2	贷款1	2020/11/20	24	2022/11/20	请尽快还款	
3	贷款2	2021/2/1	12	2022/2/1		
4	贷款3	2022/3/15	6	2022/9/15		
5	贷款4	2022/10/8	12	2023/10/8		
6	贷款5	2021/10/20	13	2022/11/20	请尽快还款	
7	贷款6	2022/6/12	10	2023/4/12		
8	贷款7	2022/9/5	12	2023/9/5		

图7-23

注意事项：

这个公式只能在还款日期晚于当前日期时使用，若还款日早于当前日期，公式也会返回"请尽快还款"的提示文本。如果想让判断结果更准确，可以使用IF函数进行多次判断，具体公式如下。

还款日期和当前日期相差的天数是否小于0　如果是，则返回"已过还款日期"

=IF((EDATE(B2,C2)-TODAY())<0,"已过还款日期",
IF((EDATE(B2,C2)-TODAY())<=15,"请尽快还款",""))

7.2.8 计算指定日期是星期几——WEEKDAY函数

WEEKDAY函数可以判断指定日期是星期几。WEEKDAY函数有两个参数，参数的设置方法如下。

可以是单元格引用或日期常量　用来确定将星期几作为一周的第一天

=WEEKDAY(❶日期,❷返回值类型)

返回值类型用来确定WEEKDAY函数返回的数字代表星期几，具体设置方法见表7-1。

表7-1

第2参数	返回类型
1或忽略	用数字1～7，依次表示星期日到星期六
2	用数字1～7，依次表示星期一到星期日
3	用数字0～6，依次表示星期一到星期日
11	用数字1～7，依次表示星期一到星期日
12	用数字1～7，依次表示星期二到星期一
13	用数字1～7，依次表示星期三到星期二
14	用数字1～7，依次表示星期四到星期三
15	用数字1～7，依次表示星期五到星期四
16	用数字1～7，依次表示星期六到星期五
17	用数字1～7，依次表示星期日到星期六

中国人一般习惯将星期一当作一周的第一天，将星期日当作一周的最后一天（第7天）。如果没有特殊要求，一般将WEEKDAY函数的第2参数设置成“2”或“11”，如图7-24所示。

返回1代表星期一，返回2代表星期二，以此类推

=WEEKDAY(B2,2)

C2 =WEEKDAY(B2,2)

	A	B	C	D
1	事项	日期	星期几	
2	放寒假	2022/1/22	6	
3	春季开学	2022/2/14	1	

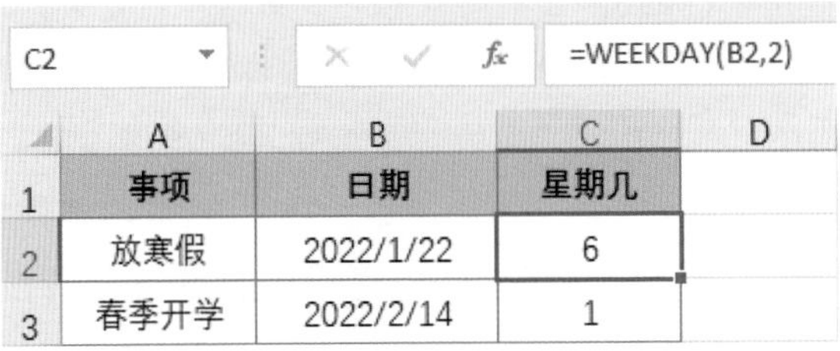

图7-24

若要将星期日作为一周的第一天，需要将第2参数设置成“1”（图7-25），或忽略第2参数（图7-26）。

=WEEKDAY(B2,1)

C2　=WEEKDAY(B2,1)

	A	B	C	D
1	事项	日期	星期几	
2	放寒假	2022/1/22	7	
3	春季开学	2022/2/14	2	

图7-25

=WEEKDAY(B2)

C2　=WEEKDAY(B2)

1～7分别代表星期日到星期六

	A	B	C	D
1			星期几	
2	放寒假	2022/1/22	7	
3	春季开学	2022/2/14	2	

图7-26

WEEKDAY函数只能以数字表示某个日期是星期几，若想返回中文形式的星期几，可以使用TEXT函数编写嵌套公式，如图7-27所示。

提取星期数字代码　aaaa是中文星期的代码

=TEXT(WEEKDAY(B2),"aaaa")

C2　=TEXT(WEEKDAY(B2),"aaaa")

	A	B	C	D	E
1	活动	日期	星期		
2	第1场	2022/1/1	星期六		
3	第2场	2022/1/10	星期一		
4	第3场	2022/2/10	星期四		
5	第4场	2022/2/20	星期日		
6	第5场	2022/3/5	星期六		

图7-27

注意事项：

这个公式中WEEKDAY函数忽略了第2参数。若设置第2参数为1，也是成立的。若设置为其他类型公式，将返回错误的判断结果。因为按照国际惯例，星期日是一周的第一天，“aaaa”代码是为第一种返回类型量身定制的。

如果只使用一个TEXT函数，也可以将日期直接转换成星期，如图7-28所示。代码为“aaa”时可返回中文简写形式的星期几，如图7-29所示。

	A	B	C	D
1	活动	日期	星期	
2	第1场	2022/1/1	星期六	
3	第2场	2022/1/10	星期一	
4	第3场	2022/2/10	星期四	
5	第4场	2022/2/20	星期日	
6	第5场	2022/3/5	星期六	

C2 =TEXT(B2,"aaaa")

图7-28

	A	B	C	D
1	活动	日期	星期	
2	第1场	2022/1/1	六	
3	第2场	2022/1/10	一	
4	第3场	2022/2/10	四	
5	第4场	2022/2/20	日	
6	第5场	2022/3/5	六	

C2 =TEXT(B2,"aaa")

图7-29

7.2.9 计算指定日期是当年的第几周——WEEKNUM函数

WEEKNUM函数可以判断指定的日期在一年中的第几周。WEEKNUM函数有两个参数，参数的设置方法如下。

用来确定将星期几作为一周的第一天

=WEEKNUM（❶日期,❷返回值类型）

WEEKNUM函数与WEEKDAY函数的参数设置方法基本相同，WEEKNUM函数的返回值类型见表7-2。

表7-2

第2参数	返回类型
1	一周的第一天是星期日
2	一周的第一天是星期一
11	一周的第一天是星期一
12	一周的第一天是星期四
13	一周的第一天是星期三
14	一周的第一天是星期四
15	一周的第一天是星期五
16	一周的第一天是星期六
17	一周的第一天是星期日
21	一周的第一天是星期一

使用WEEKNUM函数可以计算一些重要的日期在一年中的第几周，如图7-30所示。

在没有特殊要求的情况下，第2参数可以设置为“2”，按星期一作为一周的第一天进行计算。

=WEEKNUM(B2,2)

C2 =WEEKNUM(B2,2)

	A	B	C	D
1	项目名称	竣工日期	一年中的第几周	
2	A项目	2021/3/18	12	
3	B项目	2021/5/26	22	
4	C项目	2021/10/20	43	
5	D项目	2021/6/17	25	
6	E项目	2021/9/5	36	

图7-30

7.2.10 从时间值中提取小时数——HOUR函数

HOUR是一个时间函数，可以从时间中提取小时数，返回结果值是0～23的整数。HOUR函数只有一个参数，即要提取小时数的时间值。时间值可以是包含时间的单元格引用或日期常量，日期常量必须输入在英文输入法下的双引号中。

HOUR函数可以根据不同格式的时间提取小时数，具体应用示例如下。

=HOUR("14:05:28") 返回“14”

=HOUR("6:22 PM") 返回“18”

=HOUR("2022/5/20 6:20") 返回“6”

=HOUR("下午9时21分") 返回“21”

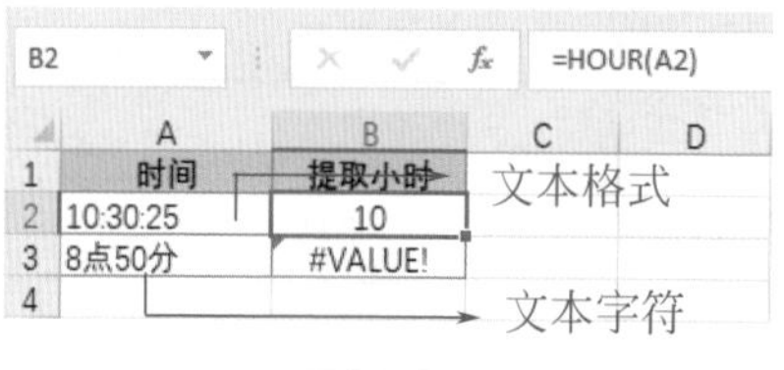
B2 =HOUR(A2)

	A	B	C	D
1	时间	提取小时		
2	10:30:25	10		
3	8点50分	#VALUE!		
4				

图7-31

如果日期输入在文本格式的单元格中，并不会对返回结果造成影响。但是，如果参数为日期之外的文本，将返回错误值，如图7-31所示。

在实际工作中使用HOUR函数可以统计两个时间的相差整小时数，如图7-32所示。

E2 =HOUR(D2-C2)

	A	B	C	D	E
1	打卡日期	员工姓名	上班时间	下班时间	工作小时数
2	2022/4/1	董潇潇	9:00	17:33	8
3	2022/4/1	刘洋铭	9:00	18:00	9
4	2022/4/1	甄美丽	9:15	19:50	10
5	2022/4/1	郑宇	9:00	18:00	9
6	2022/4/1	郭强	9:08	20:30	11
7	2022/4/1	梦之月	10:20	22:00	11
8	2022/4/1	郭秀妮	12:00	18:00	6
9	2022/4/1	李媛	9:00	17:00	8
10	2022/4/1	张籽沐	8:30	18:00	9
11	2022/4/1	葛常杰	9:00	19:30	10
12	2022/4/1	程笑笑	8:00	18:00	10
13	2022/4/1	刘薇	9:00	18:00	9

图7-32

7.2.11 计算计时工资——MINUTE函数

MINUTE函数可以返回时间值中的分钟数，返回值是0～59之间的整数。MINUTE函数与HOUR函数的参数设置方法相同。

在根据上下班时间计算员工计时工资时，可以使用HOUR函数和MINUTE函数组合编写公式，按1小时40元计算，如图7-33所示。

提取工作小时数　提取工作的分钟数，除以60表示将分钟转换成小时

=(HOUR(D2-C2)+(MINUTE(D2-C2)/60))*40 → 1小时的工资

E2 =(HOUR(D2-C2)+(MINUTE(D2-C2)/60))*40

	A	B	C	D	E
1	打卡日期	员工姓名	上班时间	下班时间	计时工资
2	2022/4/1	董潇潇	9:00	17:33	342
3	2022/4/1	刘洋铭	9:00	18:00	360
4	2022/4/1	甄美丽	9:15	19:50	423.3333333
5	2022/4/1	郑宇			360
6	2022/4/1	郭强			454.6666667
7	2022/4/1	梦之月			466.6666667
8	2022/4/1	郭秀妮			240

小数部分也可以用数值舍入函数处理

图7-33

计算出的工资中有些包含多位小数，此时可以为公式嵌套数值舍入函数，将工资保留到整数部分，这里可以使用ROUNDUP（向上舍入函

数），如图7-34所示。

=ROUNDUP((HOUR(D2-C2)+(MINUTE(D2-C2)/60))*40,0)

E2　=ROUNDUP((HOUR(D2-C2)+(MINUTE(D2-C2)/60))*40,0)

	A	B	C	D	E
1	打卡日期	员工姓名	上班时间	下班时间	计时工资
2	2022/4/1	董潇潇	9:00	17:33	342
3	2022/4/1	刘洋铭	9:00	18:00	360
4	2022/4/1	甄美丽	9:15	19:50	424
5	2022/4/1	郑宇	9:00	18:00	360
6	2022/4/1	郭强	9:08	20:30	455
7	2022/4/1	梦之月	10:20	22:00	467
8	2022/4/1	郭秀妮	12:00	18:00	240

图7-34

7.2.12　计算游船租赁总时长——SECOND函数

SECOND函数可以从时间值中提取秒数，返回值为0～59的整数。SECOND函数与HOUR函数、MINUTE函数是“时间函数三兄弟”，它们的参数设置方法以及用法基本相同。

下面使用SECOND函数从游船的租赁时间中提取秒，如图7-35所示。当SECOND函数的参数为负数时将返回错误值。例如当两个时间相减时，若结果为负数，SECOND函数会返回“#NUM!”错误值，如图7-36所示。

=SECOND(B2-A2)

D2　=SECOND(B2-A2)

	A	B	C	D
1	租赁开始时间	租赁结束时间	租赁时长	提取秒
2	12:35:41	13:15:08	0:39:27	27
3	15:12:03	15:40:03	0:28:00	0
4	6:18:52	10:32:18	4:13:26	26
5	9:30:20	12:12:06	2:41:46	46
6	19:15:50	22:26:50	3:11:00	0
7	18:22:19	19:20:25	0:58:06	6
8	7:05:16	7:32:55	0:27:39	39
9	16:02:18	16:53:49	0:51:31	31

图7-35

参数结果值为负数，公式返回错误值

=SECOND(B2-A2)

D2　=SECOND(A2-B2)

	A	B	C	D
1	租赁开始时间	租赁结束时间	租赁时长	提取秒
2	12:35:41	13:15:08	0:39:27	#NUM!
3	15:12:03	15:40:03	0:28:00	#NUM!
4	6:18:52	10:32:18	4:13:26	#NUM!
5	9:30:20	12:12:06	2:41:46	#NUM!
6	19:15:50	22:26:50	3:11:00	#NUM!
7	18:22:19	19:20:25	0:58:06	#NUM!
8	7:05:16	7:32:55	0:27:39	#NUM!
9	16:02:18	16:53:49	0:51:31	#NUM!

图7-36

如果要把游船租赁时长转换成分钟，则需要用到HOUR、MINUTE以及SECOND三个函数，秒大于0时按照1分钟计算，如图7-37所示。

将小时转换成分钟　　提取分钟　　判断秒是否大于0，若是，则返回TRUE(1)，否则返回FALSE(0)

=HOUR(C2)*60+MINUTE(C2)+(SECOND(C2)>0)

D2　　=HOUR(C2)*60+MINUTE(C2)+(SECOND(C2)>0)

	A	B	C	D
1	租赁开始时间	租赁结束时间	租赁时长	租赁总分钟
2	12:35:41	13:15:08	0:39:27	40
3	15:12:03	15:40:03	0:28:00	28
4	6:18:52	10:32:18	4:13:26	254
5	9:30:20	12:12:06	2:41:46	162
6	19:15:50	22:26:50	3:11:00	191
7	18:22:19	19:20:25	0:58:06	59
8	7:05:16	7:32:55	0:27:39	28
9	16:02:18	16:53:49	0:51:31	52

图7-37

7.3 计算期间差

计算起始日期与结束日期的间隔值时，根据不同的要求可以选择不同的函数，例如DAYS360、DATEDIF、NETWORKDAYS等函数。

7.3.1 计算项目历时天数——DAYS360函数

DAYS360函数可按照一年365天的算法返回两个日期相差的天数。DAYS360函数有3个参数，参数的设置方法如下。

包含美国方法和欧洲方法两种，分别用TRUE或FALSE表示

=DAYS360(❶起始日期,❷结束日期,❸计算方法)

关于计算方法的详细说明见表7-3。

表7-3

参数3	计算方法
FALSE或忽略	美国方法。如果起始日期是一个月的最后一天，则等于同月的30号。如果终止日期是一个月的最后一天，并且起始日期早于30号，则终止日期等于下一个月的1号，否则终止日期等于同月的30号
TRUE	欧洲方法。如果起始日期和终止日期为某月的31号，则等于当月的30号

假设要按照美国方法根据起始日期和结束日期计算项目的历时天数，可以使用DAYS360函数，如图7-38所示。若忽略第3参数，则计算结果相同，如图7-39所示。

=DAYS360(B2,C2,FALSE)

D2 　=DAYS360(B2,C2,FALSE)

	A	B	C	D
1	序号	项目开始日期	项目结束日期	历时天数
2	1	2021/5/1	2022/5/1	360
3	2	2021/3/20	2021/12/30	280
4	3	2020/1/1	2021/5/30	509
5	4	2019/7/18	2021/7/18	720
6	5	2019/12/1	2020/3/1	90
7	6	2020/6/12	2022/12/30	918
8	7	2019/1/1	2021/5/1	840

图7-38

=DAYS360(B2,C2)

D2 　=DAYS360(B2,C2)

	A	B	C	D
1	序号	项目开始日期	项目结束日期	历时天数
2	1	2021/5/1	2022/5/1	360
3	2	2021/3/20	2021/12/30	280
4	3	2020/1/1	2021/5/30	509
5	4	2019/7/18	2021/7/18	720
6	5	2019/12/1	2020/3/1	90
7	6	2020/6/12	2022/12/30	918
8	7	2019/1/1	2021/5/1	840

图7-39

7.3.2 根据出生日期计算实际年龄——DATEDIF函数

DATEDIF函数可以计算起始日期和结束日期之间相差的年数、月数或天数。该函数在Excel中是一个隐藏函数，只能通过手动输入来插入函数名和设置参数。但是在WPS表格中DATEDIF函数不属于隐藏函数，可以通过系统提供的途径插入，并在“函数参数”对话框中设置参数。

DATEDIF函数有3个参数，参数的设置方法如下。

用加双引号的字母代码表示函数返回的是年、月或日

=DATEDIF(❶起始日期,❷结束日期,❸返回值类型)

返回值类型见表7-4。

表7-4

第3参数	返回值的类型
Y	返回两个日期间隔的整年数
M	返回两个日期间隔的整月数
D	返回两个日期间隔的整日数
YM	返回不到一年的月数
YD	返回不到一年的日数
MD	返回不到一个月的日数

下面将使用DATEDIF函数与TODAY函数嵌套编写公式，根据出生日期计算实际年龄，如图7-40所示。

出生日期　　当前日期　　返回两个日期间隔的年数

=DATEDIF(D2,TODAY(),"Y")

E2　　=DATEDIF(D2,TODAY(),"Y")

	A	B	C	D	E	F
1	姓名	性别	部门	出生日期	年龄	
2	赵小兵	男	财务部	1995/6/10	27	
3	吴明明	女	人力资源部	1980/8/3	42	
4	周梅	女	市场开发部	1998/7/1	24	
5	孙威	男	人力资源部	1991/5/20	31	
6	张子强	男	财务部	1985/3/18	37	
7	许可馨	女	设计部	1987/6/5	35	

图7-40

7.3.3 计算产品的实际加工天数——NETWORKDAYS函数

NETWORKDAYS函数可以返回起始日期和结束日期之间的工作日天数。该函数默认周一至周五为工作日。NETWORKDAYS函数有3个参数，参数的设置方法如下。

表示需要从工作日中除去的日期，例如国家法定节假日以及一些自定义的节假日等。可以是包含日期的单元格引用或常量数组

=NETWORKDAYS(❶起始日期,❷结束日期,❸节假日)

若没有需要额外去除的日期，可忽略该参数

假设工厂在加工产品时周一至周五正常工作，周六周日休息，在不计算节假日的情况下若统计加工天数可使用NETWORKDAYS函数，此时可忽略第3参数，如图7-41所示。

若要计算除去节假日的实际加工天数，还是使用NETWORKDAYS函数，只是需要在第3参数位置选择包含节假日的单元格区域，如图7-42所示。

=NETWORKDAYS(B2,C2)

D2 =NETWORKDAYS(B2,C2)

	A	B	C	D	E
1	产品名称	接单日期	完成日期	工作天数	
2	A模件	2022/3/1	2022/4/5	26	
3	B模件	2022/4/15	2022/6/20	47	
4	C模件	2022/5/20	2022/5/30	7	
5	D模件	2022/4/23	2022/5/12	14	
6	E模件	2022/6/8	2022/6/30	17	

图7-41

=NETWORKDAYS(B2,C2,$F$2:$F$6)

D2 =NETWORKDAYS(B2,C2,$F$2:$F$6)

	A	B	C	D	E	F
1	产品名称	接单日期	完成日期	工作天数		五一假期
2	A模件	2022/3/1	2022/4/5	26		2022/5/1
3	B模件	2022/4/15	2022/6/20	43		2022/5/2
4	C模件	2022/5/20	2022/5/30	7		2022/5/3
5	D模件	2022/4/23	2022/5/12	10		2022/5/4
6	E模件	2022/6/8	2022/6/30	17		2022/5/5

节假日为非工作日时不会被重复计算

图7-42

7.3.4 根据起始日期返回指定工作日之后的日期——WORKDAY函数

WORKDAY函数可以返回起始日期之前或之后相隔指定工作日的日期。例如，返回2022/3/1之后10个工作日的具体日期。WORKDAY函数默认周一至周五为工作日。WORKDAY函数有3个参数，参数的设置方法如下。

负数表示向前推算，正数表示向后推算　参考NETWORKDAYS函数

=WORKDAY(❶起始日期,❷间隔的天数,❸节假日)

计算2022/3/1之后10个工作日的具体日期时可使用下面的公式。

=WORKDAY("2022/3/1",10)　　　返回“2022/3/15”

若计算2022/3/1之前10个工作日的具体日期，则需要将第2参数设置为负数。

=WORKDAY("2022/3/1",-10)　　　返回“2022/2/15”

用WORKDAY函数可以根据预计的工作天数返回去除节假日的完成日期，如图7-43所示。

起始日期　去除周末和节假日的间隔天数　需要去除的节假日

=WORKDAY(B2,C2,$F$2:$F$6)

D2　=WORKDAY(B2,C2,$F$2:$F$6)

	A	B	C	D	E	F
1	产品名称	接单日期	预计加工天数	预计完成日期		五一假期
2	A模件	2022/3/1	25	2022/4/5		2022/5/1
3	B模件	2022/4/15	50	2022/6/30		2022/5/2
4	C模件	2022/5/20	7	2022/5/31		2022/5/3
5	D模件	2022/4/23	10	2022/5/12		2022/5/4
6	E模件	2022/6/8	20	2022/7/6		2022/5/5

图7-43

注意事项：

WORKDAY函数默认的返回日期是数字代码形式，需要用户手动将其更改为需要的日期格式。

知识链接：

如果要自定义周末返回两个日期之间的工作天数，可以使用NETWORKDAYS.INTL函数。如果要自定义周末返回指定的工作日之前或之后的日期，可以使用WORKDAY.INTL函数。

初试锋芒

本章主要介绍了常用的日期与时间函数，日期与时间函数常用于计算和时间相关的问题，例如计算工时工资、最迟还款日期、实际工作天数等。下面一起来做个测试题，检验一下学习成果吧！

用户需要根据如图7-44所示的合同信息设置30日内合同到期提醒。具体要求为：在E列中输入公式，自动判断哪些合同将在30日内到期，并以文本"合同即将到期"进行提醒。

	A	B	C	D	E
1	合同	合同签订日	合同有效期(月)	合同到期日	合同30日内到期提醒
2	合同1	2020/1/20	24	2022/1/20	
3	合同2	2021/2/1	12	2022/2/1	
4	合同3	2022/3/15	6	2022/9/15	
5	合同4	2022/10/8	12	2023/10/8	
6	合同5	2021/10/20	3	2022/1/20	
7	合同6	2022/6/12	10	2023/4/12	
8	合同7	2022/9/5	12	2023/9/5	
9					
10					

Sheet1

图7-44

操作难度

★★★★☆

操作提示

（1）用EDATE函数、TODAY函数以及IF函数编写嵌套公式。

（2）公式的编写思路可参考本章7.2.7小节的案例。

操作结果

是否顺利完成操作？　是□　否□，用时________分钟

操作用时遇到的问题：

____

____

____

扫码观看
本章视频

第8章 精打细算的财务函数

在数据表中使用财务函数可以进行各种存款、贷款、投资、债券等金额的计算。财务函数根据其用途大致可分为4种类型，包括投资计算类、折旧计算类、偿还率计算类以及债券和其他金融类。本章将对常用财务函数的用法进行详细介绍。

8.1 投资计算函数

计算投资或贷款各项金额时经常需要计算未来值、期值、利息、净现值等，下面先介绍在处理这些问题时会用到的函数。

8.1.1 计算银行存款的本金和利息总额——FV函数

FV函数用于根据固定利率计算投资的未来值。FV函数有5个参数，参数的设置方法如下。

用0或1表示付款时间为期初还是期末。0为期末，1为期初

总投资期

=FV(❶各期利率,❷支付总期数,❸各期支付额,❹本金,❺还款时间)

若忽略，默认为0

假设某人连续6年，每月向银行存款5000元，平均年利率为3.85%。下面将使用FV函数根据利率、投资期数以及定期支付额等信息计算6年后银行存款的本金和利息总额，如图8-1所示。

利率、总投资期、支付额的时间单位应相同，所以月存款额乘以12得到年存款额

=FV(B1,B3,-B2*12,0)

期末存款

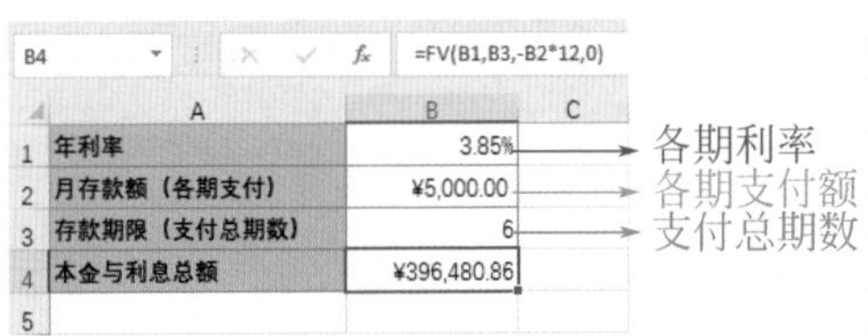

图8-1

注意事项：

各期支付额，如银行存款，应该以负数表示；收入的款项，如股息支票，应该以正数表示。本例的存款金额是以正数表示的，所以在公式中应该在引用的单元格之前添加负号，否则公式将返回负数。

8.1.2 计算投资的期值——FVSCHEDULE函数

FVSCHEDULE函数可以通过变量或可调节利率计算投资的期值FVSCHEDULE函数有两个参数，参数的设置方法如下。

可以指定为数字或空白单元格，空白单元格被视为 0（没有利息）；若指定其他值，将返回 "#VALUE!" 错误值

=FVSCHEDULE(❶现值,❷利率数组)

下面先通过一个示例了解FVSCHEDULE函数的基本应用方法。

=FVSCHEDULE（10，{0.08,0.05,0.12,0.3}） 返回16.51104

该公式计算基于复利率数组{0.08,0.05,0.12,0.3}返回本金10的未来值。

在实际工作或生活中，当通过一系列复利率计算初始本金的未来值时，可以使用FVSCHEDULE函数。

例如某人在2021年1月存款20万元，协定按月计算利息。在该年中，存款年利率共变化了4次，1～3月为3.12%，4～6月为3.45%，7～9月为3.59%，10～12月为3.88%。现使用FVSCHEDULE函数计算一年后的存款总额，如图8-2所示。

利率数据不能直接使用年利率，需要按月份计算利息，所以使用C2:C13区域

=FVSCHEDULE(F1,C2:C13)

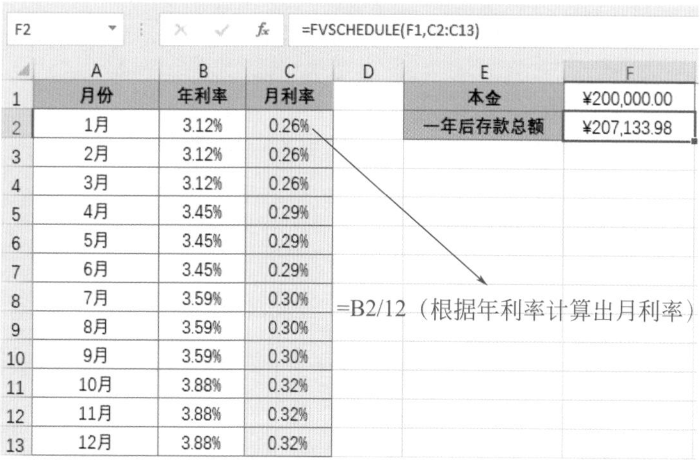

F2 =FVSCHEDULE(F1,C2:C13)

	A	B	C	D	E	F
1	月份	年利率	月利率		本金	¥200,000.00
2	1月	3.12%	0.26%		一年后存款总额	¥207,133.98
3	2月	3.12%	0.26%			
4	3月	3.12%	0.26%			
5	4月	3.45%	0.29%			
6	5月	3.45%	0.29%			
7	6月	3.45%	0.29%			
8	7月	3.59%	0.30%			
9	8月	3.59%	0.30%			
10	9月	3.59%	0.30%			
11	10月	3.88%	0.32%			
12	11月	3.88%	0.32%			
13	12月	3.88%	0.32%			

=B2/12（根据年利率计算出月利率）

图8-2

8.1.3 计算贷款每年应偿还的利息——IPMT函数

IPMT函数用于计算固定利率及等额分期付款方式下，给定期数内投资的利息偿还额。IPMT函数的参数较多，共有6个参数，参数的设置方法如下。

=IPMT(❶各期利率,❷期数,❸支付总期数,❹现值,❺终值,❻付款时间)

❶ 各期利率
❷ 要计算其利息的期数
❸ 付款总期数
❹ 本金，一系列未来付款的当前值的累积和
❺ 未来值，或在最后一次付款后希望得到的现金余额。可忽略，忽略时默认为0
❻ 1为期初支付，0为期末支付。若忽略，默认为期末支付

注意事项：

① 各期利率和支付总期数所用的单位必须是一致的。假如贷款期限为2年，年利率为4.75%。若每月还一次款，则利率应为4.75%/12，支付总期数应为2*12。若每年还一次款，则利率应为4.75%，支付总期数应为2。

② 支出款项应以负数表示，收入款项应以正数表示。

假设某人向银行贷款30万元，贷款期限为5年，年利率为4.75%，现需要用IPMT函数计算每年应偿还的利息，如图8-3所示。

=IPMT($B$1,D2,$B$2,-$B$3)

E2 =IPMT($B$1,D2,$B$2,-$B$3)

	A	B	C	D	E
1	年利率	4.75%		期数	应偿还利息
2	贷款年限	5		1	¥14,250.00
3	贷款总额	¥300,000.00		2	¥11,658.20
4				3	¥8,943.28
5				4	¥6,099.41
6				5	¥3,120.46

图8-3

知识链接：

若每月还款一次，要计算最后一期的利息该如何编写公式呢？具体公式

如下。

=IPMT(B1/12,B2*12,B2*12,-B3)

8.1.4 计算等额本金还款时需要支付的利息——ISPMT函数

ISPMT函数用于计算特定投资期内要支付的利息。ISPMT函数有4个参数，所有参数全部需要设置，不能忽略。ISPMT函数的参数设置方法如下。

=ISPMT(❶各期利率,❷要计算其利息的期数,❸支付总期数,❹现值)

知识链接：

ISPMT函数与IPMT函数都用于计算分期当期的利息，但是其返回结果是不同的。区别在于：IPMT函数计算的是贷款后分期等额偿还本息中每次等额本息还款中利息的部分；而ISPMT函数计算的是每次还款等额本金时需要在还款本金外需要支付的利息，其还款方式是分期偿还本金。

若仍以某人向银行贷款30万元、贷款期限为5年、年利率为4.75%为例，用ISPMT函数计算每年应偿还的利息，如图8-4所示。

各期利率　要计算其利息的期数　支付总期数　贷款总额，由于引用的值为正数，所以需要使用负号

=ISPMT($B$1,D2,$B$2,-$B$3)

E2　=ISPMT($B$1,D2,$B$2,-$B$3)

	A	B	C	D	E	F
1	年利率	4.75%		期数	应偿还利息	
2	贷款年限	5		0	¥14,250.00	
3	贷款总额	¥300,000.00		1	¥11,400.00	
4				2	¥8,550.00	
5				3	¥5,700.00	
6				4	¥2,850.00	
7						

图8-4

注意事项:

① ISPMT函数计算以零开头的每个周期，而不是从1开始。当分5期支付时，要计算利息的期数应为0～4。

② 现值为负数代表现金支出（如存款或他人取款），为正数代表现金收入（如股息分红或他人存款）。

8.1.5 计算指定期限内达到目标存款额时每月存款额——PMT函数

PMT函数用于根据固定付款额和固定利率计算贷款的付款额。PMT函数有5个参数，参数的设置方法如下。

可选参数，1为期初支付，0为期末支付。若忽略，默认为期末支付

=PMT(❶各期利率,❷付款总期数,❸现值,❹未来值,❺支付时间)

可选参数，表示在最后一次付款后希望得到的现金余额。若忽略，默认为0

PMT函数可用于贷款，也可用于储蓄。计算为达到预定存储额，每次必须存储的金额，或计算给定期间内要偿还完贷款，每期必须偿还的金额时，均可使用PMT函数。

注意事项:

PMT函数同样要求利率与付款总期数所用的单位是一致的。

某人想通过定期向银行存款的方式在10年后获得一笔50万元的存款。假设年利率为4.13%，现在使用PMT函数计算每月需要存入多少金额才能在规定时间内实现目标存款额，如图8-5所示。

月利率　存款总月数　现值为0可不写，但分隔符不能省略

=PMT(B1/12,B2*12,,-B3,1)

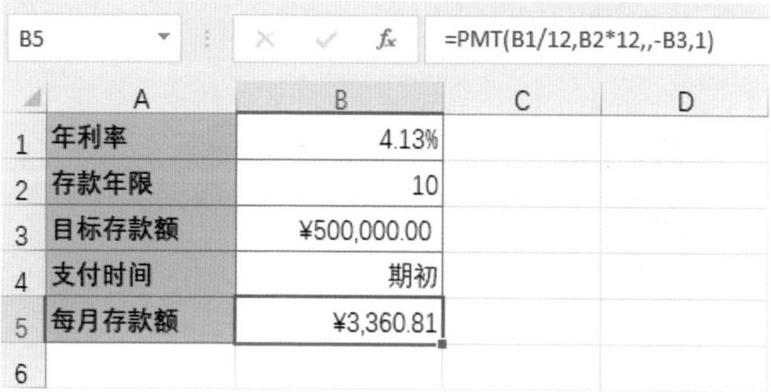

B5 =PMT(B1/12,B2*12,,-B3,1)

	A	B	C	D
1	年利率	4.13%		
2	存款年限	10		
3	目标存款额	¥500,000.00		
4	支付时间	期初		
5	每月存款额	¥3,360.81		
6				

图8-5

知识链接：

若要计算存款期内实际存款金额，可以用返回值与付款总期数相乘。

8.1.6 计算一笔投资5年后的净现值——NPV函数

NPV函数通过使用贴现率以及一系列未来值（支出或收入），返回一项投资的净现值。NPV函数的参数由“贴现率”和“支出或收入”组成，“支出或收入”在时间上必须具有相等的时间间隔。NPV函数的参数设置方法如下。

支出为负数，收入为正数。第一个收入或支出值不能忽略，必须设置

最多设置254个收入或支出参数。除了第一个，后续的可忽略

=NPV(❶贴现率,❷收入或支出,❸收入或支出,…)

知识链接：

净现值是现金流量的结果，是未来相同时间内现金流入量与现金流出量之间的差值，现金流量必须在期末产生。

假设年贴现率为5%，初期投资5万元，现根据前5年的收益金额计算这项投资的净现值，如图8-6所示。

=NPV(B1,B2,B3,B4,B5,B6,B7)

E1 =NPV(B1,B2,B3,B4,B5,B6,B7)

	A	B	C	D	E
1	年贴现率	5%		投资的净现值	¥3,333.27
2	一年前的初期投资	-50000			
3	第一年收益	7000			
4	第二年收益	9500			
5	第三年收益	10000			
6	第四年收益	15000			
7	第五年收益	22000			

也可将公式写作：=NPV(B1,B2:B7)

图8-6

NPV投资开始于现金流所在日期的前一期，并以列表中最后一笔现金流为结束。如果第一笔现金流发生在第一期的期初，则第一笔现金必须添加到NPV的结果中，而不应包含在值参数中，如图8-7所示。

=NPV(B1,B3:B7)+B2

E1 =NPV(B1,B3:B7)+B2

	A	B	C	D	E
1	年贴现率	5%		投资的净现值	¥3,499.94
2	初期投资	-50000			
3	第一年收益	7000			
4	第二年收益	9500			
5	第三年收益	10000			
6	第四年收益	15000			
7	第五年收益	22000			

图8-7

8.1.7 根据已知条件计算贷款总额——PV函数

PV函数用于根据固定利率计算贷款或投资的现值。PV函数包含5个参数，参数的设置方法如下。

表示在最后一次付款后希望得到的现金余额。若忽略，默认为0

=PV(❶各期利率,❷支付总期数,❸定期支付额,❹未来值,❺支付时间)

PV函数可以与定期付款、固定付款（如按揭或其他贷款）或投资目标的未来值结合使用。

下面将使用PV函数根据利率、还款期数以及定期还款额等信息计算银行贷款的总金额，如图8-8所示。

=PV(B1/12,B2*12,-B3)

B5 =PV(B1/12,B2*12,-B3)

	A	B	C	D
1	年利率	4.75%		
2	贷款年限	3		
3	每月支付金额	3500		
4	支付时间	期末		
5	贷款总金额	¥117,218.45		

图8-8

PV函数可计算给定收益额的前提下，年利率和投资期数不同时，每个项目所需的投资额。假设每个项目的收益额为30万元，如图8-9所示。

=-PV(B2,C2,,300000)

D2 =-PV(B2,C2,,300000)

	A	B	C	D
1	项目	年利率	投资年限	需要的投资金额
2	A项目	8%	6	¥189,050.89
3	B项目	10%	5	¥186,276.40
4	C项目	12%	3	¥213,534.07
5	D项目	15%	2	¥226,843.10

公式中负号，是为了避免返回负数值

图8-9

8.1.8 求存款额达到20万需要几年——NPER函数

NPER函数用于以基于固定利率及等额分期付款的方式，返回某项投资（或贷款）的总期数。该函数有5个参数，参数的设置方法如下。

=NPER(❶各期利率,❷定期支付额,❸现值,❹未来值,❺支付时间)

NPER函数的各项参数详细说明，可参照PV函数或之前介绍过的其他财务函数。

当需要计算某项投资的总投资期数时可以使用NPER函数。假设某银行年利率为4.9%，某人每月向账户中存款2000元，当前账户余额为8万元，现计算存款金额达到20万元需要几年，如图8-10所示。

=NPER(B1,-B2*12,,B3)

B5 =NPER(B1,-B2*12,,B3)

	A	B	C	D
1	年利率	4.90%		
2	每月存款金额	¥2,000.00		
3	目标存款额	¥200,000.00		
4	存款时间	期末		
5	需要的存款年数	7.157735943		

图8-10

若要计算总存款月数，可将年利率除以12。ROUNDUP函数将NPER函数返回的小数部分向上舍入到整数。例如当返回结果为84.0258559时，在第84期时还不能达到20万元的存款，所以需要将小数向上舍入，如图8-11所示。

=ROUNDUP(NPER(B1/12,-B2,,B3),0)

B5 =ROUNDUP(NPER(B1/12,-B2,,B3),0)

	A	B	C	D	E
1	年利率	4.90%			
2	每月存款金额	¥2,000.00			
3	目标存款额	¥200,000.00			
4	存款时间	期末			
5	需要的存款月数	85			

图8-11

8.2 折旧计算函数

折旧是指一件物品使用的年限和物品价值的比值。例如，当工厂买入一批价值较高的设备或建立厂房等需要大量资金建设并且长期使用的物品时，不能一次性地将成本计算进去，而是要用这些物品的使用时间长短按年分摊，这便是所谓的年折旧。把年折旧再除以12即月折旧。

8.2.1 计算资产折旧值——DB函数

B函数可以使用固定余额递减法计算一笔资产在给定期间内的折旧值。DB函数有5个参数，参数的设置方法如下。

资产的使用寿命

=DB(❶资产原值,❷资产残值,❸折旧期限,❹需要计算折旧值的期间,❺第一年的月份数)

该参数可忽略，若忽略，则默认为12个月

下面将使用DB函数计算资产折旧值。假设某工厂购买了一台设备，价值50万元，使用期限为10年，预估残值为5000元，现计算在使用期限内该设备每年的折旧值，如图8-12所示。

获得代表时间的数字

=DB($B$1,$B$3,$B$2,ROW(A1),$B$4)

E2 =DB($B$1,$B$3,$B$2,ROW(A1),$B$4)

	A	B	C	D	E	F
1	资产原值	¥500,000.00		时间	资产折旧值	
2	使用期限	10		第1年	¥123,000.00	
3	资产残值	¥5,000.00		第2年	¥139,113.00	
4	第一年的使用月数	8		第3年	¥87,780.30	
5				第4年	¥55,389.37	
6				第5年	¥34,950.69	
7				第6年	¥22,053.89	
8				第7年	¥13,916.00	
9				第8年	¥8,781.00	
10				第9年	¥5,540.81	
11				第10年	¥3,496.25	

图8-12

注意事项：

“折旧期限”（第3参数）必须和“需要计算折旧值的期间”（第4参数）的时间单位相同。

8.2.2 使用双倍余额递减法计算资产折旧值——DDB函数

DDB函数采用双倍余额递减法计算一笔资产在给定期间内的折旧值。DDB函数有5个参数，参数的设置方法如下。

=DDB(❶资产原值,❷资产残值,❸折旧期限,❹需要计算折旧值的期间,❺余额递减速率)

是可选参数，若忽略，则默认为2（双倍余额递减法）

双倍余额递减法以加速的比率计算折旧。折旧在第一阶段是最高的，在后继阶段中会减少。

下面将使用双倍余额递减法计算设备的折旧值。为了与固定余额递减法所计算的折旧值进行对比，此处仍计算价值50万元、使用期限为10年、预估残值为5000元的设备折旧值，如图8-13所示。

=DDB($B$1,$B$3,$B$2,ROW(A1))

E2 =DDB($B$1,$B$3,$B$2,ROW(A1))

	A	B	C	D	E	F
1	资产原值	¥500,000.00		时间	资产折旧值	
2	使用期限	10		第1年	¥100,000.00	
3	资产残值	¥5,000.00		第2年	¥80,000.00	
4				第3年	¥64,000.00	
5				第4年	¥51,200.00	
6				第5年	¥40,960.00	
7				第6年	¥32,768.00	
8				第7年	¥26,214.40	
9				第8年	¥20,971.52	
10				第9年	¥16,777.22	
11				第10年	¥13,421.77	

图8-13

如果不想使用双倍余额递减法，可更改使用余额递减速率，例如使用1.5的余额递减速率，如图8-14所示。

=DDB($B$1,$B$3,$B$2,ROW(A1),1.5)

E2 =DDB($B$1,$B$3,$B$2,ROW(A1),1.5)

	A	B	C	D	E
1	资产原值	¥500,000.00		时间	资产折旧值
2	使用期限	10		第1年	¥75,000.00
3	资产残值	¥5,000.00		第2年	¥63,750.00
4				第3年	¥54,187.50
5				第4年	¥46,059.38

图8-14

8.2.3 计算指定时间段的资产的折旧值——VDB函数

VDB函数代表可变余额递减法。该函数使用双倍余额递减法或其他指定方法，返回一笔资产在给定期间内的折旧值。VDB函数有7个参数，参数的设置方法如下。

=VDB(❶资产原值,❷资产残值,❸折旧期限,❹进行折旧计算的起始时间,❺进行折旧计算的截止时间,❻余额递减速率,❼是否转用线性折旧法)

是逻辑值，指定当折旧值大于余额递减计算值时，是否转用线性折旧法。
若使用TRUE，即使折旧值大于余额递减计算值，也不转用线性折旧法；
若使用FALSE或忽略，且折旧值大于余额递减计算值时，将转用线性折旧法。

当折旧值大于余额递减计算值时，如果希望转换到直线余额递减法，可以使用VDB函数。下面将根据资产原值、资产残值以及使用期限计算第1年的资产折旧值，如8-15所示。

=VDB(B1,B2,B3,0,1)

E2 =VDB(B1,B2,B3,0,1)

	A	B	C	D	E
1	资产原值	¥500,000.00		时间	资产折旧值
2	资产残值	¥5,000.00		第1年	¥100,000.00
3	使用期限	10			
4					

图8-15

当计算不同时间段的资产折旧值时，需要注意统一“折旧期限”（第3参数）和“进行折旧计算的起始时间”（第4参数）、“进行折旧计算的截止时间”（第5参数）的单位，如图8-16所示。

时间	资产折旧值	资产折旧值
第1天	=VDB(B1,B2,B3*365,0,1)	¥273.97
第3年	=VDB(B1,B2,B3,0,3)	¥244,000.00
第6至18个月	=VDB(B1,B2,B3*12,6,18)	¥82,563.76
第2至5年	=VDB(B1,B2,B3,2,5)	¥156,160.00

图8-16

8.2.4 按年或月计算商务车的线性折旧值——SLN函数

SLN函数可以返回一个期间内资产的线性折旧值。SLN函数有3个参数，参数的设置方法如下。

=SLN(❶资产原值,❷资产残值,❸折旧期限)

SLN函数可以用线性折旧法求折旧费。因此，不用考虑计算折旧值的期间，其使用重点是“折旧期限”“资产原值”和“资产残值”的指定方法。

假设某公司购入一台商务汽车，价值32万元，使用年限20年，资产残值8000元，下面将使用SLN函数计算该商务车的线性折旧值，如图8-17所示。

汽车价格　折旧期限结束后的资产价值　使用寿命

=SLN(B1,B2,B3)

B4　=SLN(B1,B2,B3)

	A	B	C	D
1	资产原值	¥320,000.00		
2	资产残值	¥8,000.00		
3	使用年限	20		
4	线性折旧值	¥15,600.00		
5				

图8-17

注意事项:

若要按月计算折旧值，则需要按月指定折旧期限，如图8-18所示。若折旧期限为0或负数，将返回“#DIV/0!”错误值，如图8-19所示。

折旧期限转换为月

=SLN(B1,B2,B3*12)

B4　=SLN(B1,B2,B3*12)

	A	B	C
1	资产原值	¥320,000.00	
2	资产残值	¥8,000.00	
3	使用年限	20	
4	按月计算线性折旧值	¥1,300.00	
5			

图8-18

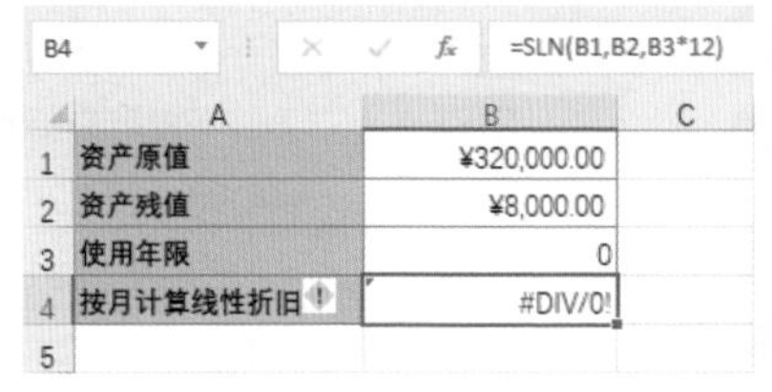

B4　=SLN(B1,B2,B3*12)

	A	B	C
1	资产原值	¥320,000.00	
2	资产残值	¥8,000.00	
3	使用年限	0	
4	按月计算线性折旧	#DIV/0!	
5			

图8-19

8.2.5 计算设备在指定年限时的折旧值——SYD函数

SYD函数可以计算在指定期间内资产按年限总和折旧法计算的折旧值。SYD函数有4个参数，参数的设置方法如下。

=SYD(❶资产原值,❷资产残值,❸折旧期限,❹需要计算折旧的期间)

SYD函数的使用重点是“折旧期限”（第3参数）和“需要计算折旧的期间”（第4参数）这两个参数的指定。另外，这两个参数的时间单位必须一致，否则无法得到准确的结果。

假设购买一台价值为15万元、使用期限为10年、资产残值为500元的设备，下面将使用SYD函数计算第8年的折旧费，如图8-20所示。

=SYD(B1,B2,B3,B4)

B5　=SYD(B1,B2,B3,B4)

	A	B	C
1	设备原价值	¥150,000.00	
2	设备残余价值	¥500.00	
3	使用寿命	10	
4	计算第几年的折旧值	8	
5	折旧值	¥8,154.55	
6			

图8-20

若要分别计算折旧期限内每年的折旧值，可以借助ROW函数自动生成年份，如图8-21所示。

=SYD($B$1,$B$2,$B$3,ROW(A1))

E2　=SYD($B$1,$B$2,$B$3,ROW(A1))

	A	B	C	D	E	F
1	设备原价值	¥150,000.00		时间	资产折旧值	
2	设备残余价值	¥500.00		第1年	¥27,181.82	
3	使用寿命	10		第2年	¥24,463.64	
4	计算第几年的折旧值	8		第3年	¥21,745.45	
5	折旧值	¥8,154.55		第4年	¥19,027.27	
6				第5年	¥16,309.09	
7				第6年	¥13,590.91	
8				第7年	¥10,872.73	
9				第8年	¥8,154.55	
10				第9年	¥5,436.36	
11				第10年	¥2,718.18	
12						

图8-21

8.3 偿还率计算函数

用于计算偿还率的函数包括IRR、MIRR、RATE、XIRR等，下面将介绍这些函数的使用方法。

8.3.1 计算投资火锅店的收益率——IRR函数

RR函数可以返回由数值代表的一组现金流的内部收益率。这些现金流不必等同，因为它们可能作为年金。但是，现金流必须定期出现，例如每月或每年出现。IRR函数有两个参数，参数的设置方法如下。

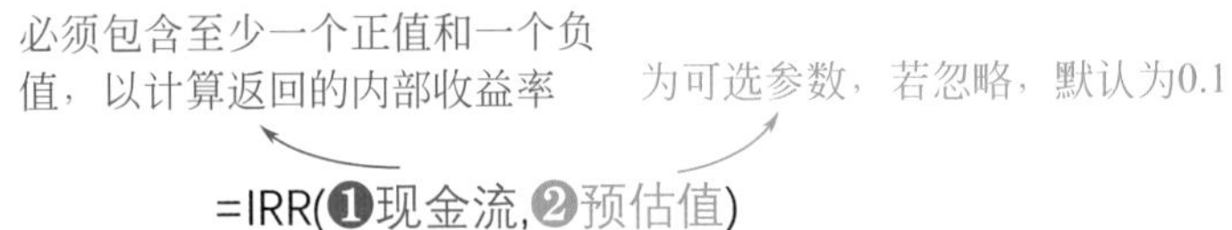

下面将使用IRR函数计算投资一家火锅店的内部收益率。假设初期投资35万元，前三年的收益分别为5万元、8万元、10万元，现计算这三年的内部收益率，如图8-22所示。

此时的内部收益率为负数。随着经营时间和每年净收入的变化，内部收益率也会随之发生变化，如图8-22所示。

=IRR(B1:B4)

B5 =IRR(B1:B4)

	A	B	C
1	初期投资	¥-350,000.00	
2	第1年净收入	¥50,000.00	
3	第2年净收入	¥80,000.00	
4	第3年净收入	¥100,000.00	
5	3年后的内部收益率	-17%	
6			

=IRR(B1:B6)

B7 =IRR(B1:B6)

	A	B	C
1	初期投资	¥-350,000.00	
2	第1年净收入	¥50,000.00	
3	第2年净收入	¥80,000.00	
4	第3年净收入	¥100,000.00	
5	第4年净收入	¥90,000.00	
6	第5年净收入	¥100,000.00	
7	5年后的内部收益率	6%	

图8-22

知识链接：

IRR函数与NPV函数密切相关。IRR函数计算的收益率是与0净现值对应的利率。例如“=NPV(IRR(B1:B6),B1:B6)”等于“2.74976E-11”，按照IRR函数计算的精度，此值实际上是0。

8.3.2 计算投资的修正收益率——MIRR函数

MIRR函数用于计算一系列定期现金流的修改内部收益率。MIRR函数需要同时考虑投资成本和现金再投资的收益率。MIRR函数包含3个参数，参数的设置方法如下。

现金流中使用的资金支付的利率　将现金流再投资的收益率

=MIRR(❶现金流,❷支付率,❸再投资的收益率)

MIRR函数使用值的顺序来说明现金流的顺序。需要按顺序输入支出值和收益值，收到的现金要使用正值，支付的现金要使用负值。

假设公司投资了一个项目，资产原值为1000万元，该资产为银行贷款。贷款额的年利率为7.42%，再投资收益的年利率为16%，现计算五年后投资的修正收益率，如图8-23所示。

现金流　投资贷款的年利率　投资收益的年利率

=MIRR(B1:B6,B7,B8)

B9　=MIRR(B1:B6,B7,B8)

	A	B	C
1	资产原值	¥-10,000,000.00	
2	第1年的收益	¥1,800,000.00	
3	第2年的收益	¥1,500,000.00	
4	第3年的收益	¥1,700,000.00	
5	第4年的收益	¥1,950,000.00	
6	第5年的收益	¥2,550,000.00	
7	贷款额的年利率	7.42%	
8	再投资收益的年利率	16%	
9	五年后投资的修正收益率	5%	
10			

图8-23

知识链接：

① 若求三年后投资的修正收益率，可使用公式“=MIRR(B1:B4,B7,B8)”。

② 若更改再投资收益的年利率为13%，可更改公式为“=MIRR(B1:B6,B7,13%)”。

8.3.3 计算分期投资的年利率——RATE函数

RATE函数可以返回年金每期的利率。RATE函数有6个参数，参数的设置方法如下。

=RATE(❶总投资期,❷各期付款额,❸现值,❹未来值,❺付款时间,❻预期利率)

- ❸现值：本金
- ❹未来值：可选参数，表示最后一次付款后希望得到的现金余额
- ❺付款时间：可选参数，1为期初支付，0为期末支付
- ❻预期利率：可选参数，若忽略，默认为10%

下面将使用RATE函数计算投资的年利率。假设某公司分期投资某个项目，总投资期为3年，每年投入资金20万元，前期一次性投入金额50万元，投资的未来值为150万元，现计算投资的年利率，如图8-24所示。

RATE函数同样可以根据贷款总额、贷款期限、每月还款额计算贷款的年利率或月利率，如图8-25所示。

=RATE(B1,B2,B3,B4,0)

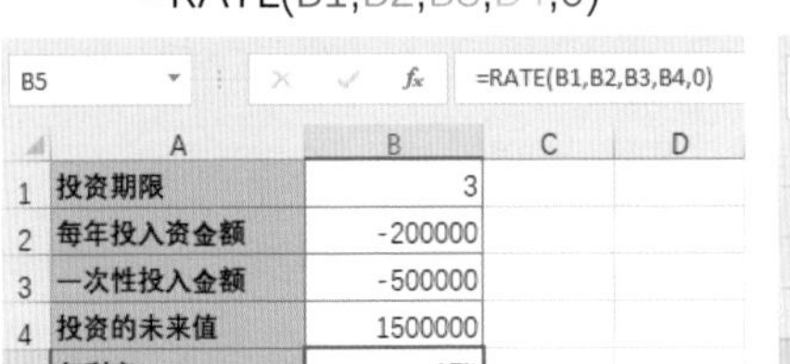

B5 =RATE(B1,B2,B3,B4,0)

	A	B	C	D
1	投资期限	3		
2	每年投入资金额	-200000		
3	一次性投入金额	-500000		
4	投资的未来值	1500000		
5	年利率	17%		
6				

图8-24

=RATE(B1,B2*12,B3)

B4 =RATE(B1,B2*12,B3)

	A	B	C	D
1	贷款年限	10		
2	每月支付	¥-2,700.00		
3	贷款总额	¥250,000.00		
4	贷款年利率	5%		
5				

图8-25

8.3.4 计算不定期投资和收入的收益率——XIRR函数

XIRR函数用于计算不定期内产生的现金流的内部收益率。该函数的重点是“现金流”和“日期流”的指定方法。XIRR函数有3个参数参数的设置方法如下。

与日期流相对应，值系列中必须包含至少一个正值和一个负值

可选参数，是对返回结果的估计值。若忽略，则假定为10%

=XIRR(❶现金流,❷日期流,❸预估值)

IRR函数适用于确定定期获得的现金流。当不确定是否能定期获得现金流时，可以使用XIRR函数，也就是说XIRR函数比IRR函数的使用范围更加广泛。

当投资不定时不定金额时可以使用XIRR函数。假设有一项投资，不定期投入及返还金额，现计算投资的收益率，如图8-26所示。

现金流　　时间流

=XIRR(B2:B10,C2:C10)

E2　fx　=XIRR(B2:B10,C2:C10)

	A	B	C	D	E	F
1	说明	投资和收益额	到账时间		年收益率	
2	投入金额	¥-500.00	2022/3/6		9.86%	
3	投入金额	¥-200.00	2022/4/30			
4	基金分红	¥80.00	2022/5/21			
5	投入金额	¥-400.00	2022/7/13			
6	基金分红	¥90.00	2022/7/25			
7	投入金额	¥-220.00	2022/9/20			
8	投入金额	¥-300.00	2022/10/29			
9	投入金额	¥-350.00	2022/11/30			
10	当前市值	¥1,870.00	2022/12/18			
11						

图8-26

注意事项：

投资的金额记录成负数，而收益的金额记录为正数，另外时间必须写成标准的日期格式，否则计算会出错。

初试锋芒

本章主要介绍了常用的财务函数，财务函数通常用来计算投资或贷款的利息、收益率、资产的折旧值等。比较常见的财务函数包括FV函数、DB函数、DDB函数、IPMT函数等。下面一起来做个测试题，检验一下学习成果吧！

用户需要根据如图8-27所示的资产信息，使用双倍余额递减法计算生产设备从第1年至第8年的资产折旧值。

	A	B	C	D	E	F
1	资产名称	生产设备		时间	资产折旧值	
2	资产原值	¥300,000.00		第1年		
3	使用年限	8		第2年		
4	资产残值	¥10,000.00		第3年		
5				第4年		
6				第5年		
7				第6年		
8				第7年		
9				第8年		
10						
11						

Sheet1

图8-27

操作难度

★★☆☆☆

操作提示

（1）使用DDB函数。

（2）可以嵌套ROW函数自动获取要计算的折旧时期。

操作结果

是否顺利完成操作？　是□　否□，用时________分钟

操作用时遇到的问题：

____

____

____

扫码观看
本章视频

第9章

玩转数值格式的文本函数

处理数据源时经常会执行查找、替换、组合、字符提取、字符位置或数量确认、字母大小写转换等操作。使用文本函数可以轻松地解决各种文本处理问题。本章将对常用文本函数的用法进行详细介绍。

9.1 查找字符位置与提取文本

当需要确定某个字符在字符串中的位置或将指定字符从字符串中提取出来时，可以使用字符查找和字符截取函数。

9.1.1 提取指定字符的位置——FIND函数

FIND函数用于从字符串中查找指定字符出现的位置。例如从“就让秋风带走我的思念”这串文本中查找“风”的位置，返回结果为“4”。FIND函数有3个参数，参数的设置方法如下。

可选参数，若忽略，则从第一个字符开始查找

=FIND(❶要查找什么内容,❷在哪里查找,❸从第几个字符开始查找)

FIND函数可以区分大小写、全角字符和半角字符，当要查询的字符串中不包含目标字符时将返回错误值。

下面举一个简单的例子说明FIND函数的基本用法，从十二生肖中提取“虎”的位置，如图9-1所示。

文本常量必须输入在双引号中

=FIND("虎",A2)

B2 =FIND("虎",A2)

	A	B	C
1	十二生肖	虎的位置	
2	鼠牛虎兔龙蛇马羊猴鸡狗猪	3	
3			

图9-1

知识链接：

FIND函数的第3参数只有在要查找的字符重复出现时才有意义。例如从“1563580”中查找“5”的位置，公式“=FIND(5,1563580)”从第一个字符开

始查找，返回值为“2”（第一个5的位置）；公式“=FIND(5,1563580,3)”从第三个字符开始查找，返回值为“5”（第二个5的位置）。

9.1.2 按字节数量提取目标字符的位置——FINDB函数

FINDB函数与FIND函数都是用来判断字符位置的，参数的设置方法也相同。但是在同一个字符串中查找指定字符的位置时，FIND函数和FINDB函数的返回结果却有可能是不同的。这是因为FIND函数基于字符数判断目标出现的位置，FINDB函数基于字节数判断目标出现的位置。

关于字符和字节的详细说明如下。

① 字符：计算机中使用的字母、数字、汉字以及其他符号的统称，一个字母、汉字、数字或标点符号就是一个字符。全角或半角的输入状态不会对字符数量的统计造成影响。

② 字节：计算机存储数据的单位。数字或半角状态下输入的字母、英文标点符号占一个字节的空间；一个汉字或全角状态下输入的字母、各种符号（包括标点符号）占两个字节的空间。

下面将分别使用FIND函数和FINDB函数从产品型号中提取“Pro”出现的位置，如图9-2所示。

按字符数计算　　=FIND("Pro",C2)

按字节数计算　　=FINDB("Pro",C2)

E2　　=FINDB("Pro",C2)

	A	B	C	D	E	F
1	产品名称	打印材料	产品型号	FIND函数查找“Pro”的位置	FINDB函数查找“Pro”的位置	
2	3D打印机	工程塑料打印	工业级FDM i340 Pro	13	16	
3	3D打印机	光敏树脂打印	Mars Pro-600	6	6	
4	3D打印机	尼龙粉末烧结	桌面级FUSE-1 Pro	11	14	
5						

包含空格　　按字符数计算“Pro”的位置　　按字节数计算“Pro”的位置

图9-2

注意事项：

空格在数据表中属于比较特殊的一类符号，虽用肉眼看不见它，但是不代表它不存在，一个空格相当于一个字符。全角状态下输入的空格占2个字节的空间，半角状态下输入的空格占1个字节的空间。

9.1.3 计算指定文本串的长度——LEN函数

在电子表格中处理数据时常说的文本长度，实际是指字符串中包含的字符数量。例如“春花秋叶何时了？往事知多少。”这串字符的长度为“14”，如图9-3所示。

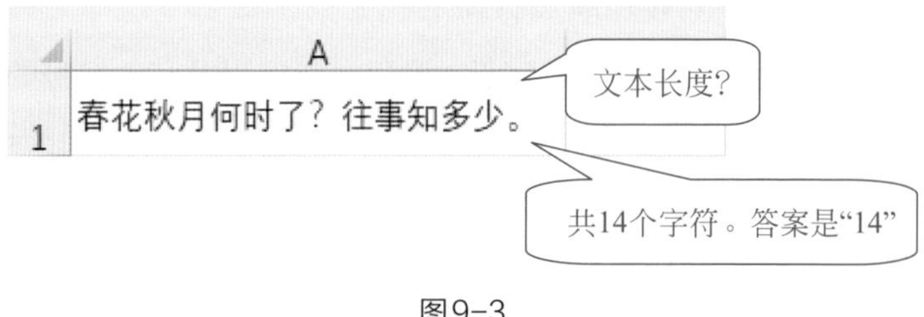

图9-3

LEN函数专门用来统计文本长度，它可以计算出指定字符串中包含的字符数量。LEN函数的使用方法非常简单，只需要将要目标字符串设置成唯一的参数即可，如图9-4所示。

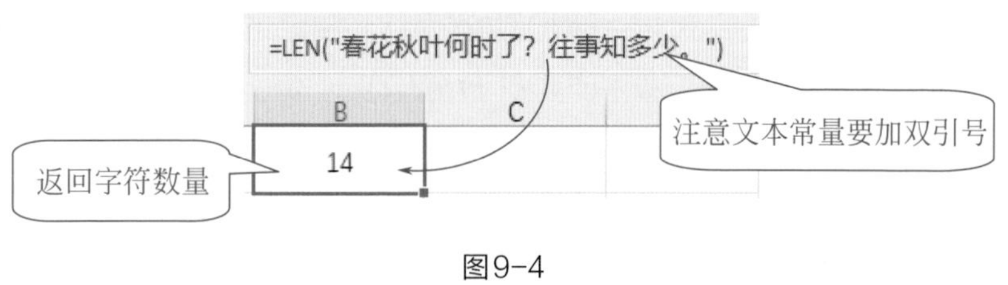

图9-4

LEN函数也可直接引用包含字符串的单元格，如图9-5所示。当引用单元格区域时，只会统计第一个单元格中所包含的字符数量，如图9-6所示。

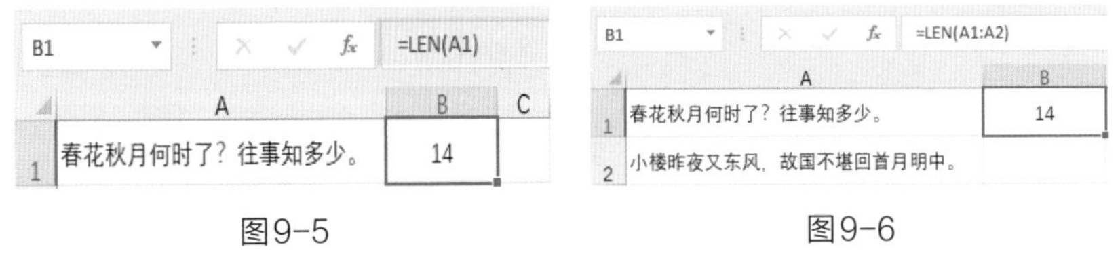

图9-5

图9-6

知识链接：

若要按字节数量统计文本长度，可以使用LENB函数。LENB函数与LEN函数的使用方法相同，如图9-7所示。

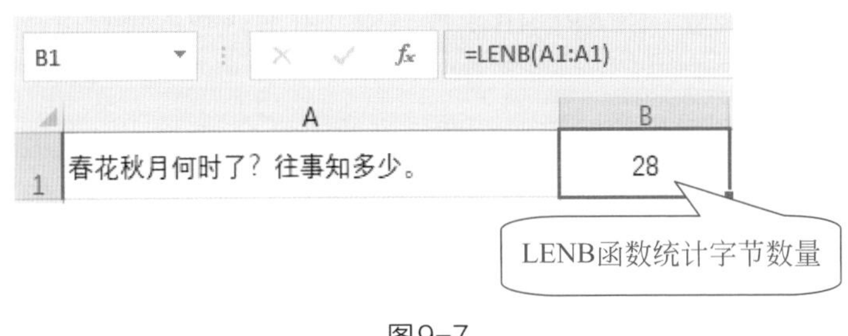

图9-7

9.1.4 忽略大小写查找指定字符的位置——SEARCH函数

SEARCH函数的作用和FIND函数基本相同，SEARCH函数也可以返回指定字符在字符串中的位置。它们的参数设置方法也一样。

=SEARCH(❶要查找什么内容,❷在哪里查找,❸从第几个字符开始查找)

SEARCH函数与FIND函数的主要区别有以下两点。

① FIND函数区分大小写，而SEARCH函数则不区分。

② FIND函数不能使用通配符，而SEARCH函数可以使用通配符。

下面将通过查找相同内容，对比SEARCH函数与FIND函数的区别，如图9-8所示。

=FIND(B2,A2)　　区分大小写，不能使用通配符

=SEARCH(B2,A2)　　不区分大小写，可以使用通配符

D2 =SEARCH(B2,A2)

	A	B	C	D
1	图书名称	查找内容	用FIND查找	用SEARCH查找
2	WPS Office高效办公一本通	office	#VALUE!	5
3	电脑组装与维修一本通	一?通	#VALUE!	8
4	Excel办公应用标准教程	EXCEL	#VALUE!	1
5	新手学电脑一本通	电脑	4	4

图9-8

如果要按照字节数量返回要查找的内容在字符串中的位置，可以使用SEARCHB函数。SEARCHB函数与SEARCH函数的特点以及使用方法完全相同。

但是在使用通配符时需要注意，当使用“?”查找双字节的字符时将返回错误值，如图9-9所示。对于本例来说，将“?”修改为“*”则可返回正确的查询结果，如图9-10所示。

=SEARCHB(B2,A2)

C3 =SEARCHB(B3,A3)

	A	B	C
1	图书名称	查找内容	用SEARCHB查找
2	WPS Office高效办公一本通	office	5
3	电脑组装与维修一本通	一?通	#VALUE!
4	Excel办公应用标准教程	EXCEL	1
5	新手学电脑一本通	电脑	7

图9-9

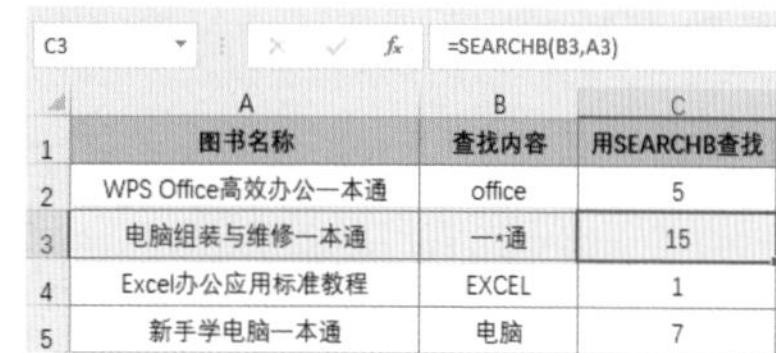

C3 =SEARCHB(B3,A3)

	A	B	C
1	图书名称	查找内容	用SEARCHB查找
2	WPS Office高效办公一本通	office	5
3	电脑组装与维修一本通	一*通	15
4	Excel办公应用标准教程	EXCEL	1
5	新手学电脑一本通	电脑	7

图9-10

9.1.5 从地址中提取城市信息——LEFT函数

LEFT函数可以从文本字符串的第一个字符开始返回指定个数的字符。LEFT函数有两个参数，参数的设置方法如下。

=LEFT(❶字符串,❷提取几个字符)

LEFT函数常用来从总和信息中提取开头处的关键字，例如从客户地址中提取城市名称，如图9-11所示。

=LEFT(C2,2)

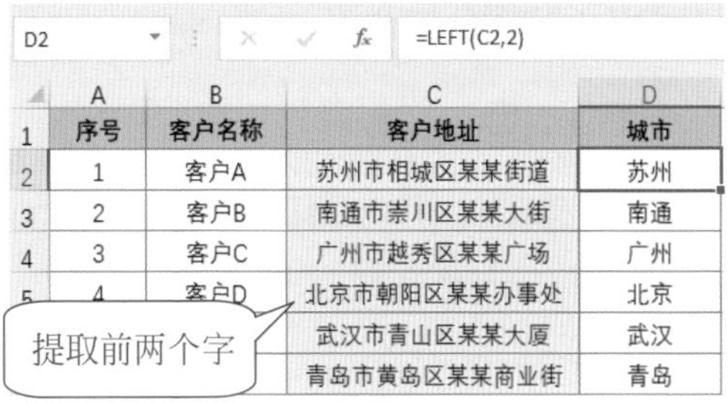

D2 | fx =LEFT(C2,2)

	A	B	C	D
1	序号	客户名称	客户地址	城市
2	1	客户A	苏州市相城区某某街道	苏州
3	2	客户B	南通市崇川区某某大街	南通
4	3	客户C	广州市越秀区某某广场	广州
5	4	客户D	北京市朝阳区某某办事处	北京
			武汉市青山区某某大厦	武汉
			青岛市黄岛区某某商业街	青岛

提取前两个字

图9-11

本案例能够成功提取城市名称的关键是：这些城市名称都是两个字。然而实际上有些城市名称并非两个字。这时如果直接使用LEFT函数将无法通过固定的字符数量提取所有城市的名称。此时可以使用FIND函数根据“市”字确定提取位置，如图9-12所示。

返回“市”的前面一个字符的位置

=LEFT(C2,FIND("市",C2)-1)

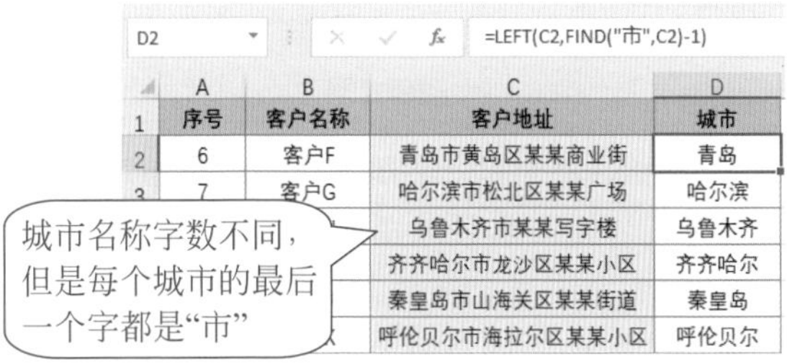

D2 | fx =LEFT(C2,FIND("市",C2)-1)

	A	B	C	D
1	序号	客户名称	客户地址	城市
2	6	客户F	青岛市黄岛区某某商业街	青岛
3	7	客户G	哈尔滨市松北区某某广场	哈尔滨
			乌鲁木齐市某某写字楼	乌鲁木齐
			齐齐哈尔市龙沙区某某小区	齐齐哈尔
			秦皇岛市山海关区某某街道	秦皇岛
			呼伦贝尔市海拉尔区某某小区	呼伦贝尔

城市名称字数不同，但是每个城市的最后一个字都是“市”

图9-12

知识链接：

LEFT函数的第2参数为可选参数，当忽略该参数时默认返回字符串的第一个字。

9.1.6 根据字节提取产品规格——LEFTB函数

LEFTB函数与LEFT函数的作用以及参数的设置方法相同，LEFTB

函数按照字节数量从字符串的第一个字开始提取字符。（关于字节的说明查看9.1.2节FINDB函数部分的介绍。）

=RIGHT(❶字符串,❷提取几个字节)

从混合类型的字符串中提取字符时可以使用LEFTB函数。例如从商品信息中提取产品规格，如图9-13所示。

C2 =LEFTB(B2,3)

	A	B	C	D
1	序号	商品信息	产品规格	
2	1	5L色拉油	5L	
3	2	4L花生油	4L	
4	3	4KG洗衣液	4KG	
		4L菜籽油	4L	
		50g香油	50g	
		5kg洗衣粉	5kg	

数字和字母各占一个字节，文本占两个字节

图9-13

上述公式有一定的局限性，只有在产品的重量或容量不超过3个字节时才有效。因为该公式最多只能提取3个单字节字符，当字符串的第三个字符是双字节时将返回前两个单字节字符。

例如“5L色拉油”的前两个字符是单字节，第三个字符是双字节，所以要提取3个字节时则只能返回前两个单字节字符“5L”。

提取3个字节时只能返回前两个单字节字符

5L色拉油

前两个字符为单字节字符　第三个字符为双字节字符

9.1.7 从最后一个字向前提取字符——RIGHT函数

RIGHT函数可以从字符串的最后一个字符开始，向前提取指定数量的字符。RIGHT函数的参数设置方法与LEFT函数相同。

=RIGHT(❶字符串,❷提取几个字符)

当需要从字符串的后端提取固定数量的字符时可以使用RIGHT函数，例如提取电话号码后4位数，如图9-14所示。

=RIGHT(B2,4)

C2 =RIGHT(B2,4)

	A	B	C	D
1	姓名	电话号码	后4位数	
2	小张	*******1234	1234	
3	王明	*******1235	1235	
4	赵海波	*******1236	1236	
5	刘洋洋	*******1237	1237	
6	郑代男	*******1238	1238	
7	吴敏	*******1239	1239	
8	李思	*******1240	1240	
9	姜涛	*******1241	1241	

图9-14

若要提取的字符数量不固定，可以观察字符串的特征，寻找可以帮助确定字符位置的特定符号，自动判断提取的字符数量。例如电话号码和姓名之间有一个空格，可利用空格的位置自动提取姓名，如图9-15所示。

字符串长度减去空格所在位置，得到要提取的字符数量

=RIGHT(B2,LEN(B2)-FIND(" ",B2))

双引号中需要输入一个空格

C2 =RIGHT(B2,LEN(B2)-FIND(" ",B2))

	A	B	C	D	E
1	序号	客户信息	提取姓名		
2	1	*******1234 小张	小张		
3	2	*******1235 王明	王明		
4	3	*******1236 赵海波	赵海波		
5	4	*******1237 刘洋洋	刘洋洋		
6	5	*******1238 郑代男	郑代男		
7	6	*******1239 吴敏	吴敏		
8	7	*******1240 李思	李思		
9	8	*******1241 姜涛	姜涛		

图9-15

9.1.8 利用字节数量提取业主的楼号——RIGHTB函数

RIGHTB函数根据字节数从字符串的最后一个字开始，向前提取指定数量的字符。RIGHTB函数的作用和参数的设置方法和RIGHT函数相同。

=RIGHTB(❶字符串,❷提取几个字节)

从数字、字母、符号或汉字混合的信息中提取信息时，可以使用RIGHTB函数。例如从业主的住址中提取楼号，如图9-16所示。

D2 =RIGHTB(C2,6)

	A	B	C	D	E
1	序号	姓名	住址	楼号	
2	1	王先生	碧桂雅园 18号楼	18号楼	
3	2	周先生	金城雅筑3号楼	3号楼	
4	3	陈女士	碧桂雅园6号楼	6号楼	
5	4	赵女士	公元里73号楼	73号楼	
6	5	蒋先生	汉府雅园22号楼	22号楼	
7	6	刘女士	汉府雅园A8号楼	A8号楼	
8	7	陈女士	绿地世纪城B1号楼	B1号楼	

图9-16

注意事项：

全角和半角状态下输入的字母和符号，所占用的字节空间是不同的。半角状态下输入的字母和符号占1个字节的空间，全角状态下输入的字母和符号占2个字节的空间。另外，无论在什么状态下输入的汉字都是2个字节、数字都是1个字节。所以在使用字节数量提取字符时一定要注意字符的输入状态。

9.1.9 从字符串的指定位置提取指定数量的字符——MID函数

MID函数可以从指定位置开始提取字符串中的内容。MID函数有3个参数，参数的设置方法如下。

=MID(❶字符串,❷从第几个字符开始提取,❸提取几个字符)

身份证号码中隐藏着很多个人信息，下面将使用MID函数从身份证号码中提取代表出生日期的数字，如图9-17所示。

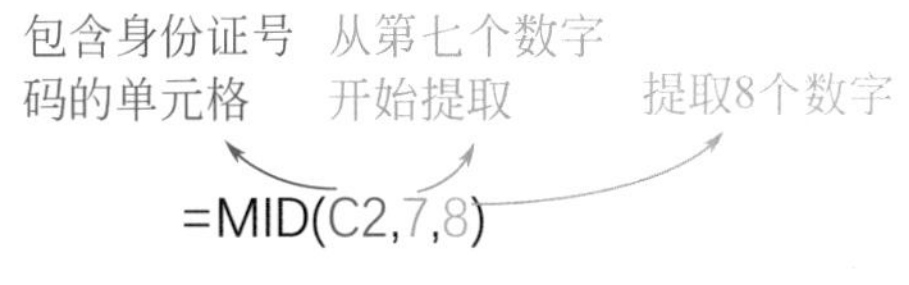

D2 =MID(C2,7,8)

	A	B	C	D
1	序号	姓名	身份证号码	出生日期
2	1	胡小云	****001985101563**	19851015
3	2	周凯	****001988121563**	19881215
4	3	姜波	****001987051123**	19870511
5	4	刘梅	****031988061087**	19880610
6			****001989070925**	19890709
7			****001973040225**	19730402
8	7	徐志峰	****041985061027**	19850610
9	8	吴美玲	****031992122525**	19921225

身份证号码的7～14位数字代表出生日期

图9-17

如果需要按字节数量从字符串的指定位置提取内容，可以使用MIDB函数。例如从产品信息中提取由字母、数字以及符号组成的产品型号，如图9-18所示。

=MIDB(B2,12,13)

C4 =MIDB(B4,12,13)

	A	B	C
1	产品名称	产品信息	产品型号
2	3D打印机	工程塑料打印FDM i340 Pro 工业级	FDM i340 Pro
3	3D打印机	光敏树脂打印Mars Pro-600	Mars Pro-600
4	3D打印机	尼龙粉末烧结FUSE-1 Pro 桌面级	FUSE-1 Pro
5			

图9-18

9.2 文本新旧替换

Excel中包含了“查找和替换”工具，但是有些查找替换操作却是“查找和替换”工具无法完成的。这时可以使用函数进行操作。

9.2.1 替换字符串中指定位置的内容——REPLACE函数

REPLACE函数可以将字符串中指定位置的字符替换成其他字符。REPLACE函数有4个参数，参数的设置方法如下。

=REPLACE（❶字符串,❷开始替换的位置,❸替换几个字符,❹替换成什么)

在想要屏蔽号码中部分数字时，可以使用REPLACE函数。例如屏蔽身份证号码的7～14位，如图9-19所示。

=REPLACE(B2,7,8,"********")

C2 =REPLACE(B2,7,8,"********")

	A	B	C	D
1	姓名	身份证号码	隐藏7~14位	
2	周亮亮	350683 4875	350683********4875	
3	吴敏	350683 5345	350683********5345	
4	郑鑫	350684 755X	350684********755X	
5	刘晓霞	350683 5567	350683********5567	
6	吴芸	350605 0050	350605********0050	
7	袁美玲	350683 6754	350683********6754	
8	周思雨	350685 5964	350685********5964	
9	周凌云	350644 3755	350644********3755	
10	刘振	350683 4455	350683********4455	
11	吴美娴	540755 7756	540755********7756	
12	丁思雨	350683 7484	350683********7484	
13	李毅	350644 3454	350644********3454	
14	周娴	350644 3455	350644********3455	

图9-19

在对号码进行升级时也可使用REPLACE函数。例如将准考证的前两位数升级为4位数，如图9-20所示。

从第一个字符开始替换 替换两个字符 替换为2201

=REPLACE(B2,1,2,"2201")

C2 =REPLACE(B2,1,2,"2201")

	A	B	C	D
1	姓名	准考证号	升级准考证号	
2	周亮亮	01236599	2201236599	
3	吴敏	01664542	2201664542	
4	郑鑫	01656556	2201656556	
5	刘晓霞	01985653	2201985653	
6	吴芸	01585461	2201585461	
7	袁美玲	01569877	2201569877	
8	周思雨	01986654	2201986654	
9	周凌云	01584545	2201584545	
10	刘振	01548452	2201548452	
11	吴美娴	01365988	2201365988	
12	丁思雨	01659565	2201659565	
13	李毅	01989898	2201989898	
14	周娴	01845312	2201845312	

前两位数替换为4位指定的数字

图9-20

除了替换内容，REPLACE函数还能够向字符串中的指定位置插入字符。例如在准考证号和姓名之间插入“/”符号，如图9-21所示。

C2 =REPLACE(B2,11,0,"/")

	A	B	C	D
1	序号	准考证号/考生姓名	插入分隔符号	
2	1	2201236599周亮亮	2201236599/周亮亮	
3	2	2201664542吴敏	2201664542/吴敏	
4	3	2201656556郑鑫	2201656556/郑鑫	
5	4	2201985653刘晓霞	2201985653/刘晓霞	
6	5	2201585461吴芸	2201585461/吴芸	
7	6	2201569877袁美玲	2201569877/袁美玲	
8	7	2201986654周思雨	2201986654/周思雨	
9	8	2201584545周凌云	2201584545/周凌云	
10	9	2201548452刘振	2201548452/刘振	
11	10	2201365988吴美娴	2201365988/吴美娴	
12	11	2201659565丁思雨	2201659565/丁思雨	
13	12	2201989898李毅	2201989898/李毅	
14	13	2201845312周娴	2201845312/周娴	

在第11位数之前插入“/”符号

图9-21

知识链接：

若要按照字节数量计算开始替换的位置以及要替换的字符数，可以使用REPLACEB函数。

9.2.2 替换字符串中的指定内容——SUBSTITUTE函数

SUBSTITUTE函数可以将字符串中指定的内容替换为其他内容。SUBSTITUTE函数按照给出的内容进行查找替换，而不是按照位置查找替换。SUBSTITUTE函数有4个参数，参数的设置方法如下。

可选参数，当要被替换的字符串出现多次时用于指定替换第几个

=SUBSTITUTE(❶字符串,❷需要替换的内容,❸替换成什么内容,❹替换序号)

若忽略第4参数，SUBSTITUTE函数默认替换所有指定的内容。例如替换一段文本中的逗号，忽略第4参数则所有逗号全部都被替换为句号，如图9-22所示。

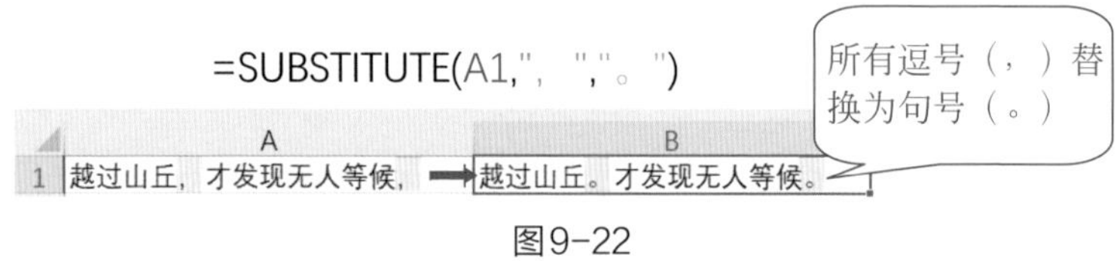

图9-22

若指定第4参数为2，则只替换第二个逗号，如图9-23所示。

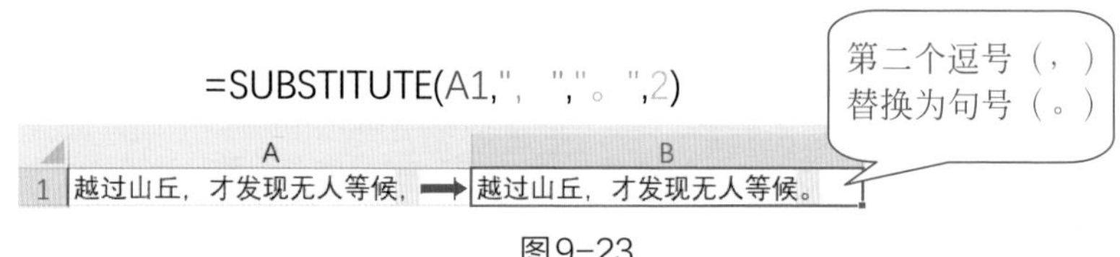

图9-23

下面将使用SUBSTITUTE函数将产品编号中的字母“DS”替换为“QM”，如图9-24所示。

=SUBSTITUTE(B2,"DS","QM")

C2 =SUBSTITUTE(B2,"DS","QM")

	A	B	C	D
1	产品名称	产品编号	新产品编号	
2	产品1	22DS-0214491	22QM-0214491	
3	产品2	22DSD-0214492	22QMD-0214492	
4	产品3	22DS-021493	22QM-021493	
5	产品4	22DS-0214	22QM-0214	
6	产品5	22DS-02149	22QM-02149	
7	产品6	22DSD-0211496	22QMD-0211496	
8	产品7	22DS-02149558	22QM-02149558	
9	产品8	22DS-021499	22QM-021499	
10	产品9	22DS-02150000	22QM-02150000	

图9-24

9.3 文本格式的转换

能够实现文本格式转换的函数很多，包括ASC、DOLLAR、RMB、VALUE、TEXT等函数，它们的具体分工不同。下面将对常用的文本格式转换函数的用法进行详细介绍。

9.3.1 将全角字符转换为半角字符——ASC函数

ASC函数可以将双字节字符转换成单字节字符，也可以理解为将全角字符转换成半角字符。ACS函数只有一个参数，即要进行转换的字符串。当参数以文本常量出现时需要添加双引号。

单字节字符是指只占一个字节空间的字符，双字节字符是指占两个字节空间的字符。前文已介绍全角和半角状态下输入的内容对字节数量的影响，用户可翻阅FINDB函数中“字节”的相关说明。

本例的产品参数以全角模式输入，下面将使用ASC函数将全角字符转换成半角字符，如图9-25所示。

=LENB(B2)

C2 =ASC(B2)

	A	B	C
1	说明	参数	全角转半角
2	成型空间	６００＊６００＊４００ｍｍ	600*600*400mm
3	成型精度	±０．１ｍｍ（Ｌ＜１００ｍｍ）	±0.1mm(L<100mm)
4	分层厚度	０．０５ｍｍ－０．２０ｍｍ可选	0.05mm-0.20mm可选
5	光斑尺寸	０．０８－０．８ｍｍ（变光斑模式）	0.08-0.8mm(变光斑模式)
6	设备尺寸	１５２０ｍｍ＊１３２０ｍｍ＊１９７０ｍｍ	1520mm*1320mm*1970mm
7	设备重量	１０００ｋｇ（不含树脂）	1000kg(不含树脂)

图9-25

完成转换后可使用LENB函数验证转换前后的字符串所包含的字节数量，如图9-26所示。

B	C	D	E
参数	全角转半角	全角字节统计	半角字节统计
６００＊６００＊４００ｍｍ	600*600*400mm	26	13
±０．１ｍｍ（Ｌ＜１００ｍｍ）	±0.1mm(L<100mm)	30	16
０．０５ｍｍ－０．２０ｍｍ可选	0.05mm-0.20mm可选	30	17
０．０８－０．８ｍｍ（变光斑模式）	0.08-0.8m	34	22
１５２０ｍｍ＊１３２０ｍｍ＊１９７０ｍｍ	1520mm*	40	20
１０００ｋｇ（不含树脂）	1000kg(不含树脂)	24	16

=LENB(C2)

=LENB(B2)

图9-26

9.3.2 将数字转换为带$符号的货币格式——DOLLAR函数

DOLLAR函数可以对数值进行四舍五入，并转换为带$货币符号的文本。DOLLAR函数有两个参数，参数的设置方法如下。

可选参数，若忽略，默认该值为2；若为负数，将舍入到小数点左侧

=DOLLAR(❶要转换格式的数值,❷要保留的小数位数)

下面先通过几组示例了解一下DOLLAR函数的基本用法。

=DOLLAR(253.1415926)　　　　返回值为“$253.14”

=DOLLAR(253.1415926,0)　　　　返回值为“$253”

=DOLLAR(253.1415926,3)　　　　返回值为“$253.142”

=DOLLAR(253.1415926,-2)　　　　返回值为“$300”

如果想将代表金额的数字转换成带$符号以及千位分隔符的货币格式，可使用DOLLAR函数，如图9-27所示。

保留到整数部分

=DOLLAR(G2,0)

H2　　=DOLLAR(G2,0)

	A	B	C	D	E	F	G	H
1	序号	灯具编号	名称	类型	单价	数量	总价	货币格式
2	1	PHR26	104温馨家园	客厅灯	134.235	8	1073.88	$1,074
3	2	PHR27	田园风情616	射灯	135.7	9	1221.3	$1,221
4	3	PHR28	温晴暖暖	灯带	136.98	10	1369.8	$1,370
5	4	PHR29	105温馨家园	餐厅灯	137.458	11	1512.038	$1,512
6	5	PHR30	田园风情614	射灯	138.111	12	1657.332	$1,657
7	6	PHR31	温晴暖暖	灯带	139.658	13	1815.554	$1,816
8	7	PHR32	106温馨家园	客厅灯	140.4598	14	1966.437	$1,966
9	8	PHR33	田园风情615	射灯	141.22	15	2118.3	$2,118

图9-27

9.3.3 将数字转换为带¥符号的货币格式——RMB函数

RMB函数可以对数值进行四舍五入，并转换为带¥货币符号的文

本。RMB函数有两个参数，其参数的设置方法以及作用和DOLLAR函数相同。

=DOLLAR(❶要转换格式的数值,❷要保留的小数位数)

当想要将数字转换成带¥符号以及千位分隔符的货币格式时可使用RMB函数，如图9-28所示。

保留1位小数

=RMB(G2,1)

H2 =RMB(G2,1)

	A	B	C	D	E	F	G	H
1	序号	灯具编号	名称	类型	单价	数量	总价	货币格式
2	1	PHR26	104温馨家园	客厅灯	134.235	8	1073.88	¥1,073.9
3	2	PHR27	田园风情616	射灯	135.7	9	1221.3	¥1,221.3
4	3	PHR28	温晴暖暖	灯带	136.98	10	1369.8	¥1,369.8
5	4	PHR29	105温馨家园	餐厅灯	137.458	11	1512.038	¥1,512.0
6	5	PHR30	田园风情614	射灯	138.111	12	1657.332	¥1,657.3
7	6	PHR31	温晴暖暖	灯带	139.658	13	1815.554	¥1,815.6
8	7	PHR32	106温馨家园	客厅灯	140.4598	14	1966.437	¥1,966.4
9	8	PHR33	田园风情615	射灯	141.22	15	2118.3	¥2,118.3

图9-28

知识链接：

用户也可以通过在“设置单元格格式”对话框中设置“货币”格式，得到与DOLLAR或RMB函数相同的数字格式，如图9-29所示。

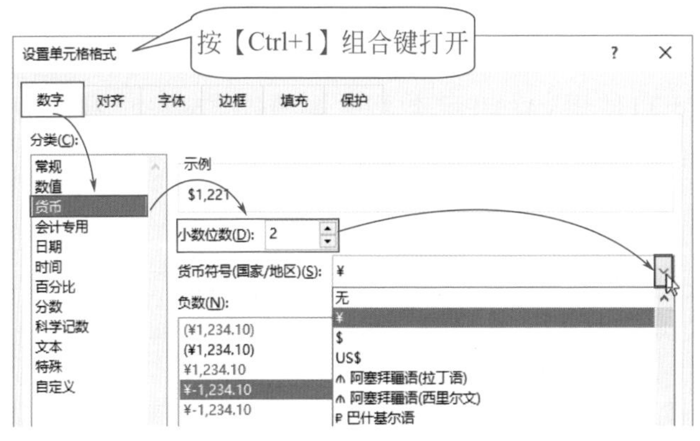

图9-29

9.3.4 将文本型数字转换成数值型数字——VALUE函数

VALUE函数可以将以文本格式存储的数字转换成真正的数字。VALUE函数只有一个参数，即需要转换格式的文本型数字。

用户使用Excel时常常会被误导，明明看起来是数字，其本质却不是数字，因为有些数字是以文本格式存储的。文本型数字往往会有明显的特征：单元格的左上角有一个绿色的小三角，如图9-30所示。

	A	B	C	D	E	F
1	序号	灯具编号	类型	单价	数量	总价
2	1	PHR26	客厅灯	134	8	
3	2	PHR27	射灯	136	9	
4	3	PHR28	灯带	137	10	

图9-30

文本型数字有时不能被函数准确地计算，从而导致数据分析失败。例如，使用SUM函数对文本型数字求和时无法返回求和结果，如图9-31所示。

E6 =SUM(E2:E5)

	A	B	C	D	E	F
1	序号	灯具编号	类型	单价	数量	总价
2	1	PHR26	客厅灯	134	8	
3	2	PHR27	射灯	136	9	
4	3	PHR28	灯带	137	10	
5	4	PHR29	餐厅灯	137	11	
6	汇总				0	

图9-31

此时可以使用VALUE函数将文本型数字转换成数值型数字再计算，如图9-32所示。

F2 =VALUE(E2)

	A	B	C	D	E	F
1	序号	灯具编号	类型	单价	数量	转换为数值型数字
2	1	PHR26	客厅灯	134	8	8
3	2	PHR27	射灯	136	9	9
4	3	PHR28	灯带	137	10	10
5	4	PHR29	餐厅灯	137	11	11
6	汇总				0	38

图9-32

9.3.5 按照代码将数字转换成指定格式——TEXT函数

TEXT函数可以根据给定的格式代码将数字转换成相应的文本格式。TEXT函数只有两个参数，参数的设置方法如下。

=TEXT(❶需要转换格式的数值,❷格式代码)

第2参数“代码格式”的编码原则取自“自定义数字格式”。在“设置单元格格式”对话框中可查看到内置的自定义格式代码，如图9-33所示。

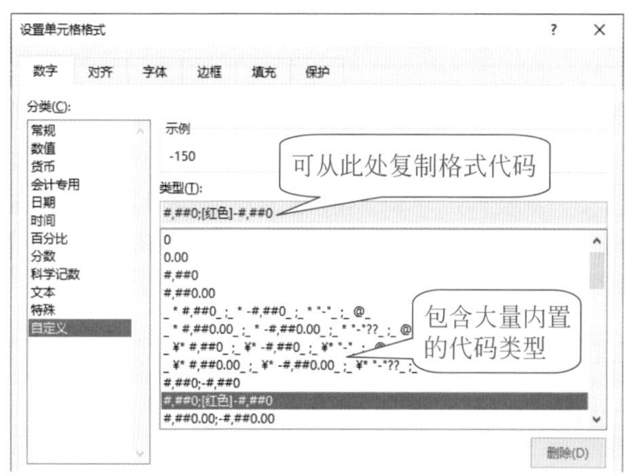

图9-33

Excel中常用的格式代码分为数值型、日期和时间型以及其他格式类型等。在使用TEXT函数之前需要先熟悉这些常用代码的含义及编写方法。

常见数值型代码的类型及作用见表9-1。

表9-1

符号	名称	作用
#	数字占位符	只显示有意义的0，不显示无意义的0
0	零占位符	当数字大于0的个数时显示实际数字，否则显示无意义的0
?	空格占位符	在小数点两边为无意义的0时添加空格，以便按照固定宽度字体设置格式

续表

符号	名称	作用
.	小数点	在指定位置添加小数点。例如：将123设定为###.0时，则显示为123.0
,	千位分隔符	表示3位分隔段。例如：1234567设定为#,###，则显示为1，235
%	百分比符号	为数字添加百分比符号时，则用%表示。例如：0.123设定为##.#%时，则显示为12.3%
/	分数符号	表示分数。例如：1.23设定为#??/???，则显示为123/100
¥或$	货币符号	用带有¥或$货币符号的数值表示数值。例如：1234设定为¥#,##0时，则表示为¥1,234

除了表9-1中常用的格式代码，还经常会用到一些日期和时间格式代码。“Y”表示年、“M”表示月、“D”表示日、“H”表示小时、“M”表示分钟、“S”表示秒，字母不区分大小写。常用日期和时间代码见表9-2。

表9-2

符号	作用
M	将月份显示为1～12
MM	将月份显示为01～12
MMM	将月份显示为Jan～Dec
MMMM	将月份显示为January～December
MMMMM	将月份显示为该月份的第一个字母
D	将日期显示为1～31
DD	将日期显示为01～31
DDD	将日期显示为Sun～Sat
DDDD	将日期显示为Sunday～Saturday
YY	将年份显示为00～99
YYYY	将年份显示为1900～9999
H	将小时显示为0～23
HH	将小时显示为00～23
M	将分钟显示为0～59
MM	将分钟显示为00～59

续表

符号	作用
S	将秒显示为0～59
SS	将秒显示为00～59
AAA	将日期显示为“一～日”
AAAA	将日期显示为“星期一～星期日”

前面介绍MIND函数时，举例从身份证号码中提取了出生日期。用MIND函数提取的其实只是代表出生日期的数字。下面将使用TEXT函数将这些数字转换成日期格式，如图9-34所示。

=TEXT(MID(C2,7,8),"0-00-00")

D2 =TEXT(MID(C2,7,8),"0-00-00")

	A	B	C	D
1	序号	姓名	身份证号码	出生日期
2	1	胡小云	****001985101563**	1985-10-15
3	2	周凯	****001988121563**	1988-12-15
4	3	姜波	****001987051123**	1987-05-11
5	4	刘梅	****031988061087**	1988-06-10
6	5	周俊	****001989070925**	1989-07-09

图9-34

此时返回的日期已经具备了“日期”的外观，但是无法通过设置单元格格式更改其类型。日期的本质其实是数字，在公式前面添加负号可将返回值变成数字，一个负号会让返回结果变成负数，因此添加两个负号，如图9-35所示。

=--TEXT(MID(C2,7,8),"0-00-00")

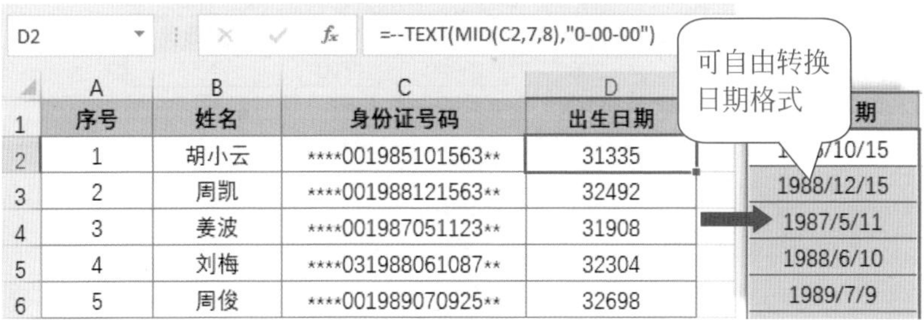

D2 =--TEXT(MID(C2,7,8),"0-00-00")

	A	B	C	D
1	序号	姓名	身份证号码	出生日期
2	1	胡小云	****001985101563**	31335
3	2	周凯	****001988121563**	32492
4	3	姜波	****001987051123**	31908
5	4	刘梅	****031988061087**	32304
6	5	周俊	****001989070925**	32698

图9-35

9.3.6 判断销售盈亏情况——TEXT函数

数值的正负可以直接反映出盈亏情况。本例中销售利润包含正数、负数以及零值，下面将使用TEXT函数根据这些数值判断盈亏情况。

为了方便理解，可以先以正数、负数和零直观地体现销售利润的实际情况，如图9-36所示。

D2>0时的返回结果　D2<0时的返回结果　D2=0时的返回结果

=TEXT(D2,"正数;负数;零")

E2　=TEXT(D2,"正数；负数；零")

	A	B	C	D	E
1	产品名称	销售金额	销售成本	销售利润	判定正负
2	奶酪棒	2000	2500	-500	负数
3	雪花酥	1500	1200	300	正数
4	蛋黄酥	3200	1800	1400	正数
5	芒果干	1800	1800	0	零
6	芝麻丸	600	800	-200	负数
7	沙琪玛	5300	2200	3100	正数

图9-36

如果将公式中"正数;负数;零"这段格式代码内容进行替换，则可以用任意指定的内容表示正数、负数和零，如图9-37所示。

=TEXT(D2,"盈;亏;平")

E2　=TEXT(D2,"盈；亏；平")

	A	B	C	D	E
1	产品名称	销售金额	销售成本	销售利润	盈亏情况
2	奶酪棒	2000	2500	-500	亏
3	雪花酥	1500	1200	300	盈
4	蛋黄酥	3200	1800	1400	盈
5	芒果干	1800	1800	0	平
6	芝麻丸	600	800	-200	亏
7	沙琪玛	5300	2200	3100	盈

图9-37

这个格式代码稍加修改还可以更智能，如图9-38所示。前两段代码中的0是占位符，用来代替D2中的值。

盈利D2元；亏损D2元；不亏不赚

=TEXT(D2,"盈利0元;亏损0元;不亏不赚")

E2 =TEXT(D2,"盈利0元；亏损0元；不亏不赚")

	B	C	D	E	F	G
1	销售金额	销售成本	销售利润	盈亏情况		
2	2000	2500	-500	亏损500元		
3	1500	1200	300	盈利300元		
4	3200	1800	1400	盈利1400元		
5	1800	1800	0	不亏不赚		
6	600	800	-200	亏损200元		
7	5300	2200	3100	盈利3100元		

图9-38

知识链接：

判断一个数值的正负也可使用SIGN函数。SIGN函数只有一个参数，即要判断其正负的数值。当数值为正数时返回1，为负数时返回-1，为0时返回0，如图9-39所示。

E2 =SIGN(D2)

	A	B	C	D	E
1	产品名称	销售金额	销售成本	销售利润	判定正负
2	奶酪棒	2000	2500	-500	-1
3	雪花酥	1500	1200	300	1
4	蛋黄酥	3200	1800	1400	1
5	芒果干	1800	1800	0	0
6	芝麻丸	600	800	-200	-1
7	沙琪玛	5300	2200	3100	1

图9-39

综合前面学习过的函数，大家可以思考一下，若要使用SIGN函数以直观的文本形式返回数值的正负，应该如何编写公式呢？这里给个提示，可以嵌套IF函数。

9.3.7 自动返回销售业绩考核等级——TEXT函数

当需要对数值进行判断时，大部分用户首先想到的是IF函数。其实，在很多情况下TEXT函数可以完美代替IF函数，甚至完成IF函数不能完成的操作。

下面将使用TEXT函数自动返回销售业绩考核等级，如图9-40所示。假设将业绩考核等级分为“优”“良”“差”三个等级。销售金额大于等于80000时评定为“优”，大于等于50000且小于80000时评定为“良”，小于50000时评定为“差”。

格式代码分为三段，用“;”符号分隔。第一段表示C2大于等于80000时，返回“优”；第二段表示C2大于等于5000时返回“良”(隐含了第一段条件设定的>=8000)；第三段表示除去第一段和第二段条件之外的所有值返回“差”。

=TEXT(C2,"[>=80000]优;[>=50000]良;差")

D2　=TEXT(C2,"[>=80000]优;[>=50000]良;差")

	A	B	C	D
1	序号	业务员	销售金额	业绩考核
2	1	郝萌萌	35000	差
3	2	顾婷婷	18000	差
4	3	阮启军	96000	优
5	4	许和平	54000	良
6	5	周凯翔	85000	优
7	6	刘明月	42000	差

图9-40

直接用图标分析业绩的趋势时可以使用如下格式代码，如图9-41所示。在代码中添加0可显示所指单元格中的值，如图9-42所示。

=TEXT(C2,"[>=50000]↑;↓")

E2　=TEXT(C2,"[>=50000]↑;↓")

	A	B	C	D	E
1	序号	业务员	销售金额	业绩考核	趋势
2	1	郝萌萌	35000	差	↓
3	2	顾婷婷	18000	差	↓
4	3	阮启军	96000	优	↑
5	4	许和平	54000	良	↑
6	5	周凯翔	85000	优	↑
7	6	刘明月	42000	差	↓

图9-41

=TEXT(C2,"[>=50000]0↑;0↓")

E2　=TEXT(C2,"[>=50000]0↑;0↓")

	A	B	C	D	E
1	序号	业务员	销售金额	业绩考核	趋势
2	1	郝萌萌	35000	差	35000↓
3	2	顾婷婷	18000	差	18000↓
4	3	阮启军	96000	优	96000↑
5	4	许和平	54000	良	54000↑
6	5	周凯翔	85000	优	85000↑
7	6	刘明月	42000	差	42000↓

图9-42

9.3.8 为数字添加千位分隔符并四舍五入到指定位数——FIXED函数

FIXED函数可以将数字舍入到指定的小数位数，并返回带或不带逗号的文本形式结果。FIXED函数有3个参数，参数的设置方法如下。

=FIXED(❶要转换格式的数值,❷要保留的小数位数,❸是否不显示逗号)

❸用逻辑值表示，为TRUE时不显示逗号，为FALSE或忽略时显示逗号

❷为0时保留到整数，为负数时从小数点往左按相应位数四舍五入，若忽略则不做数值取舍

下面以几个简单的示例了解一下FIXED函数的基础用法。

=FIXED(1500.338,2)　　返回值为“1,500.34”

=FIXED(1779.338,-2,TRUE)　　返回值为“1800”

=FIXED(1779.338,0,FALSE)　　返回值为“1,779”

=FIXED(1800,2)　　返回值为“1,800.00”

注意事项：

若忽略第2参数，分隔符必须正常输入，否则第3参数的逻辑值将被作为第2参数使用（TRUE=1，FALSE=0）。例如：

正确的表达方式

=FIXED(1800.23,,FALSE)　　返回值为“1,800.23”

作为第2参数使用，FALSE被视为数字0

=FIXED(1800.23,FALSE)　　返回值为“1,800”

在工作中想以规范的格式显示金额类数值时可以使用FIXED函数，如图9-43所示。

=FIXED(E2*F2,0,FALSE)

G2 =FIXED(E2*F2,0,FALSE)

	A	B	C	D	E	F	G
1	序号	灯具编号	名称	类型	单价	数量	总价
2	1	PHR26	104温馨家园	客厅灯	134.235	8	1,074
3	2	PHR27	田园风情616	射灯	135.7	9	1,221
4	3	PHR28	温晴暖暖	灯带	136.98	10	1,370
5	4	PHR29	105温馨家园	餐厅灯	137.458	11	1,512
6	5	PHR30	田园风情614	射灯	138.111	12	1,657

图9-43

9.3.9　识别文本字符串——T函数

T函数可以检测给定的值是否为文本。如果是文本，将按照文本原样返回；如果不是文本，将返回空值。T函数只有一个参数，即需要检测的值。

以文本格式保存的数字和错误值会被视为文本，日期和逻辑值被视为数字，如图9-44所示。

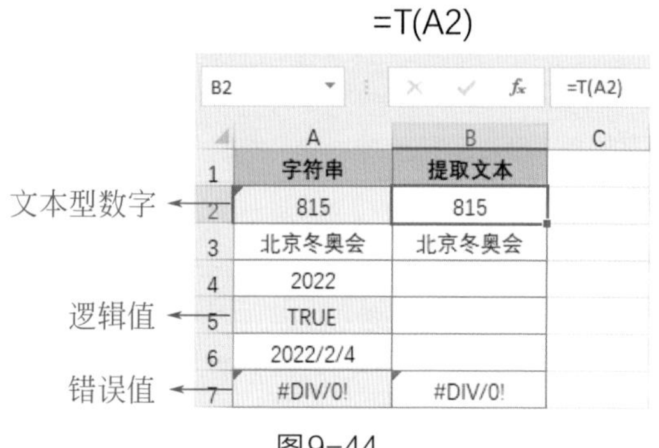

=T(A2)

B2 =T(A2)

	A	B
1	字符串	提取文本
2	815	815
3	北京冬奥会	北京冬奥会
4	2022	
5	TRUE	
6	2022/2/4	
7	#DIV/0!	#DIV/0!

图9-44

在Excel以及WPS表格中都包含一个与T函数作用类似的函数，即N函数。N是一个信息函数，它可以将文本型数据转换为0，数值型数据按照数字格式返回。逻辑值TRUE返回1，逻辑值FALSE返回0，日期以其数字序列返回，如图9-45所示。

T函数和N函数很少单独使用，在平时的工作中使用频率不高，只需了解其主要作用即可。

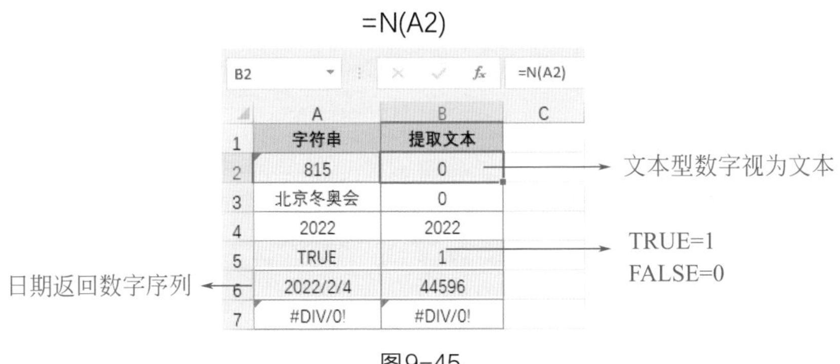

	A	B
1	字符串	提取文本
2	815	0
3	北京冬奥会	0
4	2022	2022
5	TRUE	1
6	2022/2/4	44596
7	#DIV/0!	#DIV/0!

图9-45

9.3.10 将所有字母转换为大写——UPPER函数

UPPER函数可以将文本字符串中所有字母转换成大写形式。UPPER函数只有一个参数，即要转换成大写的文本字符串。

UPPER函数的用法十分简单，下面将对各品牌的英文名称进行转换，将所有字母转换为大写形式，如图9-46所示。

=UPPER(C2)

D2　=UPPER(C2)

	A	B	C	D
1	序号	中文名称	英文名称	转换为全部大写
2	1	阿斯顿·马丁	Aston Martin	ASTON MARTIN
3	2	路虎	Land Rover	LAND ROVER
4	3	沃尔沃	Volvo	VOLVO
5	4	林肯	Lincoln	LINCOLN
6	5	马自达	Mazda	MAZDA
7	6	梅赛德斯-奔驰	Mercedes-Benz	MERCEDES-BENZ

所有字母转换为大写

图9-46

9.3.11 将品牌名称的所有英文字母转换为小写——LOWER函数

LOWER函数的作用与UPPER函数相反。LOWER函数可以将一个文本字符串中所有字母转换为小写形式。

当需要让所有字母以小写形式显示时可以使用LOWER函数，如

图9-47所示。

=LOWER(C2)

D2 =LOWER(C2)

	A	B	C	D
1	序号	中文名称	英文名称	转换为全部小写
2	1	阿斯顿·马丁	Aston Martin	aston martin
3	2	路虎	Land Rover	land rover
4	3	沃尔沃	Volvo	volvo
5	4	林肯	Lincoln	lincoln
6	5	马自达	Mazda	mazda
7	6	梅赛德斯-奔驰	Mercedes-Benz	mercedes-benz

所有字母转换为小写

图9-47

9.3.12 将英文商品名称的每个单词转换为首字母大写——PROPER函数

PROPER函数可以将字符串中各英文单词的首字母转换成大写，将其他字母转换成小写。PROPER函数只有一个参数，即要进行转换的字符串。

下面将使用PROPER函数将商品英文名称的每个单词首字母转换成大写，如图9-48所示。

=PROPER(C2)

D2 =PROPER(C2)

	A	B	C	D
1	商品序号	肉类名称	英文名称	所有单词第一个字母转换成大写
2	1	鸡大腿	fresh grade legs	Fresh Grade Legs
3	2	鸡胸肉	fresh grade brea	Fresh Grade Brea
4	3	鸡翅膀	chicken wings	Chicken Wings
5	4	猪肝	pigs livee	Pigs Livee
6	5	猪脚	pigs fee	Pigs Fee
7	6	猪腰	pigs kindne	Pigs Kindne
8	7	猪心	pigs heart	Pigs Heart
9	8	小里脊肉	pork fillet	Pork Fillet
10	9	小排骨肉	spare rib of por	Spare Rib Of Por
11	10	黑香肠	black pudding	Black Pudding

所有单词首字母转换为大写

图9-48

知识链接：

Excel或WPS表格中都不包含将整个英文字符串的首字母大写、其余字母小写的专属函数，若想实现此操作，可以多个函数嵌套编写公式，如图9-49所示。

提取首字母并转换成大写　　将除了首字母之外的其他字母全部转换成小写

=CONCATENATE(PROPER(LEFT(C2)),LOWER(RIGHT(C2,LEN(C2)-1)))

将多个文本字符串合并成一个

D2 =CONCATENATE(PROPER(LEFT(C2)),LOWER(RIGHT(C2,LEN(C2)-1)))

	A	B	C	D
1	商品序号	肉类名称	英文名称	英文字符串的首字母转换成大写
2	1	鸡大腿	fresh grade legs	Fresh grade legs
3	2	鸡胸肉	fresh grade brea	Fresh grade brea
4	3	鸡翅膀	chicken wings	Chicken wings
5	4	猪肝	pigs livee	Pigs livee
6	5	猪脚	pigs fee	Pigs fee
7	6	猪腰	pigs kindne	Pigs kindne
8	7	猪心	pigs heart	Pigs heart

图9-49

9.4 数据的整理

对表格中的字符进行规范整理是数据分析的必要前提。除了使用常规的数据处理工具，利用各种文本函数也可轻松地实现数据合并、删除空格、数据对比等数据整理操作。

9.4.1 合并品牌和型号获取手机基本信息——CONCATENATE函数

CONCATENATE函数可以将多个文本字符串合并成一个。CONCATENATE函数最多可以设置255个参数，参数的设置方法如下。

=CONCATENATE(❶第一个要合并的字符串,❷第二个要合并的字符串,…)

下面将使用CONCATENATE函数合并“所属品牌”和“产品型号”提取手机的基本信息，如图9-50所示。

在B2和C2之间添加“-”符号

=CONCATENATE(B2,"-",C2)

D2	=CONCATENATE(B2,"-",C2)			
	A	B	C	D
1	序号	所属品牌	产品型号	手机基本信息
2	1	华为HUAWEI	Mate 40 Pro 4G	华为HUAWEI-Mate 40 Pro 4G
3	2	小米XIAOMI	12	小米XIAOMI-12
4	3	荣耀HONOR	60	荣耀HONOR-60
5	4	OPPO	Reno6 5G	OPPO-Reno6 5G
6	5	SAMSUNG三星	S20 FE 5G	SAMSUNG三星- S20 FE 5G
7	6	一加Oneplus	9R	一加Oneplus-9R

图9-50

知识链接：

Excel2016及之后的版本中新增了CONCAT函数，其可以替代CONCATENATE函数。CONCAT函数的拼写方法更加简单，用法与CONCATENATE函数完全相同，如图9-51所示。

替换为CONCAT函数

D2	=CONCAT(B2,"-",C2)		
	B	C	D
1	所属品牌	产品型号	手机基本信息
2	华为HUAWEI	Mate 40 Pro 4G	华为HUAWEI-Mate 40 Pro 4G
3	小米XIAOMI	12	小米XIAOMI-12

图9-51

9.4.2 删除多余空格只保留一个作为分隔——TRIM函数

TRIM函数可以删除字符串中多余的空格，但会保留一个空格作为两个字符之间的分隔符。TRIM函数只有一个参数，即需要删除其中多余空格的字符串。

下面将使用TRIM函数删除手机基本信息中的多余空格，如图9-52所示。

注意事项：

如果空格不是在字符中间，而是在字符串的最前面或最后面，则会被全部删除。

=TRIM(B2)

C2 | fx =TRIM(B2)

	A	B	C
1	序号	手机基本信息	删除多余空格
2	1	华为 HUAWEI-Mate 40 Pro 4G	华为 HUAWEI-Mate 40 Pro 4G
3	2	小米 XIAOMI-12	小米 XIAOMI-12
4	3	荣耀 HONOR-60	荣耀 HONOR-60
5	4	OPPO-Reno6 5G	OPPO-Reno6 5G
6	5	SAMSUNG 三星- S20 FE 5G	SAMSUNG 三星- S20 FE 5G
7	6	一加 Oneplus-9R	一加 Oneplus-9R

保留作为分隔符使用的空格，删除其他多余空格

图9-52

若要删除字符串中的所有空格可以使用SUBSTITUTE函数，将空格替换为空，如图9-53所示。

一双引号中有一个空格　一双引号中没有任何内容

=SUBSTITUTE(B2," ","")

C2 | fx =SUBSTITUTE(B2," ","")

	A	B	C
1	序号	手机基本信息	删除多余空格
2	1	华为 HUAWEI-Mate 40 Pro 4G	华为HUAWEI-Mate40Pro4G
3	2	小米 XIAOMI-12	小米XIAOMI-12
4	3	荣耀 HONOR-60	荣耀HONOR-60
5	4	OPPO-Reno6 5G	OPPO-Reno65G
6	5	SAMSUNG 三星- S20 FE 5G	SAMSUNG三星-S20FE5G
7	6	一加 Oneplus-9R	一加Oneplus-9R

图9-53

9.4.3 清除产品规格参数中的换行符——CLEAN函数

CLEAN函数可以删除当前操作系统无法打印的字符，通常在处理从其他应用程序导入的文本时使用。例如，删除某些出现在数据开头或结尾处且无法打印的低级计算机代码、特殊字符、控制字符等。

下面将使用CLEAN函数删除产品信息中的换行符，如图9-54所示。

=CLEAN(A2)

B2 =CLEAN(A2)

	A	B
1	规格参数	去除换行符
2	型号：PH0511 功率：led 7W 色温：2900K 角度：29° 显色指数：>90	型号：PH0511 功率：led 7W色温：2900K角度：29° 显色指数：>90
3	型号：PH0511 功率： led 7W 色温：2900K 角度：29° 显色指数：>90	型号：PH0511 功率：led 7W色温：2900K 角度：29° 显色指数：>90
4	型号：PH0511 功率：led 7W 色温：2900K 角度：29° 显色指数：>90	型号：PH0511 功率：led 7W色温：2900K 角度：29° 显色指数：>90
5	型号：PH0511 功率：led 7W 色温：2900K 角度：29° 显色指数：>90	型号：PH0511 功率：led 7W色温：2900K 角度：29° 显色指数：>90

图9-54

知识链接：

非打印字符指在计算机中有些字符确确实实存在，但是它们不能够显示或者打印出来。以ASCⅡ码表为例，ASCⅡ码值在0 ~ 31的为控制字符，无法显示和打印。ASCⅡ是一套基于拉丁字母的字符编码，共收录了128个字符，用一个字节就可以存储，它等同于国际标准ISO/IEC 646。非专业人士对该部分内容只需要了解即可。

9.4.4 比较应付款和实付款是否存在差异——EXACT函数

EXACT函数可以比较两个字符串是否完全相同。如果完全相同，则返回TRUE，否则返回FALSE。EXACT函数有两个参数，参数的设置方法如下。

=EXACT(❶第一个字符串,❷第二个字符串)

EXACT函数区分大小写，但是会忽略由单元格格式所造成的差异。例如，相同的单词在大小写不同时对比结果为FALSE，相同的日期在格式不同时对比结果为TRUE，字母和个别符号在不同输入方式下也会产生FALSE的对比结果，如图9-55所示。

C2 =EXACT(A2,B2)

	A	B	C	D
1	数据1	数据2	对比结果	
2	Excel	excel	FALSE	
3	2022/1/22	2022年1月22日	TRUE	
4	ＥＸＡＣＴ	EXACT	FALSE	

大小写不同

格式不同

全角和半角输入方式不同

图9-55

下面将使用EXACT函数检测商品应付款和实付款是否相同。本例需要核对的内容保存在两张工作表内，需要跨表引用单元格，如图9-56所示。

跨表引用

=EXACT(C2,应付款!F2)

L17

	A	B	C	D	E	F
1	序号	商品名称	优惠券	单价	数量	应付款
2	1	运动鞋		499	1	499
3	2	连衣裙	30	350	1	320
4	3	羊绒大衣	80	1260	1	1180
5	4	运动服套装		280	1	280
6	5	棒球帽		45	2	90
7	6	夹克衫	15	170	1	155
8	7	高领毛衣	10	220	1	210

... 应付款 实付款

D2 =EXACT(C2,应付款!F2)

	A	B	C	D	E
1	序号	商品名称	实付款	核对	
2	1	运动鞋	¥499.00	TRUE	
3	2	连衣裙	¥350.00	FALSE	
4	3	羊绒大衣	¥1,180.00	TRUE	
5	4	运动服套装	¥280.00	TRUE	
6	5	棒球帽	¥45.00	FALSE	
7	6	夹克衫	¥155.00	TRUE	
8	7	高领毛衣	¥210.00	TRUE	

... 应付款 实付款

图9-56

9.4.5 用心形图标直观展示商品好评率——REPT函数

REPT函数可以根据给定的次数重复显示文本。该函数有两个固定的参数，参数的设置方法如下。

若忽略，则返回空值　不是整数时，将被截尾取整

=REPT(❶要重复显示的内容,❷重复的次数)

当需要在单元格中重复显示某个指定的字符并对单元格进行填充

时，可使用REPT函数。例如用“♥”图标直观显示商品的好评率，如图9-57所示。

D2 =REPT("♥",C2*10)

	A	B	C	D
1	序号	商品名称	好评率	好评率展示
2	1	头戴式有线游戏耳机	89%	♥♥♥♥♥♥♥♥
3	2	白色限定版头戴耳机	90%	♥♥♥♥♥♥♥♥♥
4	3	入耳式游戏耳机	72%	♥♥♥♥♥♥♥
5	4	游戏耳机支架	93%	♥♥♥♥♥♥♥♥♥
6	5	27英寸游戏显示器	66%	♥♥♥♥♥♥
7	6	外置DVD刻录机	42%	♥♥♥♥
8	7	机械键盘	65%	♥♥♥♥♥♥
9	8	头戴式无线耳机	48%	♥♥♥♥

图9-57

知识链接：

本例的“♥”图标通过搜狗拼音输入法输入，如图9-58所示。

图9-58

公式默认返回的图标是“♡”形状，通过设置“字体”和“字体颜色”可获得红色实心的心形，如图9-59所示。

图9-59

初试锋芒

本章主要介绍了常用的文本函数，使用文本函数可以解决数据提取、合并、格式转换等问题。常见的文本函数包括FIND函数、LEN函数、LEFT函数、RIGHT函数、MID函数、TEXT函数等。下面一起来做个测试题，检验一下学习成果吧！

用户需要根据如图9-60所示的身份号码，提取出生年月日并计算实际年龄。

	A	B	C	D	E
1	姓名	身份证号码	年龄		
2	周亮亮	****13198710083121			
3	吴敏	****14199306120435			
4	郑鑫	****13198808044377			
5	刘晓霞	****31198712097619			
6	吴芸	****32199809104661			
7	袁美玲	****26198106139871			
8	周思雨	****12198610111242			
9	周凌云	****51198808041187			
10	刘振	****00198511095335			
11	吴美娴	****13199008044373			
12	丁思雨	****00197112055364			
13					

Sheet1

图9-60

操作难度

★★★★★

操作提示

（1）使用MID函数、TEXT函数、TODAY函数、DATEDIF函数嵌套编写公式。

（2）公式编写思路：用MID函数提取出生日期，用TEXT函数将提取出的出生日期转换成标准日期格式（格式代码为0-00-00），最后用DATEDIF函数计算出生日期与当前日期（用TODAY函数获取）相差的年数，即实际年龄。

操作结果

是否顺利完成操作？　是□　否□，用时________分钟

操作用时遇到的问题：

____

____

____

扫码观看
本章视频

第 10 章 Excel 中的信息提取专家

信息函数专门用来返回指定单元格或区域的信息，例如获取文件路径、单元格格式信息或操作环境信息等。常用的信息函数包括ISBLANK、ISEERROR、ISNUMBER、ISTEXT等。本章将对常用信息函数的用法进行详细介绍。

10.1 提取文件或操作环境信息

当需要提取单元格的格式、位置或当前操作环境等信息时，可以使用CELL和INFO信息函数。下面介绍这两个函数的使用方法。

10.1.1 提取当前工作表和工作簿信息——CELL函数

CELL函数可以返回所引用的区域中第一个单元格的格式、位置或内容等有关信息。CELL函数有两个参数，参数的设置方法如下。

信息类型以及对应的结果是系统内置好的

↑

=CELL(❶要返回的单元格信息类型,❷单元格引用)

CELL函数可设置的信息类型及相应的结果见表10-1。信息类型必须输入在双引号中，否则将返回错误值。

表10-1

信息类型	返回结果
"address"	用"$A$1"的绝对引用形式，将引用区域左上角的第一个单元格作为返回值引用
"col"	将引用区域左上角的单元格列标作为返回值引用
"color"	如果单元格中的负值以不同颜色显示，则返回1，否则返回0
"contents"	将引用区域左上角的单元格的值作为返回值引用
"filename"	包含引用的文件名（包括全部路径），文本类型。如果包含目标引用的工作表尚未保存，则返回空文本("")
"format"	与指定的单元格格式相对应的文本常数
"parentheses"	引用区域左上角的单元格格式中为正值或全部单元格均加括号，1作为返回值返回，其他情况时0作为返回值返回
"prefix"	与单元格中不同的"标志前缀"相对应的文本值。如果单元格文本左对齐，则返回单引号(')；如果单元格文本右对齐，则返回双引号(")；如果单元格文本居中，则返回插入字符(^)；如果单元格文本两端对齐，则返回反斜线(\)；如果是其他情况，则返回空文本("")
"protect"	如果单元格没有被锁定，则为0；如果单元格被锁定，则为1
"row"	将引用区域左上角的单元格行号作为返回值返回

续表

信息类型	返回结果
"type"	与单元格中的数据类型相对应的文本值。如果单元格为空，则返回“b”；如果单元格包含文本常量，则返回“l”；如果单元格包含其他内容，则返回“v”
"width"	取整后的单元格的列宽。列宽以默认字号的一个字符宽度为单位

通过表10-1中信息类型的说明，若要返回提取文件路径、工作簿名称以及工作表名称可以使用“filename”类型，如图10-1所示。

=CELL("filename")

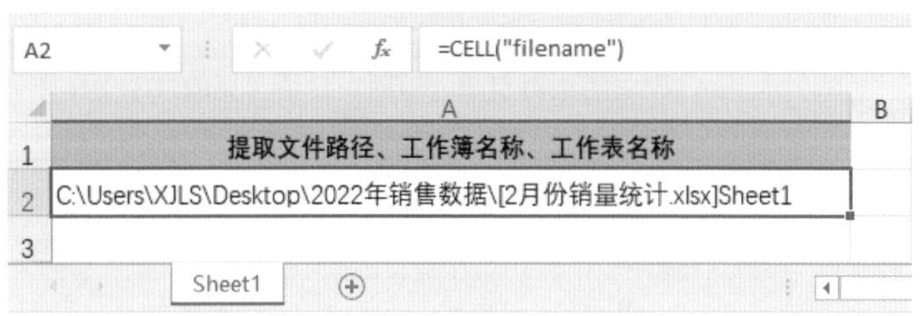

图10-1

另外，提取指定单元格的行或列位置也是常见的操作。使用CELL函数分别设置信息类型为“row”或“col”，便可提取指定单元格的行或列位置，如图10-2所示。

B1 =CELL("row",D12)

	A	B	C	D
1	D12单元格的行位置	12	=CELL("row",D12)	
2	D12单元格的列位置	4	=CELL("col",D12)	
3				

图10-2

10.1.2 提取操作系统版本——INFO函数

INFO函数可以返回当前操作环境的各种信息，例如文件路径、可用的存储空间、工作簿中包含的活动工作表数量等。INFO函数只有一

个参数，即要提取的信息类型。

=INFO(要返回的信息类型)

INFO的信息类型以及对应的返回值见表10-2。

表10-2

信息类型	返回值	
"DIRECTORY"	当前目录或文件夹的路径	
"MEMAVAIL"	可用的内存空间，以字节为单位	
"MEMUSED"	数据占用的内存空间	
“NUMFILE”	打开的工作簿中活动工作表的个数	
"ORIGIN"	用A1样式的绝对引用，返回窗口中可见的最左上角单元格的绝对单元格引用	
"OSVERSION"	操作系统	版本号
	Windows 98 Second Edition	Windows(32-bit)4.10
	Windows Me	Windows(32-bit)4.90
	Windows 2000 Professional	Windows(32-bit)NT5.00
	Windows XP Home Edition	Windows(32-bit)NT 5.01
	Windows 7 Ultimate	Windows(32-bit)NT 6.01
	Windows 8 Professional	Windows(32-bit)NT 6.02
"RECALC"	用“自动”或“手动”文本表示当前的重新计算方式	
"RELEASE"	Excel 95	7.0
	Excel 97	8.0
	Excel 2000	9.0
	Excel XP	10.0
	Excel 2003	11.0
	Excel 2007	12.0
	Excel 2010	14.0
	Excel 2013	15.0
"SYSTEM"	操作系统名称。用“mac”文本表示Macintosh版本，用“pcdos”文本表示Windows版本	
"TOTMEM"	全部内存空间，包括已经占用的内存空间，以字节为单位	

表10-2中这些信息类型的拼写方式以及作用很难记忆。当在Excel表格中手动输入函数名称和左括号后，屏幕中会出现一个提示列表，用户可以在列表中选择要使用的信息类型，如图10-3所示。

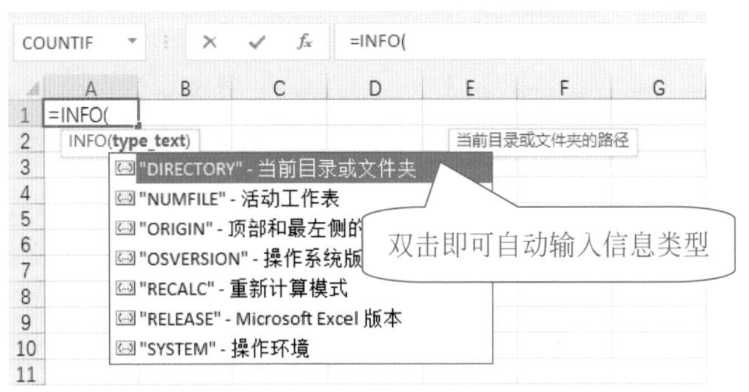

图10-3

例如要提取当前文件路径可以使用“DIRECTORY”信息类型，提取操作系统版本可以使用“OSVERSION”信息类型，如图10-4所示。

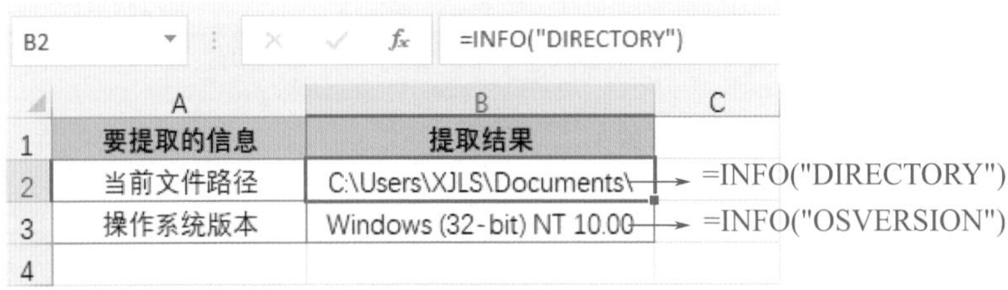

要提取的信息	提取结果
当前文件路径	C:\Users\XJLS\Documents\
操作系统版本	Windows (32-bit) NT 10.00

图10-4

注意事项:

在老版本的Excel中，"MEMAVAIL""MEMUSED"和"TOTMEM"信息类型值会返回内存信息。现在不再支持这些信息类型值，而是返回“#N/A”错误值。

10.2 检查数值属性

使用信息函数可以对数值的属性进行检测。例如，用ISNONTEXT函数检测一个值是否不是文本，用ISNUMBER函数检测一个值是否为

数值，用ISEVEN函数检测一个值是否为偶数，用ISODD函数检测一个值是否为奇数等。

10.2.1 判断当日销售的各种产品是否有销量——ISNONTEXT函数

ISNONTEXT函数可以检测一个值是否不是文本。返回值为逻辑值，若被检测的值不是文本，则返回TRUE；若被检测的值是文本，则返回FALSE。若反推可得出如下结论：当ISNONTEXT函数返回FALSE，表示引用的内容是文本；若返回TRUE，表示引用的内容不是文本。

例如：=ISNONTEXT(520)　　　　返回值为TRUE

=ISNONTEXT("函数")　　　　返回值为FALSE

在引用单元格时空白单元格返回TRUE、包含空格的单元格返回FALSE、以文本格式存储的数字会返回FALSE，另外逻辑值也被判断为非文本，如图10-5所示。

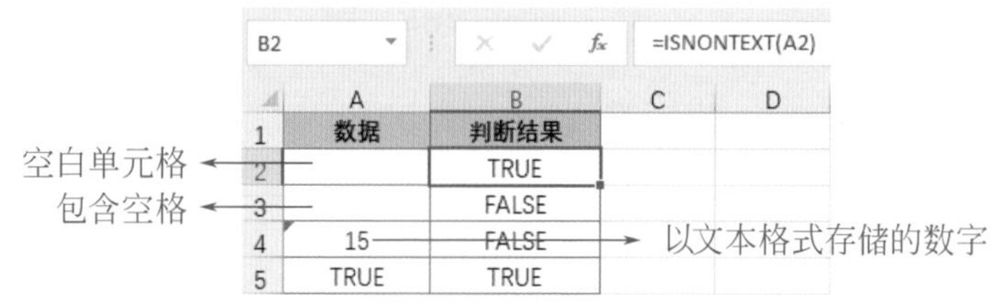

B2　=ISNONTEXT(A2)

	A	B	C	D
1	数据	判断结果		
2		TRUE		
3		FALSE		
4	15	FALSE		
5	TRUE	TRUE		

图10-5

下面将使用ISNONTEXT函数判断哪些产品无销量，如图10-6所示。

=ISNONTEXT(C2)

D2　=ISNONTEXT(C2)

	A	B	C	D	E
1	销售日期	商品名称	销售数量	哪些产品无销量	
2	2022/5/1	A商品	125	TRUE	
3	2022/5/1	B商品	无销量	FALSE	
4	2022/5/1	C商品	13	TRUE	
5	2022/5/1	D商品	65	TRUE	
6	2022/5/1	E商品	销量为0	FALSE	

图10-6

10.2.2 判断产品检测结果是否合格——ISTEXT函数

ISTEXT函数可以检测一个值是否为文本，如果是文本则返回TRUE，如果不是文本则返回FALSE。

ISTEXT函数的作用和ISNONTEXT函数相反，两者其他特性以及使用方法相同。下面将对这两个函数的检测结果进行比较，如图10-7所示。

=ISNONTEXT(B2)　　=ISTEXT(B2)

	A	B	C	D
1	属性	数据	ISNONTEXT检测结果	ISTEXT检测结果
2	空白单元格		TRUE	FALSE
3	包含空格的单元格		FALSE	TRUE
4	文本型数字	15	FALSE	TRUE
5	逻辑值	TRUE	TRUE	FALSE
6	数字	22	TRUE	FALSE
7	文本	冠军	FALSE	TRUE

图10-7

信息函数的返回结果一般为逻辑值，常与IF函数嵌套使用，以返回直观的文本结果，如图10-8所示。

返回逻辑值TRUE或FALSE　ISTEXT函数返回TRUE时，公式返回“合格”　ISTEXT函数返回FALSE时，公式返回“不合格”

=IF(ISTEXT(B2),"合格","不合格")

C2　=IF(ISTEXT(B2),"合格","不合格")

	A	B	C	D	E
1	商品名称	合格产品打√	是否合格		
2	商品1	√	合格		
3	商品2		不合格		
4	商品3	√	合格		
5	商品4	√	合格		
6	商品5	√	合格		
7	商品6		不合格		

图10-8

10.2.3 提取有效的考试成绩——ISNUMBER函数

ISNUMBER函数可以检测一个值是否是数值，若是数值则返回TRUE，若不是数值则返回FALSE。ISNUMBER函数与ISNONTEXT函数的作用以及使用方法基本相同。

在检测一般数值时ISNUMBER函数与ISNONTEXT函数的返回结果相同，但是这两个函数对空白单元格以及逻辑值的判断结果不同，如图10-9所示。

=ISNUMBER(B2)　　=ISNONTEXT(B2)

	A	B	C	D
1	属性	数据	ISNUMBER函数返回结果	ISNONTEXT函数返回结果
2	文本型数值	15	FALSE	FALSE
3	空白单元格		FALSE	TRUE
4	含有空格的单元格		FALSE	FALSE
5	逻辑值	TRUE	FALSE	TRUE
6	逻辑值	FALSE	FALSE	TRUE
7	数字	520	TRUE	TRUE
8	日期	2022/3/15	TRUE	TRUE
9	文本	函数应用	FALSE	FALSE

返回结果有差异的数据类型

图10-9

当需要快速判断指定单元格中的数据是否为数字时，可以使用ISNUMBER函数。下面将使用ISNUMBER函数和IF函数嵌套编写公式，提取有效的考试成绩，如图10-10所示。

	A	B	C	D	E	F
1	考号	姓名	成绩	是否产生有效成绩	提取有效成绩	
2	220315	王婷玉	66	TRUE	66	
3	081698	周杰凯	79	TRUE	79	
4	005555	赵洪波	缺考	FALSE		
5	012356	苏丹	53	TRUE	53	
6	052130	刘敏	因作弊取消成绩	FALSE		

用公式“=ISNUMBER(C2)”可直接返回逻辑值判断结果

图10-10

10.2.4 根据尾号判断车辆是否限行——ISEVEN函数

ISEVEN函数可以检测一个值是否为偶数，如果是偶数则返回TRUE，如果是奇数则返回FALSE。

如果要检测的值不是整数，将被截尾取整；如果要检测的值不是数字，将返回“#VALUE!”错误值，如图10-11所示。

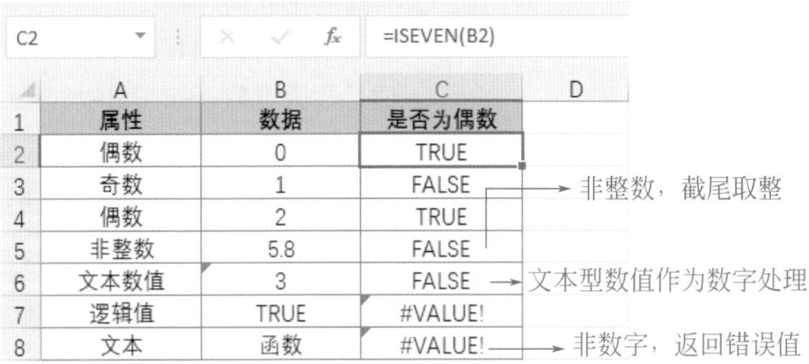

C2 =ISEVEN(B2)

	A	B	C	D
1	属性	数据	是否为偶数	
2	偶数	0	TRUE	
3	奇数	1	FALSE	
4	偶数	2	TRUE	
5	非整数	5.8	FALSE	
6	文本数值	3	FALSE	
7	逻辑值	TRUE	#VALUE!	
8	文本	函数	#VALUE!	

图10-11

假设某路段双号限行，现需要根据车牌号自动判断车辆是否属于限行车辆。提取出车牌号码的最后一位数，判断该数字是否为偶数，即可解决这个问题，如图10-12所示。

C2 =ISEVEN(RIGHT(B2,1))

	A	B	C	D
1	序号	车牌号	是否限行	
2	01	陕ABV0*1	FALSE	
3	02	陕AAM1*6	TRUE	
4	03	陕ABZ5*0	TRUE	
5	04	陕ABJ1*3	FALSE	
6	05	陕ABL8*8	TRUE	
7	06	陕ABX0*5	FALSE	
8	07	陕AAE2*2	TRUE	
9	08	陕AAV1*9	FALSE	
10	09	陕ABX2*3	FALSE	
11	10	陕AAF8*5	FALSE	

图10-12

10.2.5 根据身份证号码判断性别——ISODD函数

=ISODD(A2)

B2 =ISODD(A2)

	A	B	C	D
1	数值	是否为奇数		
2	123	TRUE		
3	158	FALSE		
4	0	FALSE		
5	-13	TRUE		
6	18.6	FALSE		
7	225	TRUE		

图10-13

ISODD函数可以判断一个值是否为奇数，如果是奇数则返回TRUE，如果是偶数则返回FALSE。ISODD函数与ISEVEN函数的使用方法基本相同。

下面将使用ISODD函数判断数值是否为奇数，如图10-13所示。

第4章中使用MOD函数根据身份证号码判断性别，具体的公式如下。

计算第17位数除以2所得余数是否为0，以此来判断第17位数是否为偶数

=IF(MOD(MID(B2,17,1),2)=0,"女","男")

在实际的工作中，解决问题的方法往往不止一种。其实使用ISODD函数，也可以根据身份证号码判断性别且公式更为简短，如图10-14所示。

第17位数是否为奇数

=IF(ISODD(MID(B2,17,1)),"男","女")

C2 =IF(ISODD(MID(B2,17,1)),"男","女")

	A	B	C	D	E
1	姓名	身份证号码	性别		
2	小乔	****************6*	女		
3	李广	****************5*	男		
4	吕布	****************7*	男		

图10-14

知识链接：

如果使用ISEVEN函数，则需要将公式修改为“=IF(ISEVEN(MID(B2,17,1)),"女","男")”。

10.2.6 判断数据的类型——TYPE函数

TYPE函数可以返回数值的类型。TYPE函数只有一个参数，该参数可以是任意数值，例如数字、文本、逻辑值等。当需要判断公式返回的数据类型时，可以使用TYPE函数。

TYPE函数引用不同的数据类型时会返回不同的数字，这些数字所代表的含义见表10-3。

表10-3

返回值	代表的数据类型
1	数值
2	文本
4	逻辑值
16	错误值
64	数组

使用TYPE函数判断指定单元格中数据类型的示例，如图10-15所示。

=TYPE(B2)

C2 =TYPE(B2)

	A	B	C	D
1	数据属性	测试数据	数据类型	
2	日期	2022/2/14	1	
3	数字	2022	1	
4	文本	北京冬奥会	2	
5	逻辑值	TRUE	4	
6	错误值	#DIV/0!	16	

图10-15

知识链接：

TYPE函数引用常量数组的示例为“=TYPE({1,2,3})”。若引用区域数组，可将参数设置为单元格区域，如图10-16所示。

D2 =TYPE(A2:C2)

	A	B	C	D	E
1		数据区域		数据类型	
2	12	33	64	16	

图10-16

10.2.7 判断哪些员工无销量——ISBLANK函数

ISBLANK函数可以检测是否引用了空白单元格。当ISBLANK函数引用空白单元格时将返回TRUE，引用非空白单元格时返回FALSE。

下面将使用ISBLANK函数判断哪些员工未产生销售额，如图10-17所示。

=ISBLANK(C2)

D2 =ISBLANK(C2)

	A	B	C	D	E
1	日期	姓名	销售金额	是否有销量	
2	2022/3/10	张芳	¥850.00	FALSE	
3	2022/3/10	刘丽丽		TRUE	
4	2022/3/10	李明月	¥2,200.00	FALSE	
5	2022/3/10	赵阳	¥1,750.00	FALSE	
6	2022/3/10	孙薇		TRUE	
7	2022/3/10	李柏林	¥3,300.00	FALSE	

图10-17

使用IF函数可以将判断结果转换成更容易识别的文本，如图10-18所示。当ISBLANK函数的返回值为TRUE时，公式返回“无销量”；当ISBLANK函数的返回值为FALSE时，公式返回空值。

=IF(ISBLANK(C2),"无销量","")

D2 =IF(ISBLANK(C2),"无销量","")

	A	B	C	D	E
1	日期	姓名	销售金额	是否有销量	
2	2022/3/10	张芳	¥850.00		
3	2022/3/10	刘丽丽		无销量	
4	2022/3/10	李明月	¥2,200.00		
5	2022/3/10	赵阳	¥1,750.00		
6	2022/3/10	孙薇		无销量	
7	2022/3/10	李柏林	¥3,300.00		

图10-18

(!) 注意事项：

使用ISBLANK函数时应注意“假空”单元格，所谓“假空”单元格即包含不可见字符的单元格，例如包含空格、换行符等。当ISBLANK函数引用“假空”单元格时会返回FALSE。

10.2.8 判断微量元素的计算结果是否为错误值——ISERROR函数

ISERROR函数可以检测一个值是否为错误值。如果是错误值，将返回TRUE，否则返回FALSE。错误值包括#N/A、#VALUE!、#REF!、#DIV/0!、#NUM!、#NAME?以及#NULL! 7种类型。

下面将使用ISERROR函数判断奶粉中钙含量的计算结果是否为错误值，如图10-19所示。

=ISERROR(D2)

E2　=ISERROR(D2)

	A	B	C	D	E
1	序号	总重量（克）	钙含量	每100克含量（克）	判断结果是否有误
2	1	900	3.825	0.425	FALSE
3	2	0	0	#DIV/0!	TRUE
4	3	800	4	0.5	FALSE
5	4	400	1.52	0.38	FALSE
6	5	1000	4.55	0.455	FALSE
7	6	800	3.44	0.43	FALSE

图10-19

知识链接：

IFERROR函数（参见第5章）是一个逻辑函数，如果想要将公式返回的错误值转换为其他值可以使用该函数，如图10-20所示。

检测值为错误值时公式返回“计算有误”

=IFERROR(D2,"计算有误")

E2　=IFERROR(D2,"计算有误")

	A	B	C	D	E
1	序号	总重量（克）	钙含量	每100克含量（克）	判断结果是否有误
2	1	900	3.825	0.425	0.425
3	2	0	0	#DIV/0!	计算有误
4	3	800	4	0.5	0.5
5	4	400	1.52	0.38	0.38
6	5	1000	4.55	0.455	0.455
7	6	800	3.44	0.43	0.43

图10-20

10.2.9 判断查询的商品是否在商品列表中——ISERR/ISNA函数

检测错误值的函数除了“ISERROR”之外还有一个IFERR函数。IFERR函数可以检测除了“#N/A”之外的错误值，ISERROR函数和ISERR函数的用法基本相同，如图10-21所示。

=ISERR(D2)

E2 =ISERR(D2)

	A	B	C	D	E
1	序号	总重量（克）	钙含量	每100克含量（克）	判断结果是否有误
2	1	900	3.825	0.425	FALSE
3	2	0	0	#DIV/0!	TRUE
4	3	800	4	0.5	FALSE
5	4	400	1.52	0.38	FALSE
6	5	1000	4.55	0.455	FALSE
7	6	800	3.44	0.43	FALSE

图10-21

既然ISERR函数无法检测“#N/A”错误值，那么“#N/A”错误值是不是只有用ISERROR函数才能检测出来呢？其实不然，Excel中还包含了一个ISNA函数。ISNA函数专门用来检测一个值是否为“#N/A”错误值，如图10-22所示。

检测MATCH函数的返回值是否为“#N/A”错误值

=IF(ISNA(MATCH(F2,$B$2:$B$11,0)),"不在商品列表中","在售商品")

G2 =IF(ISNA(MATCH(F2,$B$2:$B$11,0)),"不在商品列表中","在售商品")

	A	B	C	D	E	F	G	H
1	编号	商品名称	商品单价	库存数量		商品名称	是否包含该商品	
2	01	松露巧克力	¥49.80	161		速食酸辣粉	不在商品列表中	
3	02	芝士脆饼干	¥15.20	86		云南鲜花饼	在售商品	
4	03	果仁沙琪玛	¥9.90	81		松露巧克力	在售商品	
5	04	云南鲜花饼	¥29.50	125				
6	05	加钙奶酪棒	[illegible]					
7	06	蛋黄沙琪玛	¥9.90					
8	07	脆烤面包片	¥29.80					
9	08	桂花甜藕粉	¥19.50					
10	09	混合坚果麦片	¥44.50					
11	10	奶黄夹心饼干	¥6.60					

“商品名称”列中不包含要查询的内容时，MATCH函数返回“#N/A”错误值

图10-22

知识链接：

“#N/A”是常见的错误值，错误的常见原因包括搜索区域中没有搜索值、数据类型不匹配、数据源引用错误、函数或公式引用的返回值为“#N/A”等。

10.2.10 判断员工是否有开单奖金——ISLOGICAL函数

ISLOGICAL函数可以检测一个值是否是逻辑值。当检测值是逻辑值时返回TRUE，为其他值时均返回FALSE，如图10-23所示。

使用ISLOGICAL函数可以检测公式结果是否为错误值，例如判断各位销售员是否有开单奖金，公式的返回结果中包含错误值，如图10-24所示。

=ISLOGICAL(A2)

B2 =ISLOGICAL(A2)

	A	B	C	D
1	测试值	检测结果		
2	152	FALSE		
3	函数	FALSE		
4	TRUE	TRUE		
5	#N/A	FALSE		
6	FALSE	TRUE		

图10-23

E2 =(C2+D2)>C2

	A	B	C	D	E
1	销售日期	姓名	销售金额	开单奖金	是否有开单奖金
2	2022/5/1	李芳	1000	50	TRUE
3	2022/5/1	刘敏	无销量	50	#VALUE!
4	2022/5/1	郑思思	1200	50	TRUE
5	2022/5/1	孙美玲	3000	50	TRUE
6	2022/5/1	周一新	销量为0	50	#VALUE!

图10-24

为公式嵌套ISLOGICAL函数，根据该函数的特性可以将错误值转换为逻辑值FALSE，如图10-25所示。

检测算式是否返回逻辑值。是逻辑值，则返回TRUE；不是逻辑值，则返回FALSE

=ISLOGICAL((C2+D2)>C2)

E2 =ISLOGICAL((C2+D2)>C2)

	A	B	C	D	E
1	销售日期	姓名	销售金额	开单奖金	是否有开单奖金
2	2022/5/1	李芳	1000	50	TRUE
3	2022/5/1	刘敏	无销量	50	FALSE
4	2022/5/1	郑思思	1200	50	TRUE
5	2022/5/1	孙美玲	3000	50	TRUE
6	2022/5/1	周一新	销量为0	50	FALSE

图10-25

初试锋芒

本章主要介绍了常用的信息函数，信息函数多用于判断数据的属性。例如判断数据是文本还是数值、判断数据是否为错误值、判断数值的奇偶性等。下面一起来做个测试题，检验一下学习成果吧！

用户需要根据如图10–26所示的商品“陈列码”，判断商品所在的货架位置。具体要求如下：陈列码最后一个数字为奇数，代表商品在左侧货架；最后一个数字为偶数，代表商品在右侧货架。

	A	B	C	D	E
1	商品名称	陈列码	位置		
2	A商品	110569			
3	B商品	898723			
4	C商品	108911			
5	D商品	145602			
6	E商品	987766			
7	F商品	985625			
8	G商品	269784			
9	H商品	875457			
10					
11					

Sheet1

图10–26

操作难度

★★★☆☆

操作提示

（1）使用ISODD函数或ISEVEN函数与RIGHT函数以及IF函数嵌套编写公式。

（2）公式编写思路：可参考本章10.2.5小节。

操作结果

是否顺利完成操作？　是□　否□，用时________分钟

操作用时遇到的问题：

____

____

____

扫码观看
本章视频

第 11 章

Excel 数据分析的秘密

除了直接编写公式对表格中的数据进行计算和分析，也可以将公式与其他数据处理工具组合应用，完成更复杂的数据处理和分析操作。例如，用公式为条件格式和数据验证这两项功能设置条件，通过各种条状、颜色、图形等轻松地浏览数据的趋势，突出显示重要的值，或对数据进行各种条件限制。

11.1 函数在条件格式中的应用

通过编辑单元格的“条件格式”显示规则更改单元格的外观，用户以更直观的方式查看和分析数据，发现关键问题，识别数据趋势。

11.1.1 内置条件格式的应用

“条件格式”功能包含五大类内置的规则，分别为突出显示单元格规则、最前/最后规则、数据条、色阶和图标集。在“开始”选项卡中的“样式”组内可以查看到这些规则，如图11-1所示。

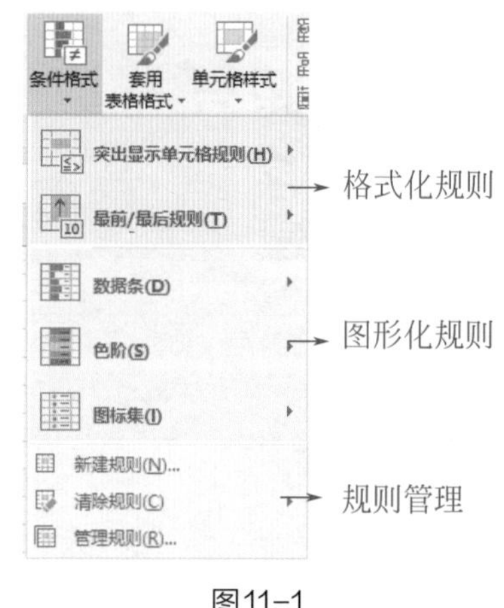

图11-1

每种内置规则类型又包含了若干条件要求或格式。例如，“突出显示单元格规则”包含了“大于”“小于”“介于”“等于”“文本包含”等7种条件要求，如图11-2所示。“数据条”则包含了不同颜色的“渐变填充”和“实心填充”效果，如图11-3所示。用户可根据需要为所选单元格应用内置的条件格式。

图11-2

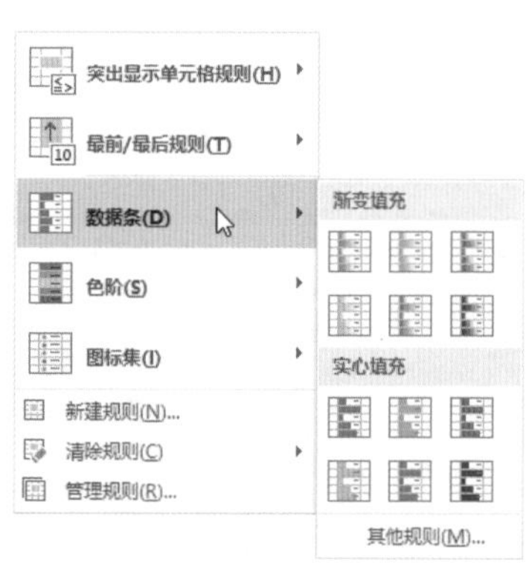

图11-3

11.1.2 从第2处开始突出显示重复姓名

当指定区域中包含重复值时使用内置的“突出显示单元格规则”，会将所有重复的项目突出显示，如图11-4所示。如果要从第2处重复项开始突出显示，可以使用公式自定义条件格式，如图11-5所示。

	A	B	C	D
1	序号	姓名	性别	部门
2	1	赵小兵	男	财务部
3	2	吴明明	女	人力资源部
4	3	周梅	女	市场开发部
5	4	孙威	男	人力资源部
6	5	张子强	男	财务部
7	2	吴明明		人力资源部
8	6	许可馨		
9	7	马国明		

突出所有重复项

图11-4

	A	B	C	D
1	序号	姓名	性别	部门
2	1	赵小兵	男	财务部
3	2	吴明明	女	人力资源部
4	3	周梅	女	市场开发部
5	4	孙威	男	人力资源部
6	5	张子强		
7	2	吴明明		
8	6	许可馨		
9	7	马国明	男	业务部

从第2处重复项开始突出显示

图11-5

为了避免初学者不了解“条件格式”工具的应用方法，此处先对自定义条件格式的主要步骤进行介绍。

第一步：选择条件格式的应用区域。这里选择B列，如图11-6所示。

第二步：执行“新建规则”命令。在“开始”选项卡中的“样式”组内单击“条件格式”下拉按钮，从展开的列表中选择“新建规则”选项，如图11-7所示。

	A	B	C	D
1	序号	姓名		
2	1	赵小兵		
3	2	吴明明	女	人力资源部
4	3	周梅	女	市场开发部
5	4	孙威	男	人力资源部
6	5	张子强	男	财务部
7	2	吴明明	女	人力资源部
8	6	许可馨	女	设计部
9	7	马国明	男	业务部
10	8	丁丽	女	业务部
11	9	周青云	男	设计部
12	10	刘佩琪	女	生产部
13	11	倪红军	男	生产部

单击选择整列

图11-6

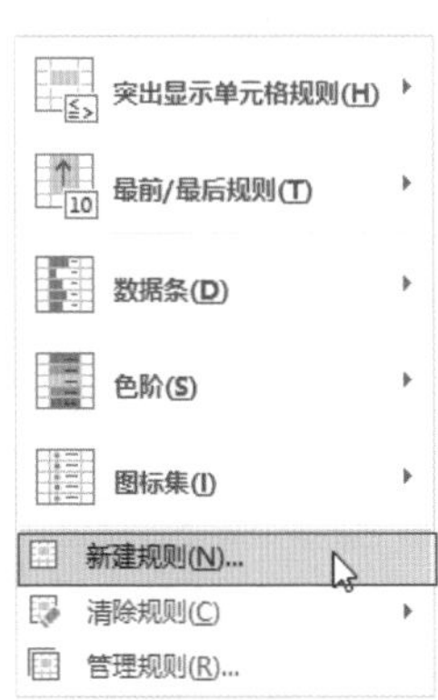

图11-7

第三步：选择规则类型并设置公式。在弹出的“新建格式规则”对话框中选择“使用公式确定要设置格式的单元格”选项，随后在引用框中输入公式“=COUNTIF(B$1:B1,B1)>1”，随后单击“格式”按钮，如图11-8所示。

第四步：为符合条件的单元格设置格式。在最后弹出的“设置单元格格式”对话框中设置好单元格格式，这里设置字体颜色为“红色”并勾选“删除线”复选框，设置完成后单击“确定”按钮，如图11-9所示。

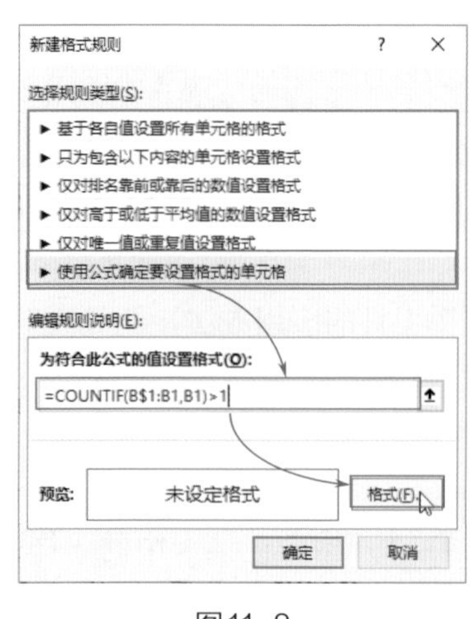

图11-8

图11-9

本案例使用COUNTIF函数统计指定区域中满足条件的单元格数量。用统计的结果与数字1进行比较，返回结果为逻辑值TRUE或FALSE。如果公式返回TRUE，说明当前单元格中的内容与前面的内容有重复，则应用自定义的单元格格式；如果公式返回FALSE，则不应用自定义的单元格格式。关于公式中引用区域含义如下。

从B1单元格开始可向下扩展的区域

=COUNTIF(B$1:B1,B1)>1

B列中的活动单元格，随着公式位置的变化产生新的引用

将公式复制到表格中，通过返回结果便可一目了然地看出：哪些单元格应使用格式，哪些单元格不应使用格式，如图11-10所示。

C7	=COUNTIF(B$2:B7,B7)>1				
	A	B	C	D	E
1	序号	姓名	公式	性别	部门
2	1	赵小兵	FALSE	男	财务部
3	2	吴明明	FALSE	女	人力资源部
4	3	周梅	FALSE	女	市场开发部
5	4	孙威	FALSE	男	人力资源部
6	5	张子强	FALSE	男	财务部
7	2	吴明明	TRUE	女	人力资源部
8	6	许可馨	FALSE	女	设计部

图11-10

11.1.3 突出显示每门学科的最高成绩

突出显示每门学科的最高成绩，其实是要求分别将D2:D10、E2:E10以及F2:F10三个区域中的最大值突出显示出来，如图11-11所示。

	A	B	C	D	E	F
1	学号	班级	姓名	语文	数学	英语
2	01	九（1）	郑雪晗	81	70	68
3	02	九（1）	杨木新	94	91	78
4	03	九（1）	徐艺洋	42	54	62
5	04	九（1）	周杰	65	82	75
6	05	九（1）	孙强强	77	78	76
7	06	九（1）	杜明礼	100	71	80
8	07	九（1）	刘如意	76	85	82
9	08	九（1）	张波	78	91	72
10	09	九（1）	赵晓杰	64	82	60

	A	B	C	D	E	F
1	学号	班级	姓名	语文	数学	英语
2	01	九（1）	郑雪晗	81	70	68
3	02	九（1）	杨木新	94	91	78
4	03	九（1）	徐艺洋	42	54	62
5	04	九（1）	周杰	65	82	75
6	05	九（1）	孙强强	77	78	76
7	0			100	71	80
8	0		意	76	85	82
9	0		波	78	91	72
10	0		晓杰	64	82	60

分别突出最大值

图11-11

若要使用内置的条件格式规则完成这项操作，需要分别对这三个区域执行一次操作。如果使用公式来确定要设置格式的单元格，则没有这么麻烦。

首先选择D2:F10单元格区域，随后在“新建格式规则”对话框中选择“使用公式确定要设置格式的单元格”选项，输入公式“=D2=MAX(D$2:D$10)”，如图11-12所示。在“设置单元格格式”对话框中设置好填充颜色，即可完成操作，如图11-13所示。

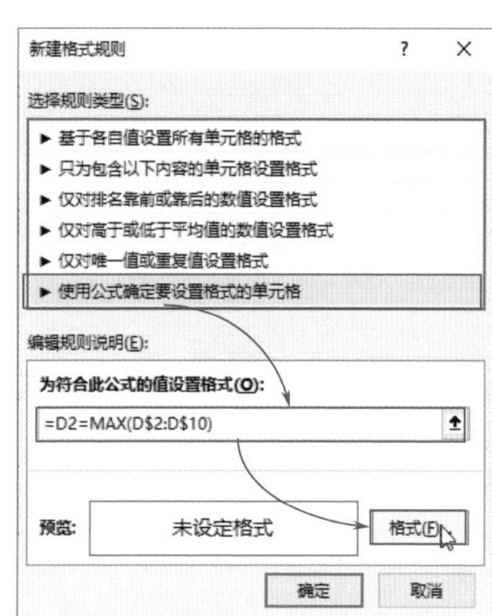

图11-12

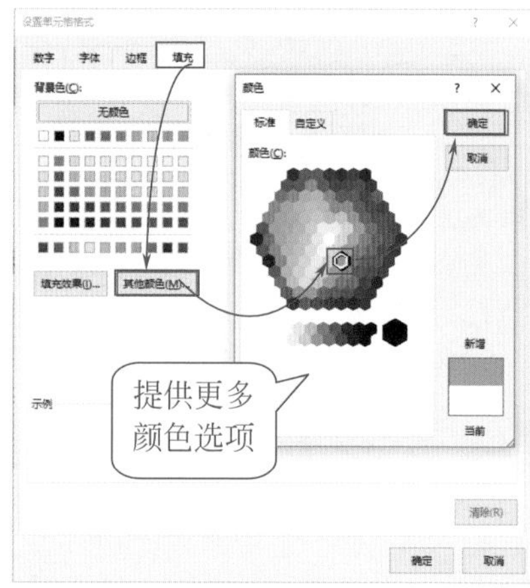

图11-13

11.1.4 将合计销量最小的商品整行突出显示

使用公式自定义条件格式，能够实现将目标数据所在行整行突出显示的效果。下面将整行突出显示合计销量最小的行，如图11-14所示。

	A	B	C	D	E	F	G	H
1	月份	1月	2月	3月	4月	5月	6月	合计
2	乳酸菌饮料	420	1920	1540	1660	500	5460	11500
3	碳酸饮料	720	2140	420	420	800	340	4840
4	运动饮料	640	360	1400	2060	720	1320	6500
5	果汁	1720	720	1760	900	1800	1680	8580
6	茶饮	1340	1480	1320	960	1420	1240	7760
7	植物蛋白饮料	2160	700	1240	2180	2240	1160	9680
8	优酸乳	300	200	2280	920	540	2200	6440

	A	B	C	D	E	F	G	H
1	月份	1月	2月	3月	4月	5月	6月	合计
2	乳酸菌饮料	420	1920	1540	1660	500	5460	11500
3	碳酸饮料	720	2140	420	420	800	340	4840
4	运动饮料	640	360	1400	2060	[illegible]	1320	6500
5	果汁	17[illegible]	[illegible]	[illegible]	[illegible]	[illegible]	[illegible]80	8580
6	茶饮	13[illegible]	[illegible]	[illegible]	[illegible]	[illegible]	[illegible]40	7760
7	植物蛋白饮料	2160	700	1240	2180	2240	1160	9680
8	优酸乳	300	200	2280	920	540	2200	6440

图11-14

选择A2:H8单元格区域，在“新建格式规则”对话框中设置公式“=$H2=MIN($H$2:$H$8)”，如图11-15所示。随后设置单元格格式，即可实现将最小合计销量整行突出显示的效果。

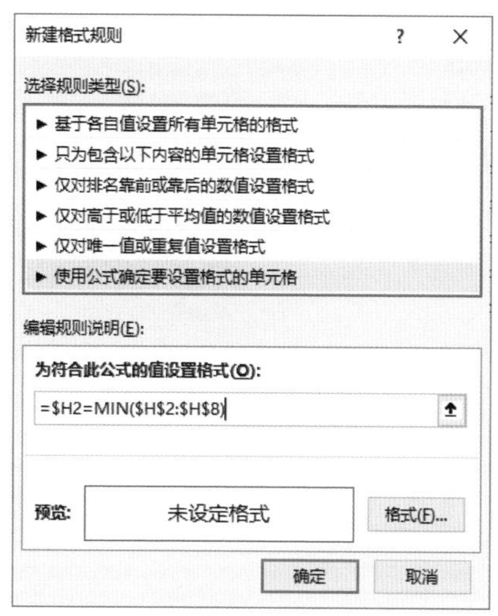

图11-15

注意事项：

如果设置条件格式后没有出现预期的效果，可检查以下两点：①检查选择的单元格区域是否准确；②检查公式中引用的单元格是否在正确的位置使用了“$”符号。

11.1.5 将30天内到期的合同整行突出显示

为了便于合同的管理，可以对即将到期的合同进行提示。使用公式设置条件格式规则，可以让指定时间内到期的合同自动以不同的格式突出显示。例如自动让30天内到期的合同整行突出显示，如图11-16所示。

	A	B	C
1	合同编号	签订日期	到期日期
2	12659593	2020/10/1	2022/10/1
3	00123659	2020/1/1	2024/5/30
4	20203300	2021/3/1	2023/3/20
5	06698933	2018/5/22	2022/12/1
6	00021202	2019/10/2	2025/12/30
7	79639861	2022/2/10	2024/1/1

	A	B	C
1	合同编号	签订日期	到期日期
2	12659593	2020/10/1	2022/10/1
3	00123659	2020/1/1	2024/5/30
4	20203300	2021/3/1	2023/3/20
5	**06698933**	**2018/5/22**	2022/12/1
6	00021202	2019/10/2	2025/12/30
7	79639861	2022/2/10	2024/1/1

图11-16

在“新建格式规则”对话框中输入公式“=AND($C2>TODAY(), C2-TODAY()<30)”，如图11-17所示。随后设置单元格格式，可按要求0天内到期的合同信息整行突出显示。

图11–17

知识链接:

本例公式使用两个条件对C2单元格中的日期进行判断，第一个条件是大于当前日期，第二个条件是和当前日期的间隔小于30。只有同时符合这两个条件，公式才返回TRUE。

11.1.6 将大于等于90分的成绩标识成“优秀”

通过自定义单元格格式，还可以让符合条件的单元格以转换成指定的内容显示。例如让大于等于90分的成绩以“优秀”两个字显示，如图11-18所示。

	A	B	C	D	E
1	学号	姓名	语文	数学	英语
2	01	郑雪晗	81	70	68
3	02	杨木新	94	91	78
4	03	徐艺洋	42	54	62
5	04	周杰	65	82	75
6	05	孙强强	77	78	76
7	06	杜明礼	100	71	93
8	07	刘如意	76	85	82
9	08	张波	78	91	72
10	09	赵晓杰	64	82	60

	A	B	C	D	E
1	学号	姓名	语文	数学	英语
2	01	郑雪晗	81	70	68
3	02	杨木新	优秀	优秀	78
4	03	徐艺洋	42	54	62
5	04	周杰	65	82	75
6	05	孙强强	77	78	76
7	06	杜明礼	优秀	71	优秀
8	07	刘如意	76	85	82
9	08	张波	78	优秀	72
10	09	赵晓杰	64	82	60

图11–18

本例的关键其实是单元格格式的设置。选择需要应用条件格式的C2:E10单元格区域。打开“新建格式规则”对话框，设置公式为“=D2>=90”，随后单击“格式”按钮，如图11-19所示。在打开的“设置单元格格式”对话框中设置“自定义”类型为“优秀”，如图11-20所示。为了让数据更醒目，可以将其字体颜色设置为红色。关闭对话框，即可完成要求的效果。

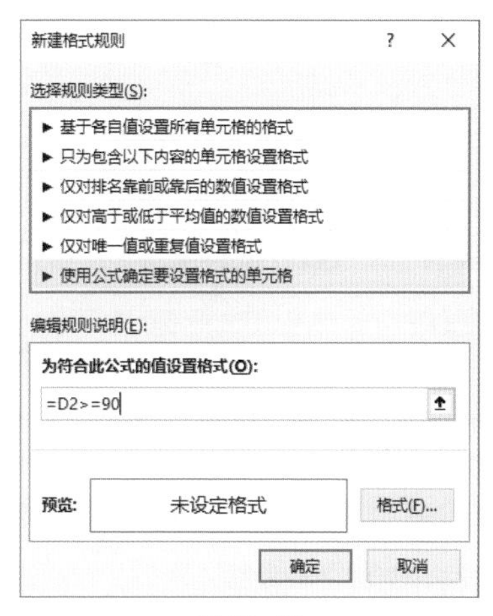

图11-19

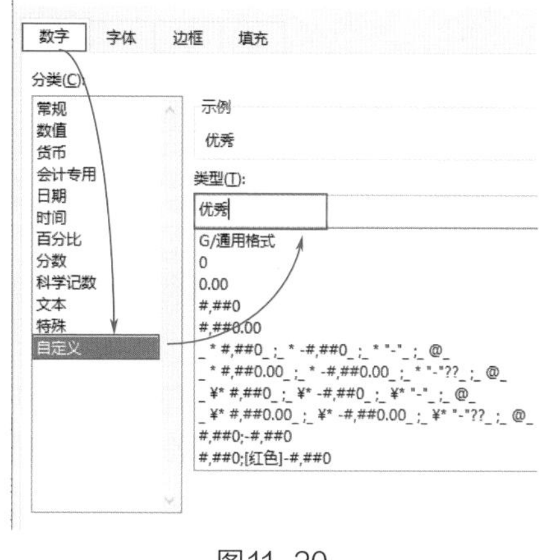

图11-20

11.2 函数在数据验证中的应用

“数据验证”功能的应用可以保证数据输入的有效性，避免输入无效数据。日常工作中“数据验证”的应用范围十分广泛。

11.2.1 数据验证的基本应用方法

用户可通过设置验证条件限制数字和日期的输入范围或限制向单元格中输入的字符数量等。“数据验证”按钮保存在“数据”选项卡中的“数据工具”组内，如图11-21所示。

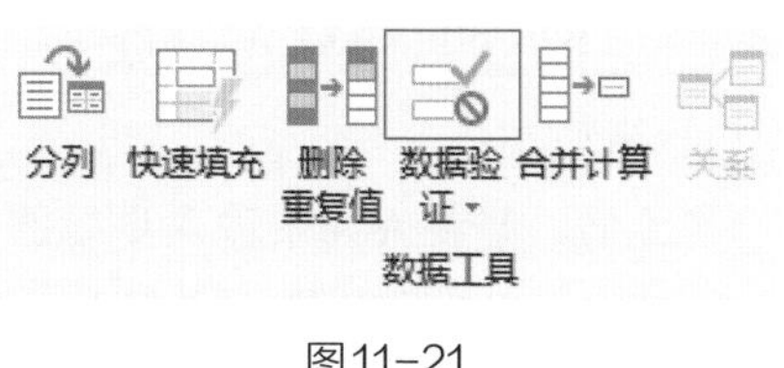

图11-21

单击“数据验证”按钮打开“数据验证”对话框，在该对话框中可设置允许输入的数据类型以及限制条件，如图11-22、图11-23所示。

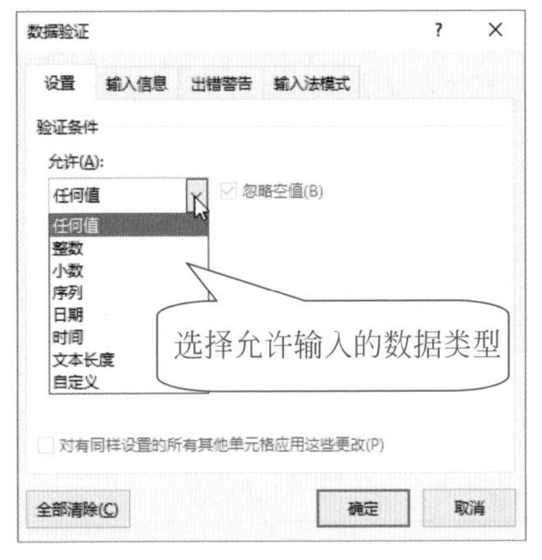

图11-22

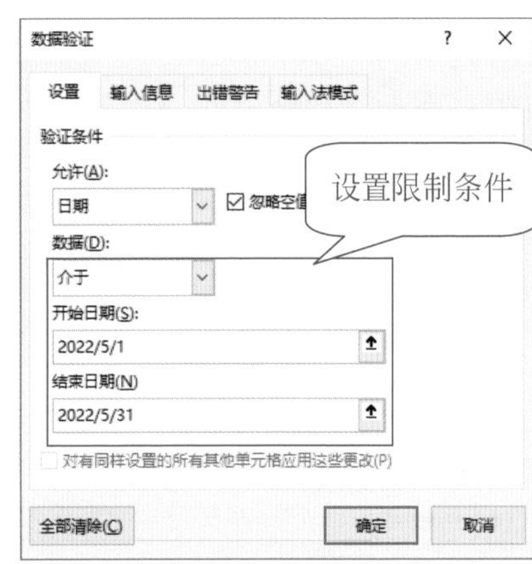

图11-23

当选择“自定义”验证条件时，可以通过设置公式完成更多条件限制，例如禁止输入重复值、禁止向单元格中输入空格等。

11.2.2 禁止输入重复的工号

一些代表个人信息的号码如员工编号、身份证号码、手机号码等，往往都具有唯一性。在Excel中输入这类信息时可以为单元格提前设置数据验证，避免输入重复的内容。

选中需要输入工号的单元格区域，此处选择整个A列，然后在“数据”选项卡中单击“数据验证”按钮，打开“数据验证”对话框，设置验证条件为允许“自定义”，然后在“公式”文本框中输入公式“=COUNTIF($A$1:A1,A1)=1”，设置完成后单击“确定”按钮，如图11-24所示。

此后，当在A列中输入重复的内容时将弹出一个“停止”样式的系统对话框。若单击“重试”按钮，可重新输入内容；若单击“取消”按钮，可取消当前输入，如图11-25所示。

图11-24

图11-25

11.2.3 禁止在单元格中输入空格

有时候空格会对数据分析造成很大的影响，对于习惯使用空格键的人来说，可以设置一个禁止输入空格限制条件。下面将使用数据验证来完成禁止输入空格的操作。

选择想要限制输入空格的单元格区域，此处选择A:D列。然后打开“数据验证”对话框，设置验证条件为允许“自定义”条件。输入公式“=ISERROR(FIND(" ",A1))”，单击“确定”按钮，如图11-26所示。

此时当前工作表中的A:D列内将不允许输入空格，当输入空格后操作将被停止，如图11-27所示。

图11-26

图11-27

11.2.4 禁止向指定区域内输入任何内容

一般情况下，如果想要保护工作表，不让指定的区域被编辑，大多数用户可能会选择使用“保护工作表”功能。其实自定义数据验证条件也可以保护指定单元格区域不被修改。

例如，保护A1:E13单元格区域中的内容不被更改，可以在“数据验证”对话框中设置自定义公式“=ISBLANK(A1:E13)”，如图11-28所示。

图11-28

注意事项：

此项操作虽然可以保护指定区域不被输入任何内容，但是如果单元格中已包含内容，这些内容可以被直接删除。

利用公式自定义“条件格式”以及“数据验证”的条件，可以实现许多让人意想不到的数据处理效果，本章只简单列举了一些较为常用的案例。在这两种数据分析工具中自由地创建自定义条件，需要建立在对函数具备足够了解的基础上。用户可以结合前面章节介绍的函数基本应用尝试自己动手编写公式，完成更多操作。

初试锋芒

本章主要介绍了条件格式以及数据验证这两种数据分析工具的组合应用，可以执行的常见操作包括突出重复数据、突出最大值或最小值、禁止输入重复值、禁止输入指定内容等。下面一起来做个测试题，检验一下学习成果吧！

用户需要根据如图11-29所示的人事资料，设置条件格式自动将本月过生日的员工信息整行突出显示。

	A	B	C	D	E	F
1	姓名	性别	部门	出生日期	年龄	
2	赵小兵	男	财务部	1995/6/10	26	
3	吴明明	女	人力资源部	1980/8/3	41	
4	周梅	女	市场开发部	1998/7/1	23	
5	孙威	男	人力资源部	1991/5/20	31	
6	张子强	男	财务部	1985/3/18	37	
7	许可馨	女	设计部	1987/6/5	34	
8	马国明	男	业务部	1990/8/16	31	
9	丁丽	女	业务部	1996/5/8	26	
10	周青云	男	设计部	1997/9/1	24	
11	刘佩琪	女	生产部	2000/3/15	22	
12	倪红军	男	生产部	1999/3/10	23	
13						

Sheet1

图11-29

操作难度

★★★★☆

操作提示

（1）使用公式创建条件格式规则。

（2）公式的编写思路为：当前月份（MONTH(TODAY())）是否等于员工的出生月份（MONTH($D2)）。

操作结果

是否顺利完成操作？　是□　否□，用时________分钟

操作用时遇到的问题：

____

____

____